恭贺元旦

一月一日

星期一
农历癸卯年
冬月二十

2024
January
1
Monday

启功作品

爱画入骨髓
高歌披心胸
志森老兄雅鉴
启功

一月二日

星期二
农历癸卯年
冬月廿一

2024
January
2
Tuesday

褚遂良 作品

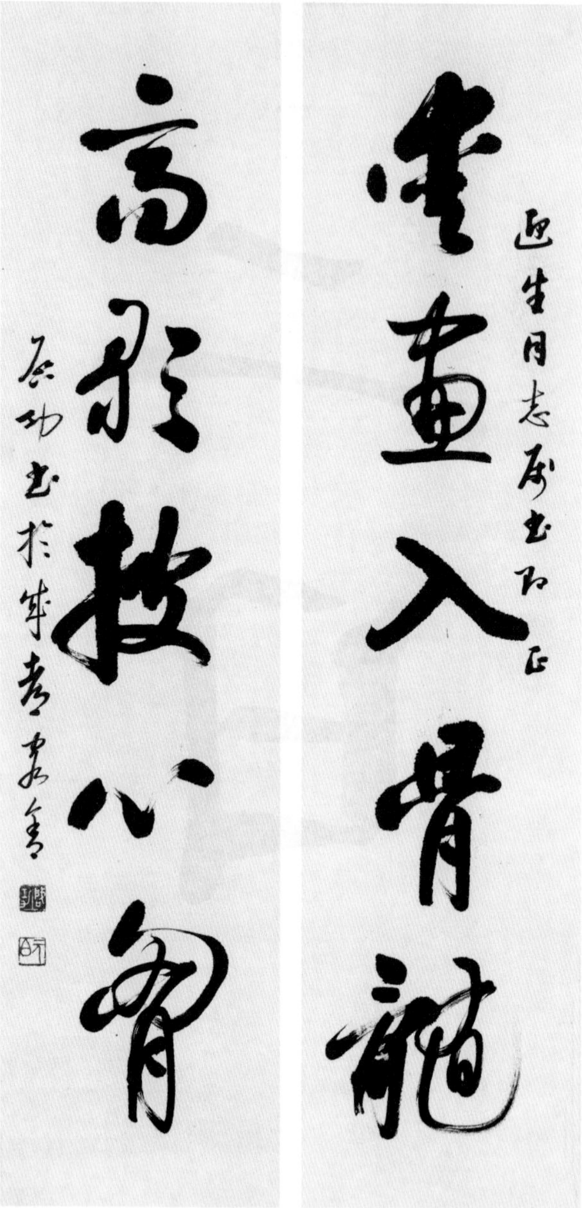

爱画入骨髓
高歌披心胸
迎生同志属书即正
启功书于成都客舍

一月三日

星期三
农历癸卯年
冬月廿二

2024
January
3
Wednesday

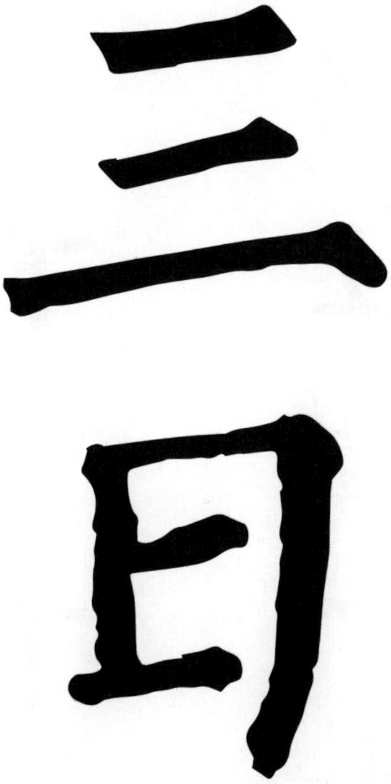

柳公权 作品

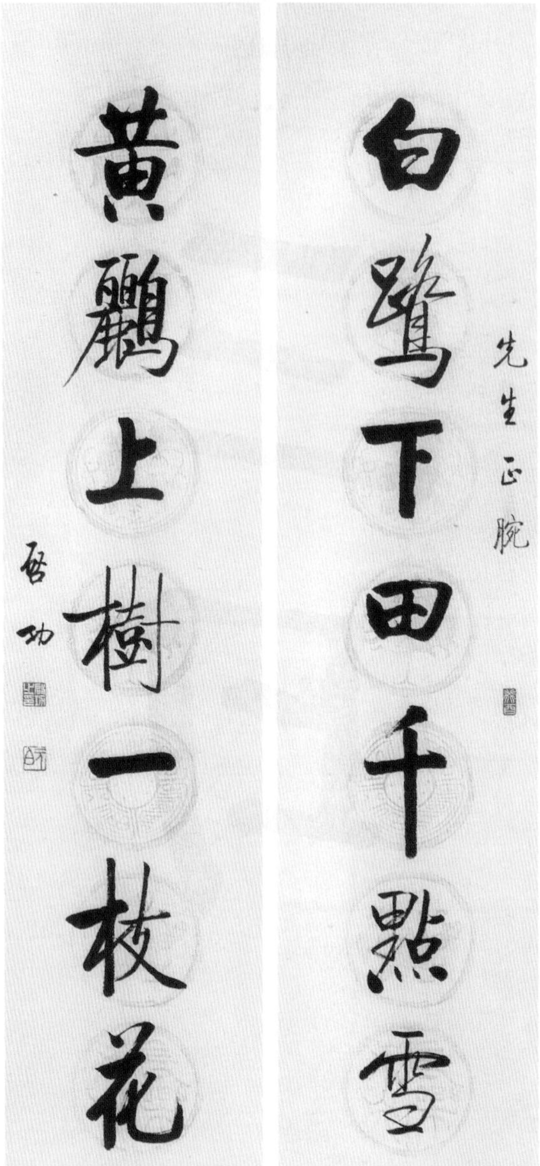

白鹭下田千点雪
黄鹂上树一枝花
先生正腕
启功

一月四日

星期四
农历癸卯年
冬月廿三

2024
January
4
Thursday

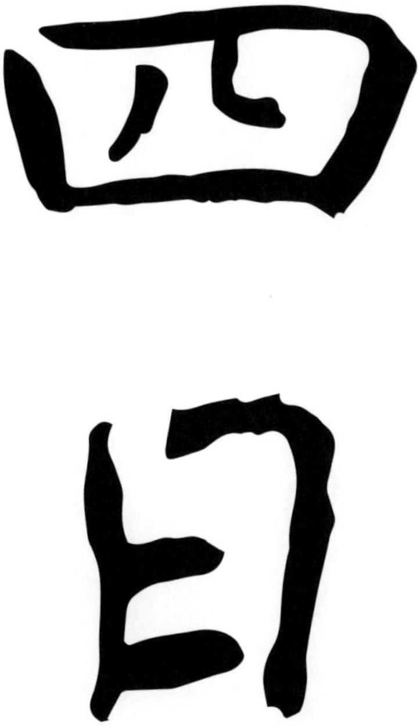

虞世南 作品

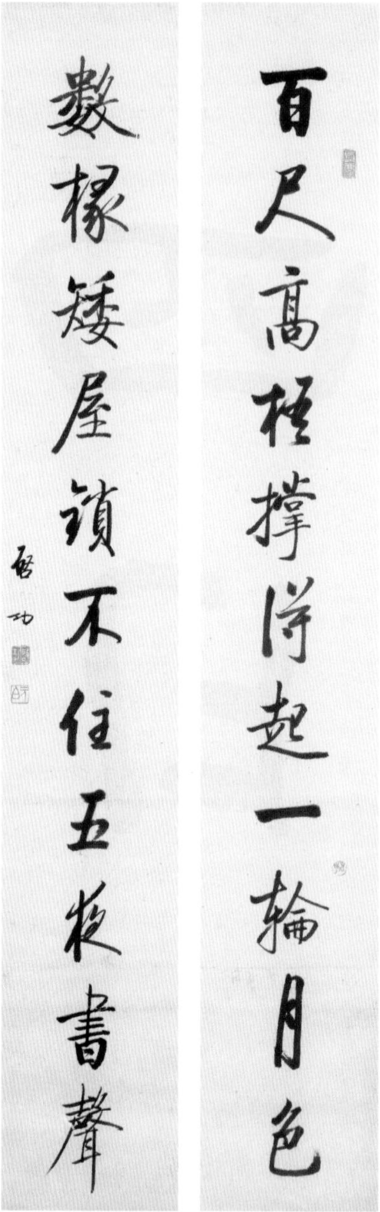

百尺高梧撑得起一轮月色
数椽矮屋锁不住五夜书声
启功

一月五日

星期五
农历癸卯年
冬月廿四

2024
January
5
Friday

颜真卿 作品

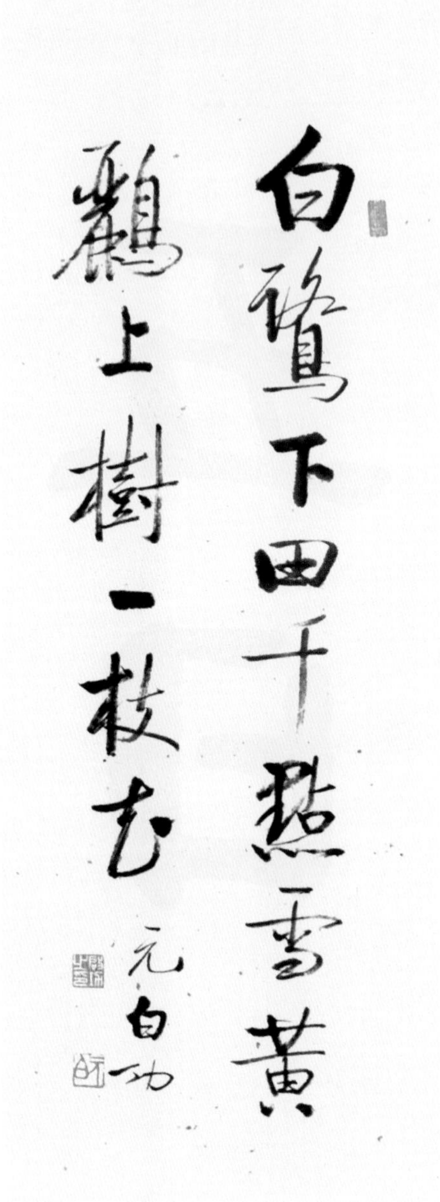

白鹭下田千点雪
黄鹂上树一枝花
元白功

一月六日

星期六
农历癸卯年
冬月廿五

2024
January
6
Saturday

启功 作品

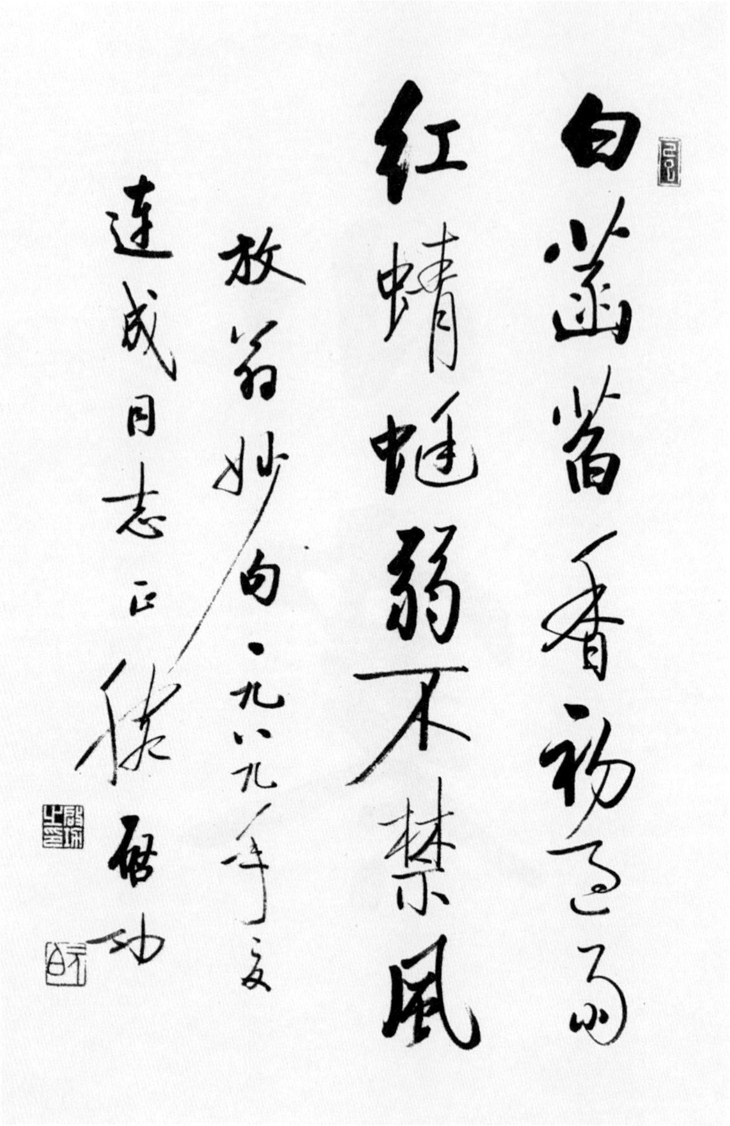

白菡萏香初过雨
红蜻蜓弱不禁风
放翁妙句　一九八九年夏
连成同志正腕
启功

一月七日

星期日
农历癸卯年
冬月廿六

2024
January
7
Sunday

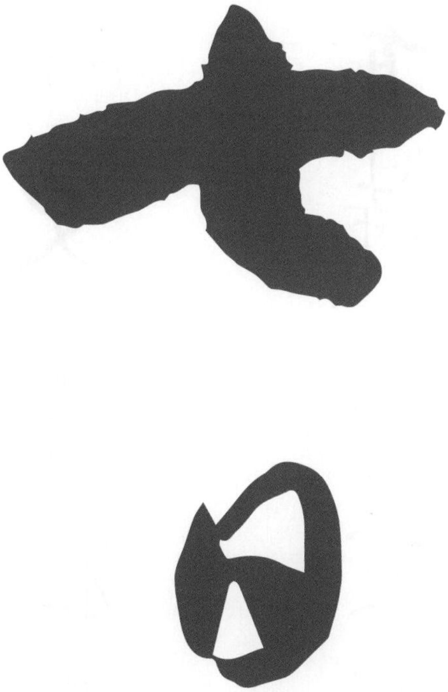

智永 作品

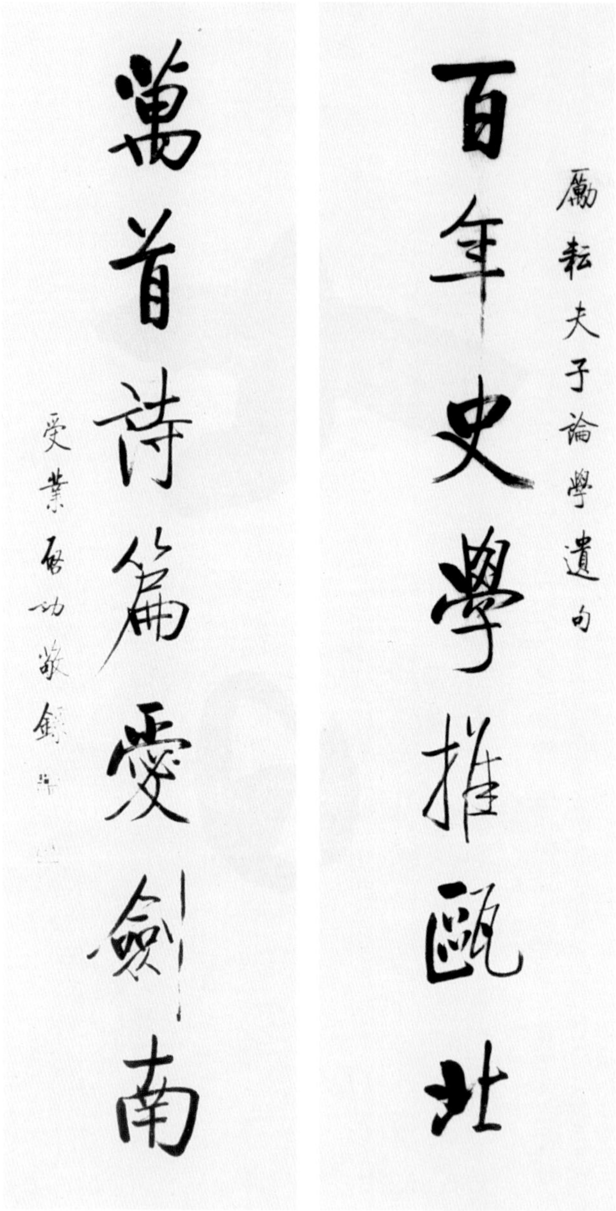

百年史学推瓯北
万首诗篇爱剑南
励耘夫子论学遗句
受业启功敬录

一月八日

星期一
农历癸卯年
冬月廿七

2024
January
8
Monday

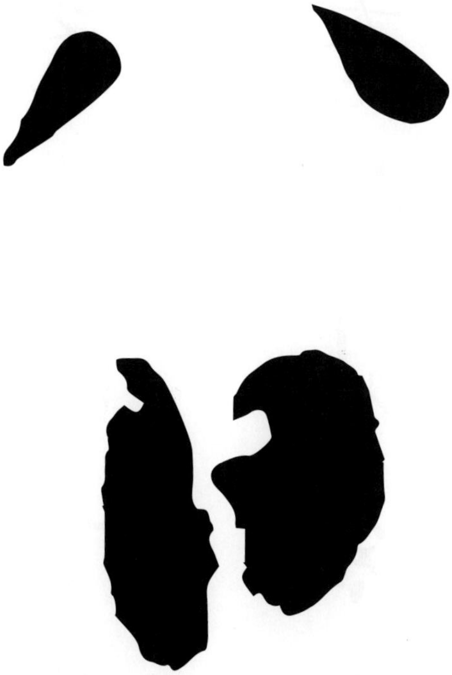

怀素作品

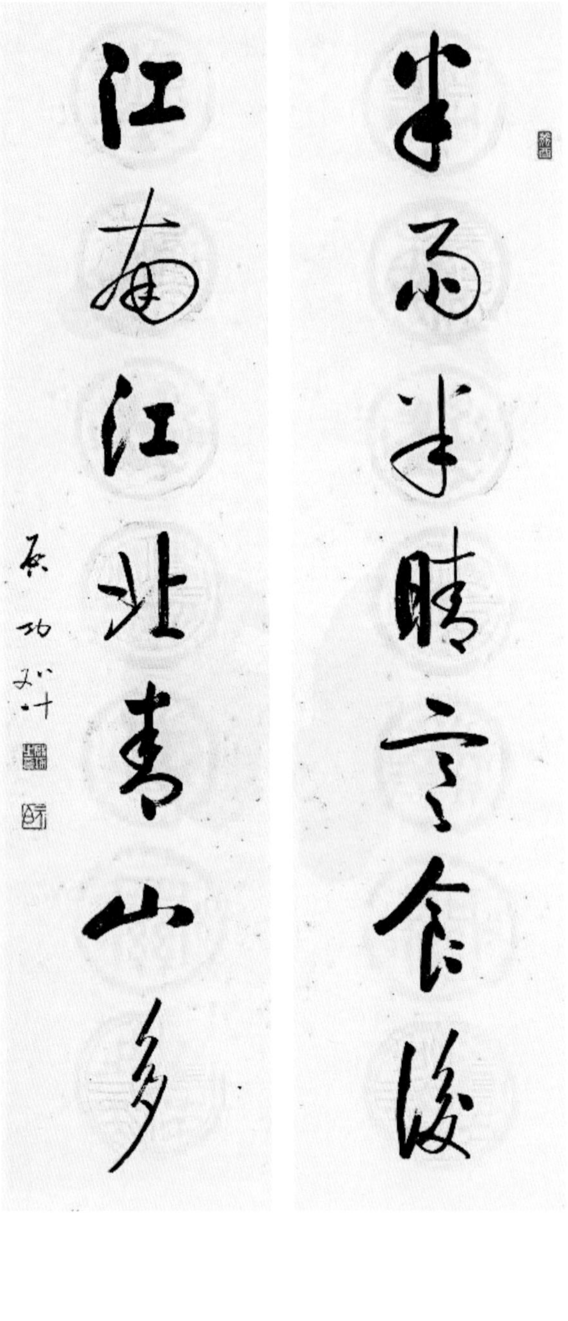

半雨半晴寒食后
江南江北青山多
启功　八十又一

一月九日

星期二
农历癸卯年
冬月廿八

2024
January
9
Tuesday

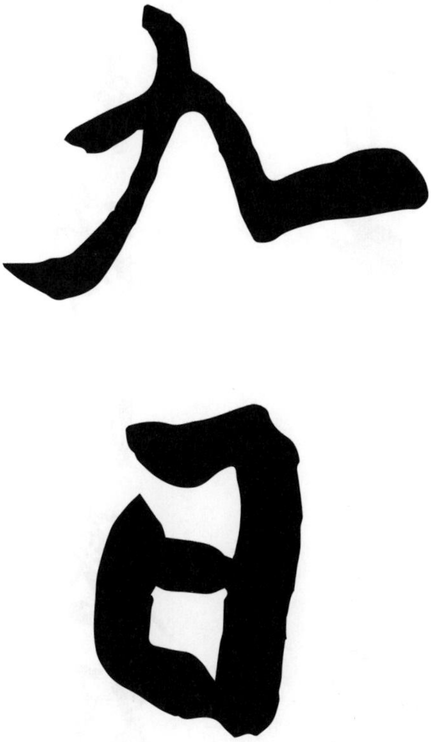

黄庭坚 作品

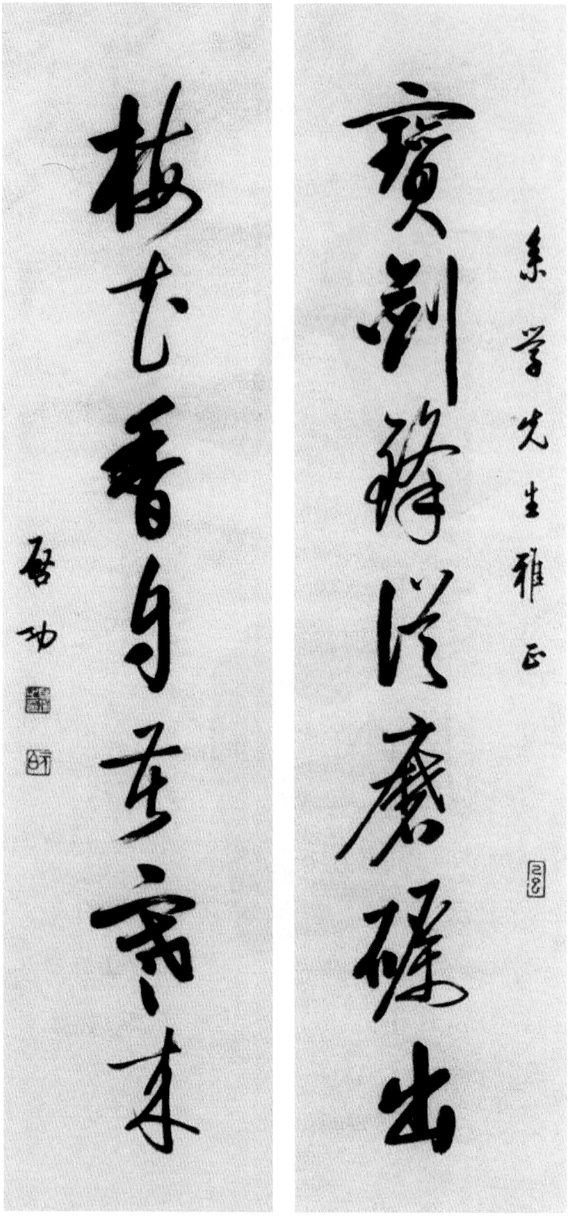

宝剑锋从磨砺出
梅花香自苦寒来
系学先生雅正
启功

一月十日

星期三

农历癸卯年

冬月廿九

2024

January

10

Wednesday

文徵明 作品

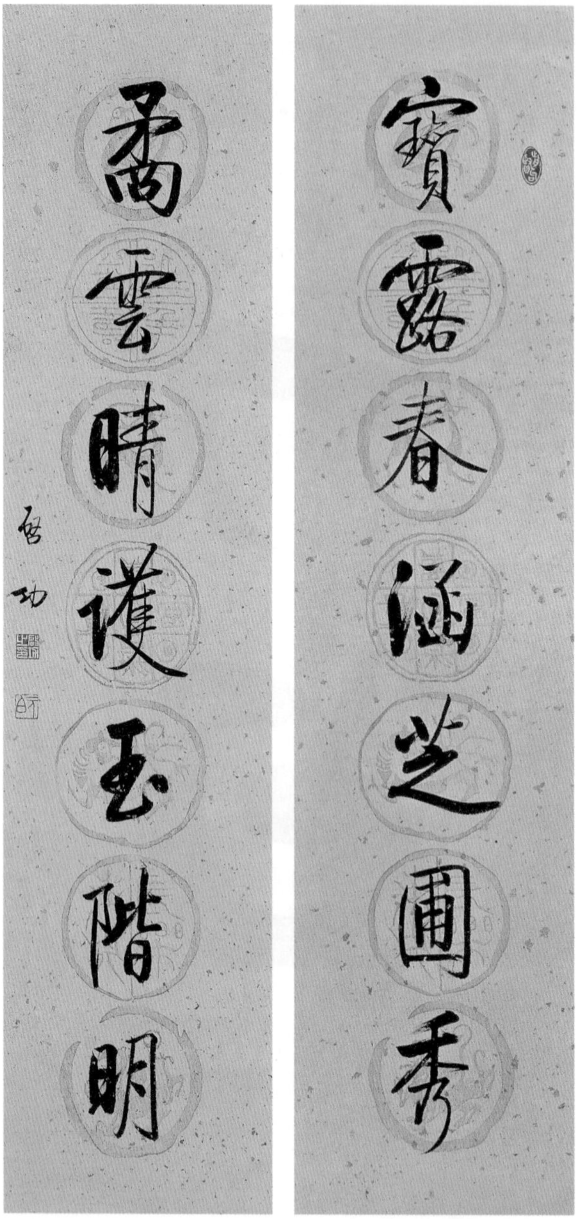

宝露春涵芝圃秀
斋云晴护玉阶明

启功

一月十一日

星期四
农历癸卯年
腊月初一

2024
January
11
Thursday

王羲之 作品

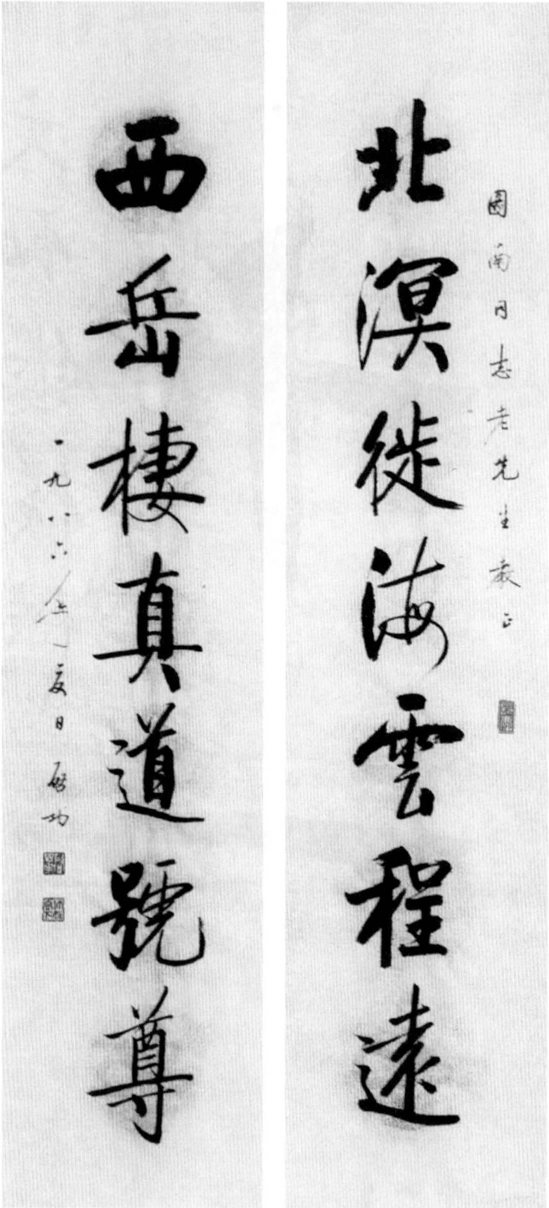

北溟徙海云程远
西岳栖真道号尊
图南同志老先生教正
一九八六年夏日
启功

一月十二日

星期五
农历癸卯年
腊月初二

2024
January
12
Friday

赵孟頫 作品

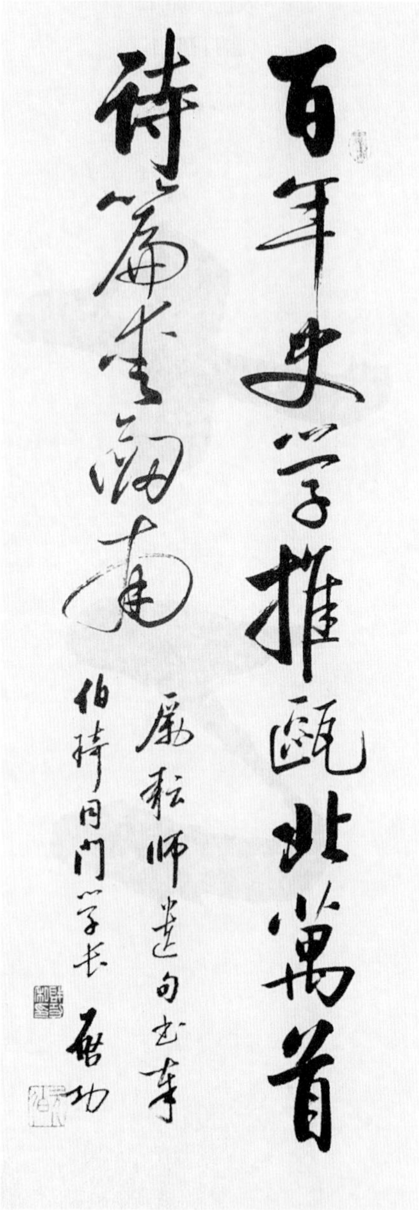

百年史学推瓯北
万首诗篇爱剑南
励耘师遗句书奉
伯琦同门学长
启功

一月十三日

星期六
农历癸卯年
腊月初三

2024
January
13
Saturday

王献之 作品

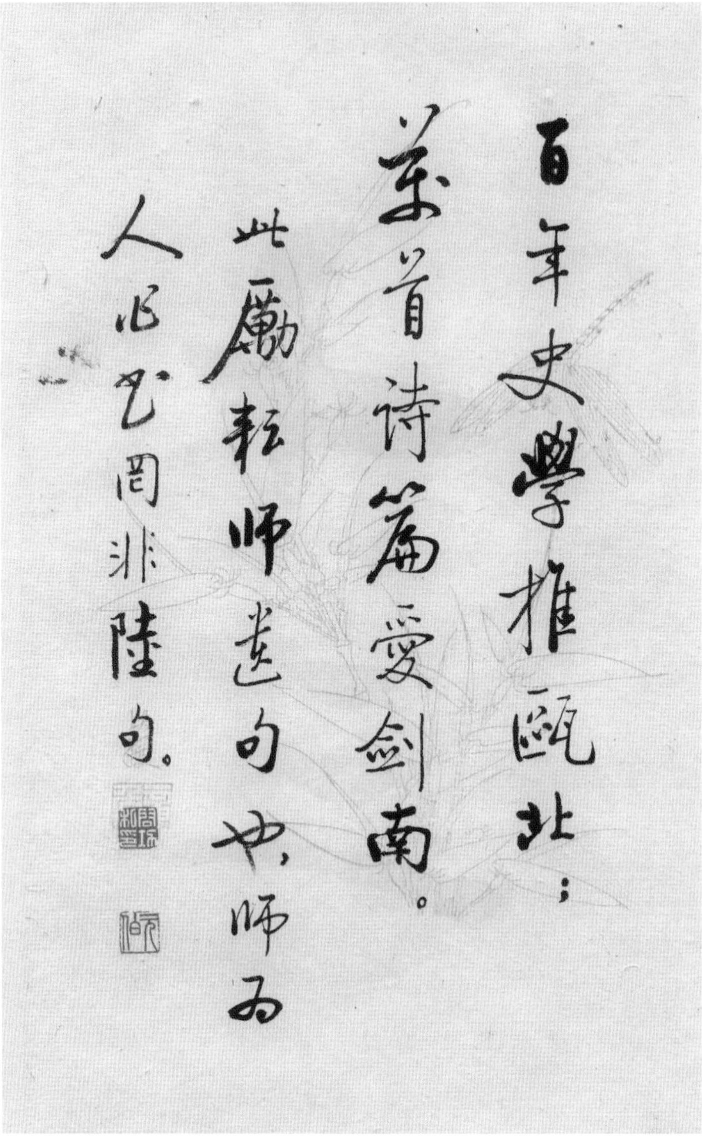
百年史學推甌北；
萬首詩篇愛劍南。
此勵耘師遺句也，師為
人作書罔非陸句。

百年史学推瓯北
万首诗篇爱剑南
此励耘师遗句也
师为人作书罔非陆句

一月十四日

星期日
农历癸卯年
腊月初四

2024
January
14
Sunday

颜真卿 作品

不肯低头事鸾鹤
偶然伸脚动星辰
启功

一月十五日

星期一
农历癸卯年
腊月初五

2024
January
15
Monday

米芾作品

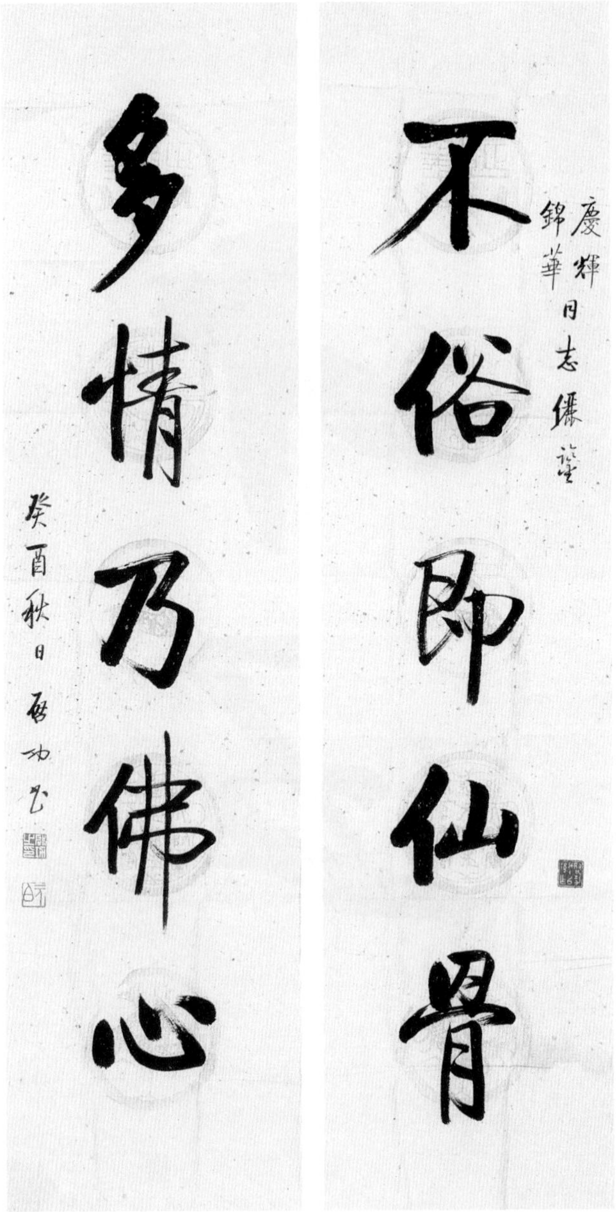

不俗即仙骨
多情乃佛心
庆辉　锦华同志俪鉴
癸酉秋日启功书

一月十六日

星期二
农历癸卯年
腊月初六

2024
January
16
Tuesday

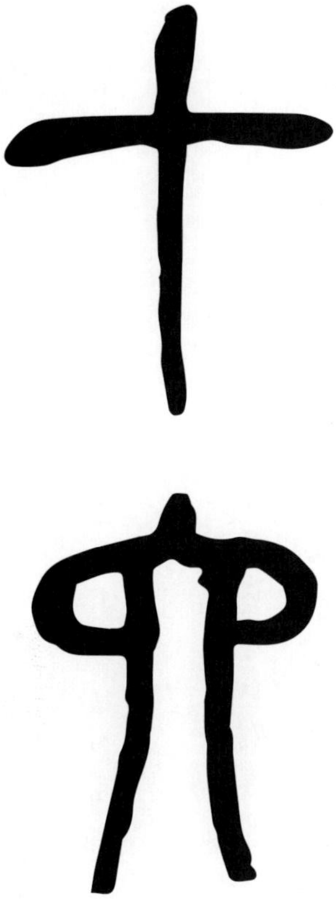

吴昌硕 作品

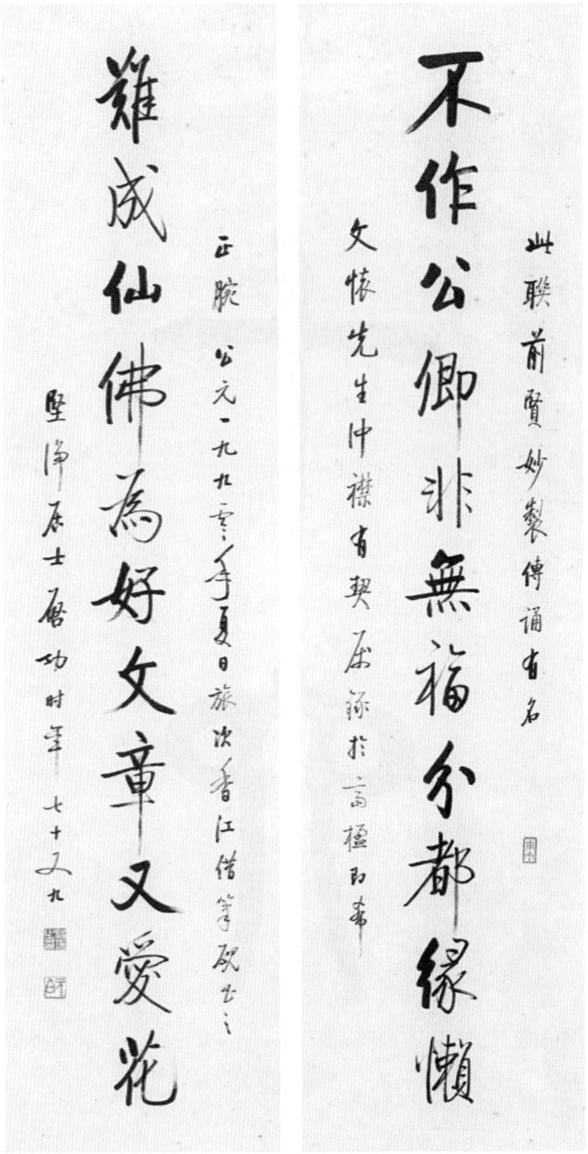
不作公卿非無福分都緣懶
難成仙佛為好文章又愛花

不作公卿非无福分都缘懒
难成仙佛为好文章又爱花

此联前贤妙制传诵有名
文怀先生仲襟有契　属录于斋楹
即希正腕　公元一九九零年夏日旅
次香江　借笔砚书之　坚净居士启
功　时年七十又九

一月十七日

星期三
农历癸卯年
腊月初七

2024
January
17
Wednesday

蔡襄作品

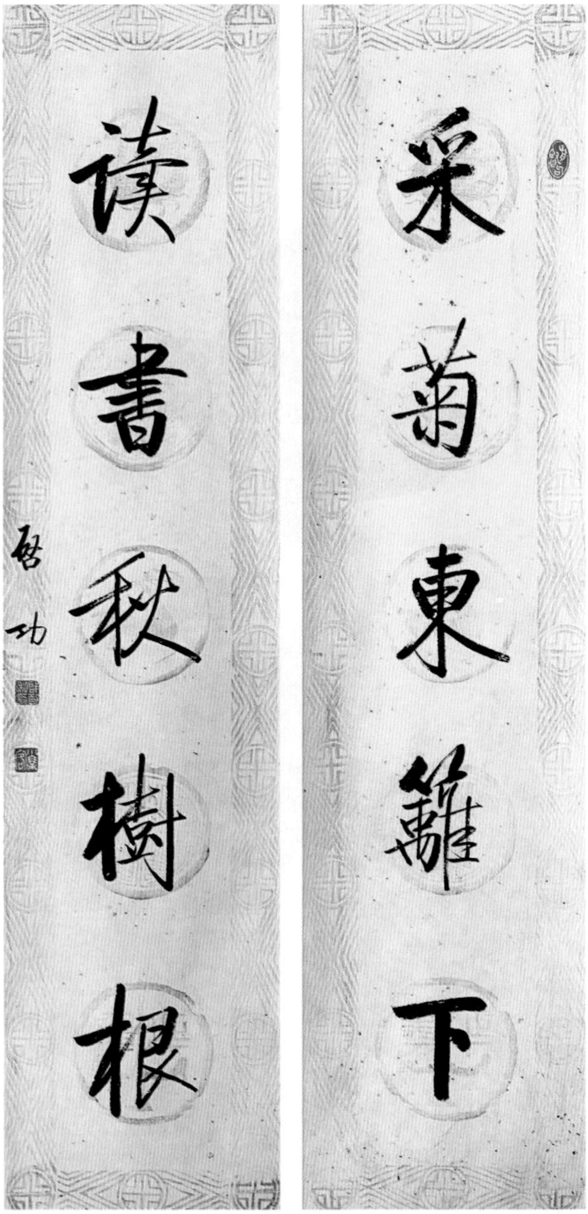

采菊东篱下
读书秋树根
启功

一月十八日

星期四
农历癸卯年
腊月初八

2024
January
18
Thursday

张旭作品

沧海六鳌瞻气象
青天一鹤见精神

启功

一月十九日

星期五
农历癸卯年
腊月初九

2024
January
19
Friday

欧阳询 作品

残星几点雁横塞
长笛一声人倚楼

启功

一月二十日

星期六

农历癸卯年

腊月初十

2024

January

20

Saturday

大寒

启功 作品

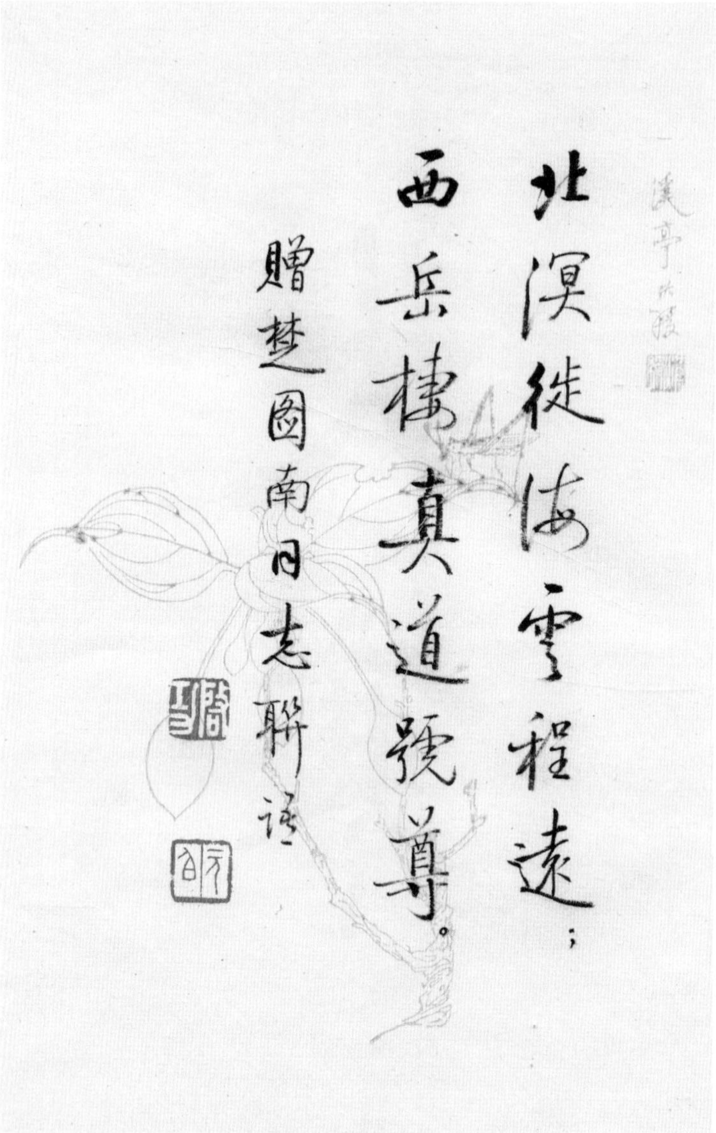

北溟徙海云程远
西岳栖真道号尊
赠楚图南同志联语

一月二十一日

星期日
农历癸卯年
腊月十一

2024
January
21
Sunday

王宠 作品

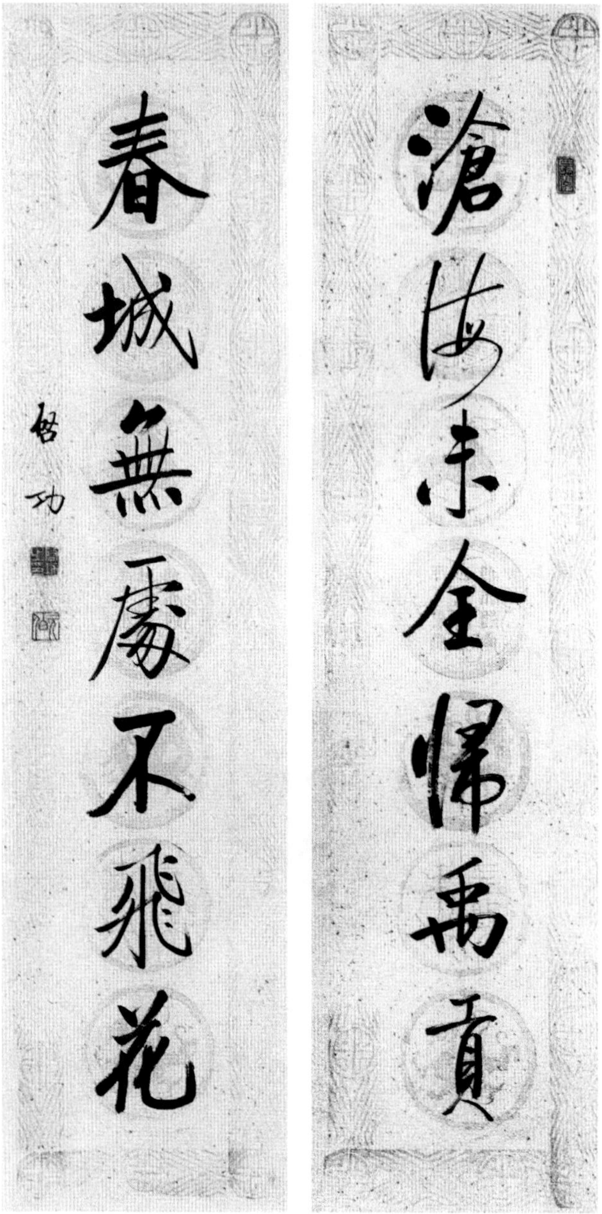

沧海未全归禹贡
春城无处不飞花

启功

一月二十二日

星期一
农历癸卯年
腊月十二

2024
January
22
Monday

赵孟頫 作品

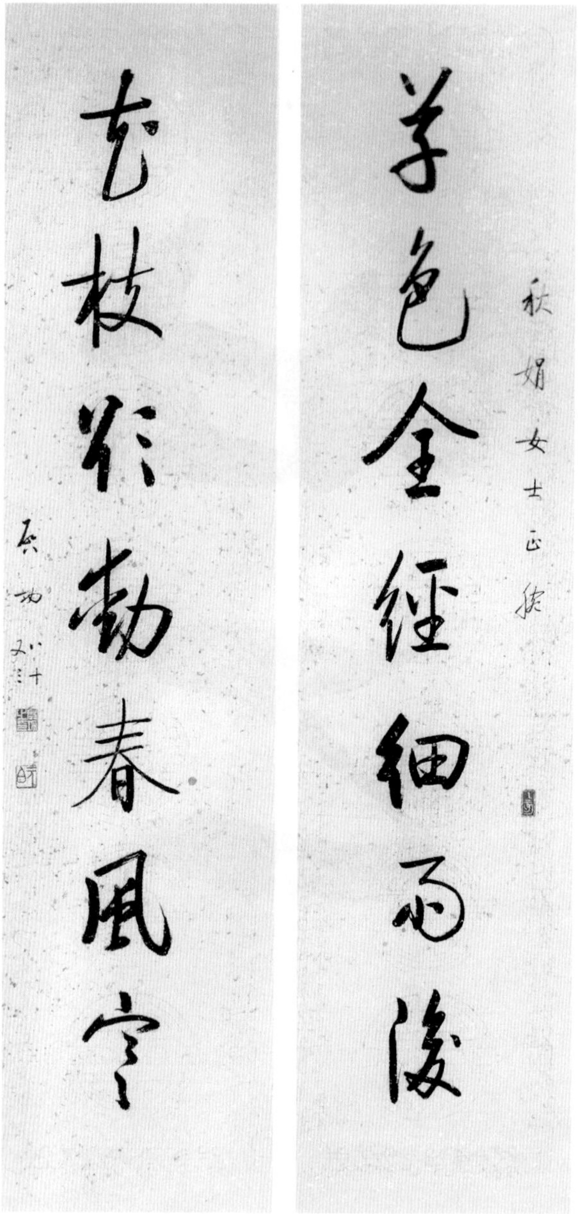

草色全经细雨后
花枝欲动春风寒
秋娟女士正腕
启功　八十又三

一月二十三日

星期二
农历癸卯年
腊月十三

2024
January
23
Tuesday

黄庭坚 作品

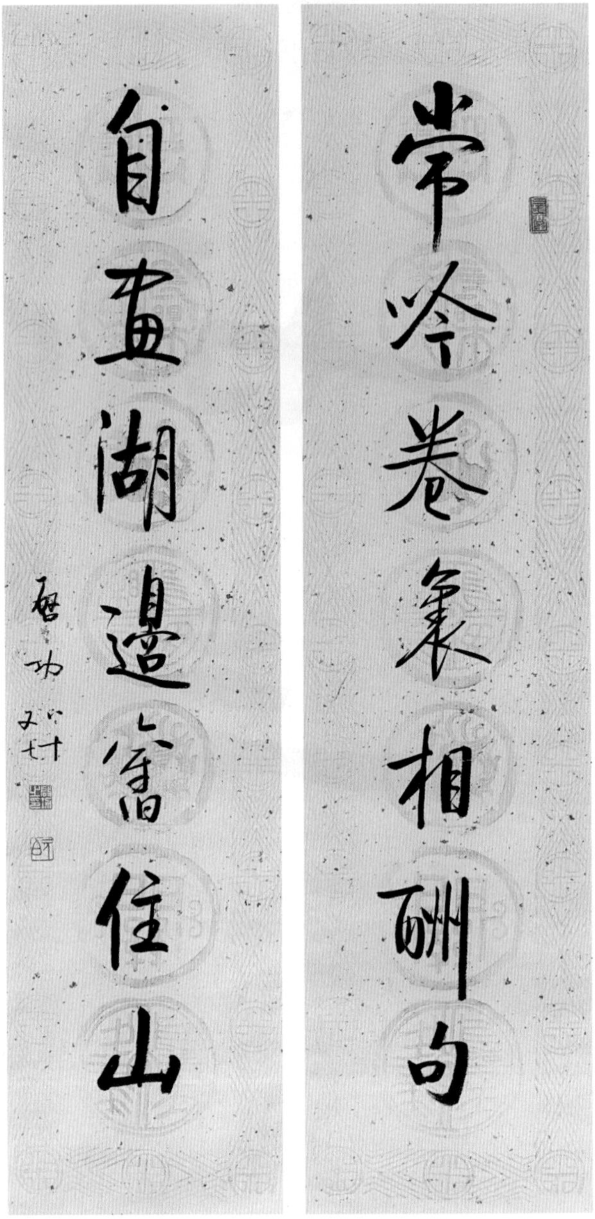

常吟卷里相酬句
自画湖边旧住山
启功　八十又七

一月二十四日

星期三
农历癸卯年
腊月十四

2024
January
24
Wednesday

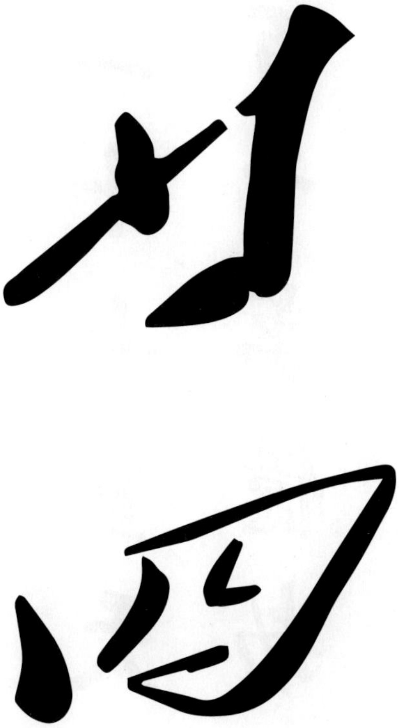

毛泽东 作品

超二十七重天以上
度百千万亿劫之中
启功敬书

一月二十五日

星期四
农历癸卯年
腊月十五

2024
January
25
Thursday

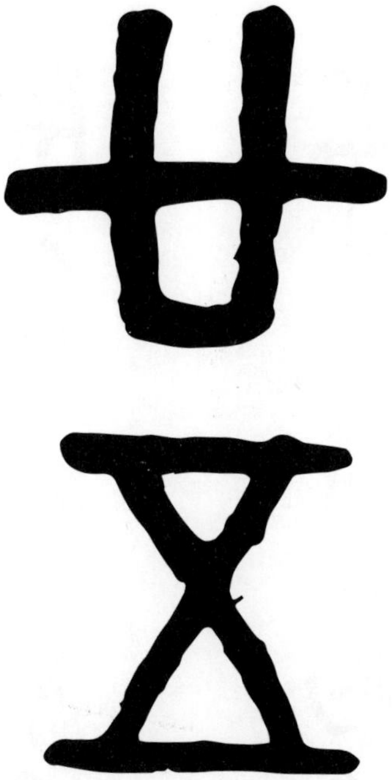

吴大澂 作品

城隅绿水明秋月
江上诗情为晚霞

启功

一月二十六日

星期五
农历癸卯年
腊月十六

2024
January
26
Friday

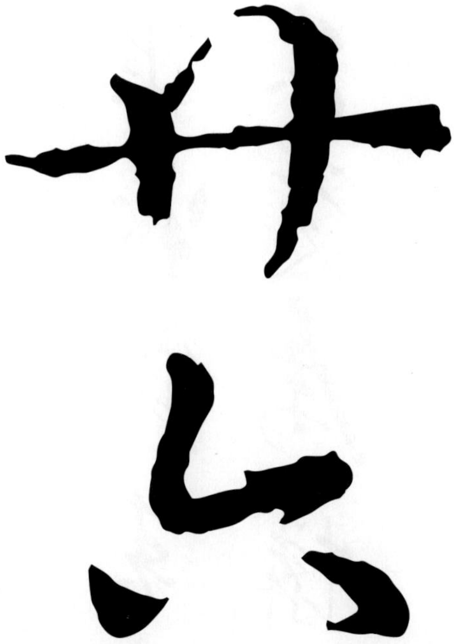

皇象作品

草长欲疑春有脚
病多真觉厉怜王

启功

一月二十七日

星期六
农历癸卯年
腊月十七

2024
January
27
Saturday

王羲之 作品

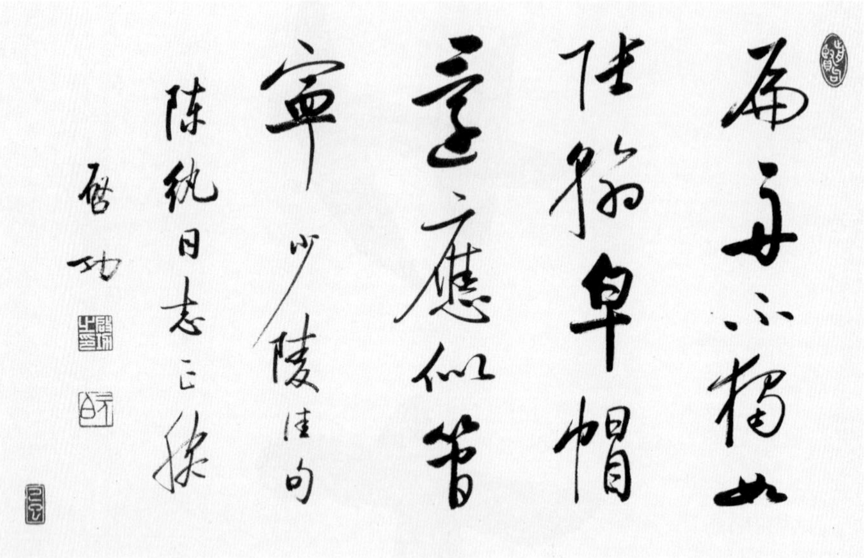

扁舟不独如张翰
皂帽还应似管宁

少陵佳句
陈纨同志正腕
启功

一月二十八日

星期日
农历癸卯年
腊月十八

2024
January
28
Sunday

董其昌 作品

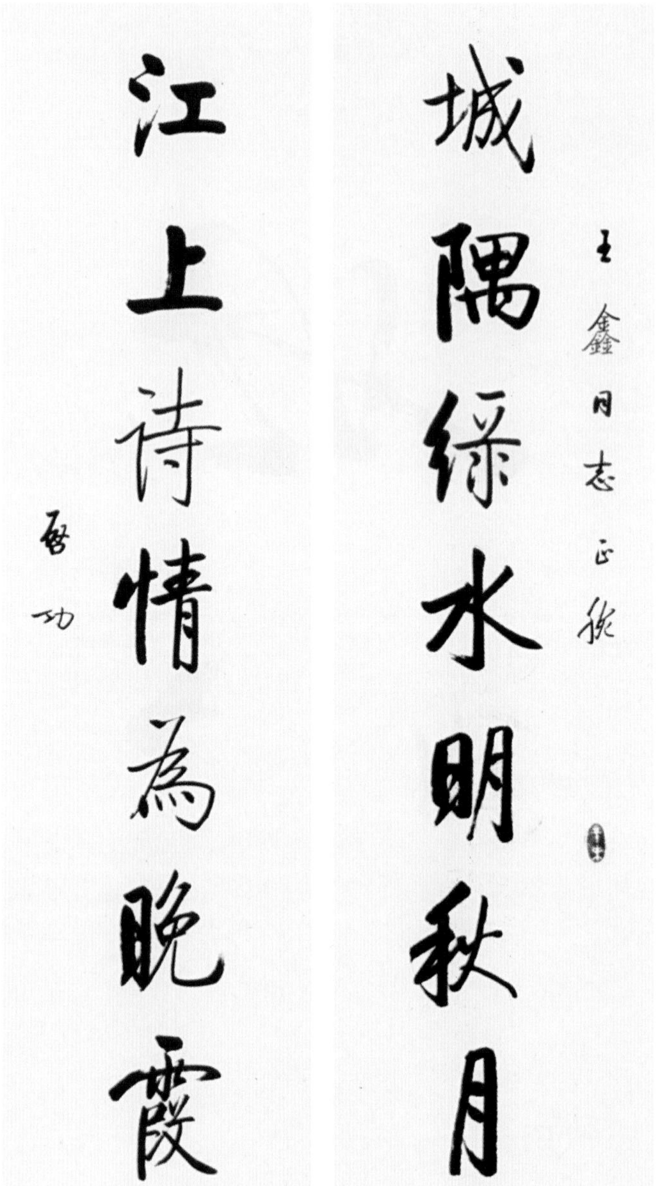

城隅绿水明秋月
江上诗情为晚霞
王鑫同志正腕
启功

一月二十九日

星期一
农历癸卯年
腊月十九

2024
January
29
Monday

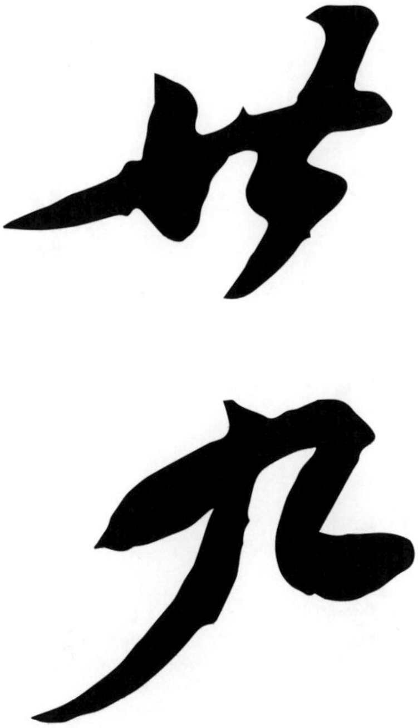

苏轼作品

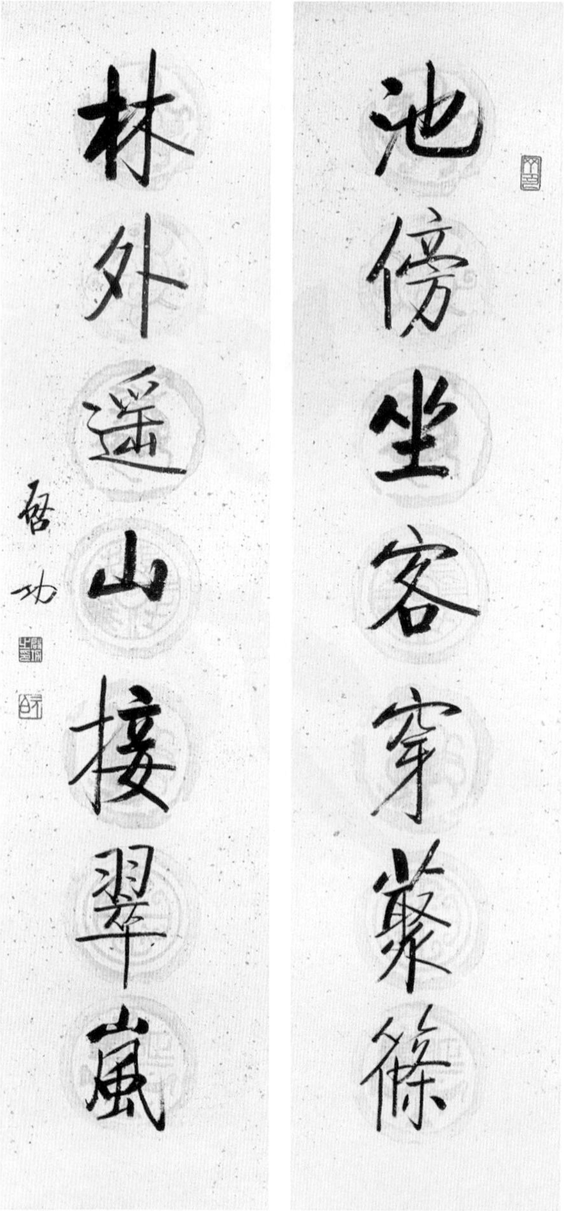

池傍坐客穿蓑筱
林外遥山接翠岚
启功

一月三十日

星期二
农历癸卯年
腊月二十

2024
January
30
Tuesday

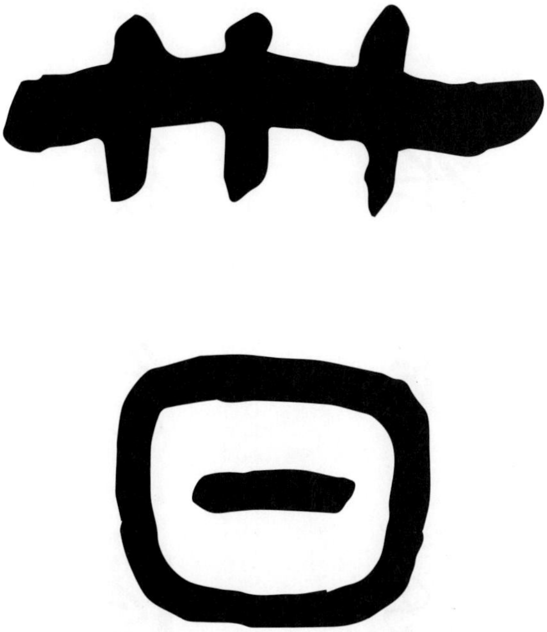

邓石如 作品

春秋多佳日
山水含清晖

启功

一月三十一日

星期三
农历癸卯年
腊月廿一

2024
January
31
Wednesday

赵孟頫 作品

春水船如天上坐
秋山人在画中行

启功

二月一日

星期四
农历癸卯年
腊月廿二

2024
February
1
Thursday

索靖作品

春水船如天上坐
秋山人在画中行

枝风同志属书　即希正腕
一九八六年夏日
启功

二月二日

星期五
农历癸卯年
腊月廿三

2024
February
2
Friday

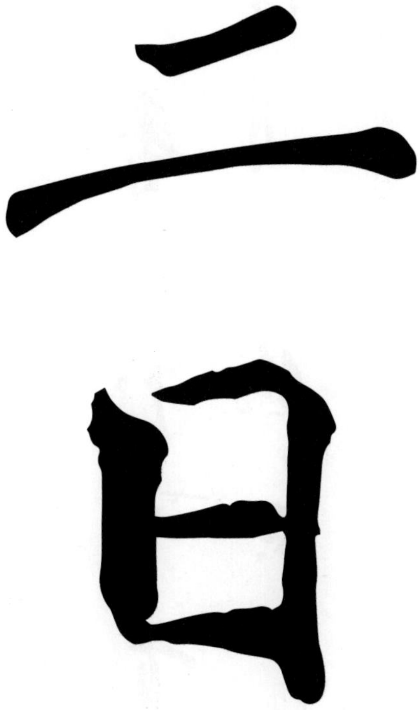

褚遂良 作品

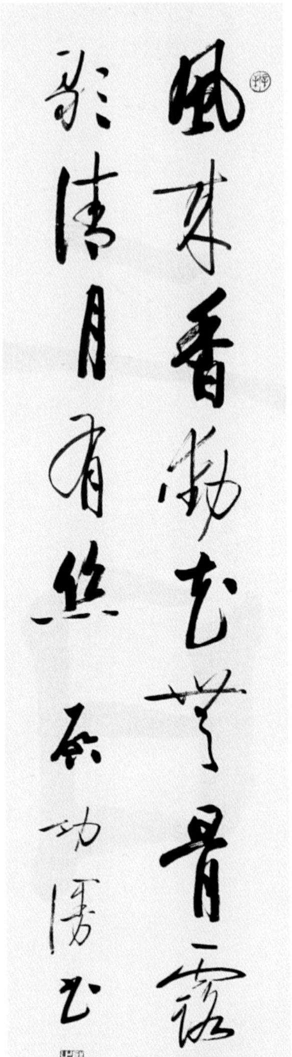

风来香动花无骨
露逼歌清月有丝
启功漫书

二月三日

星期六
农历癸卯年
腊月廿四

2024
February
3
Saturday

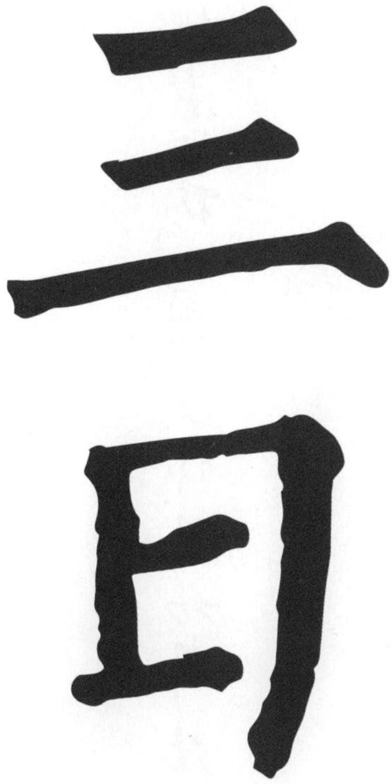

柳公权 作品

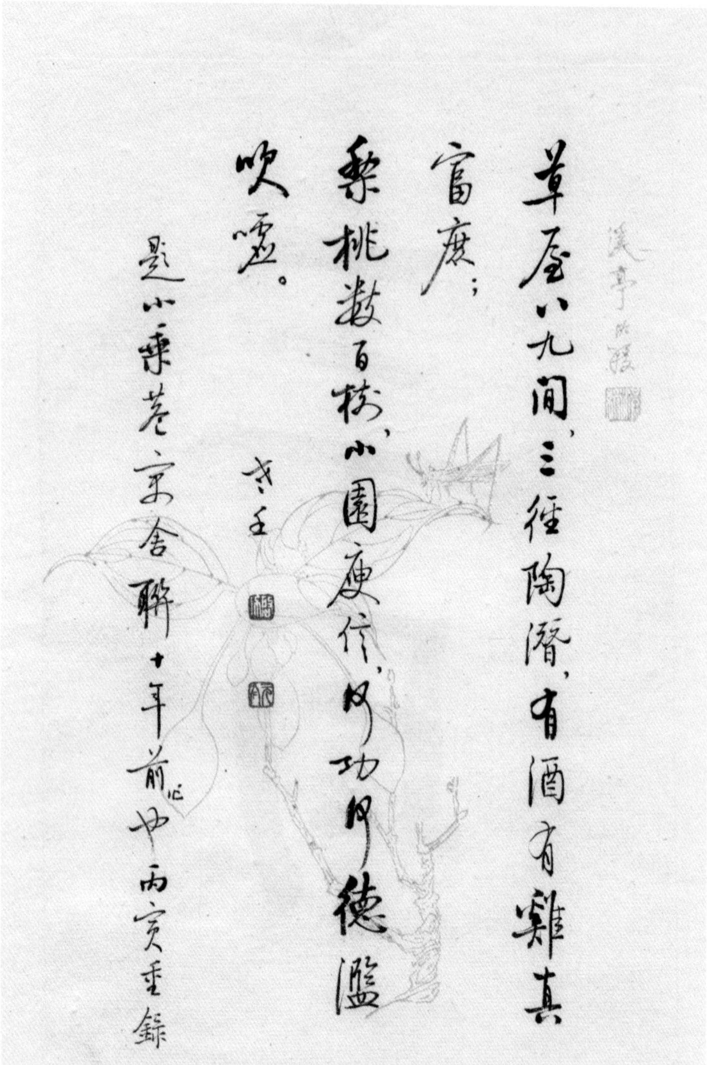

草屋八九间　三径陶潜
有酒有鸡真富庶
梨桃数百枝　小园庾信
何功何德滥吹嘘

老壬
题小乘巷寓舍联　十年前作也
丙寅重录

二月四日

星期日
农历癸卯年
腊月廿五

2024
February
4
Sunday

立春

启功作品

纯有英华为国宝
贵无雕琢是天真
京绪先生雅教
启功

二月五日

星期一
农历癸卯年
腊月廿六

2024
February
5
Monday

颜真卿 作品

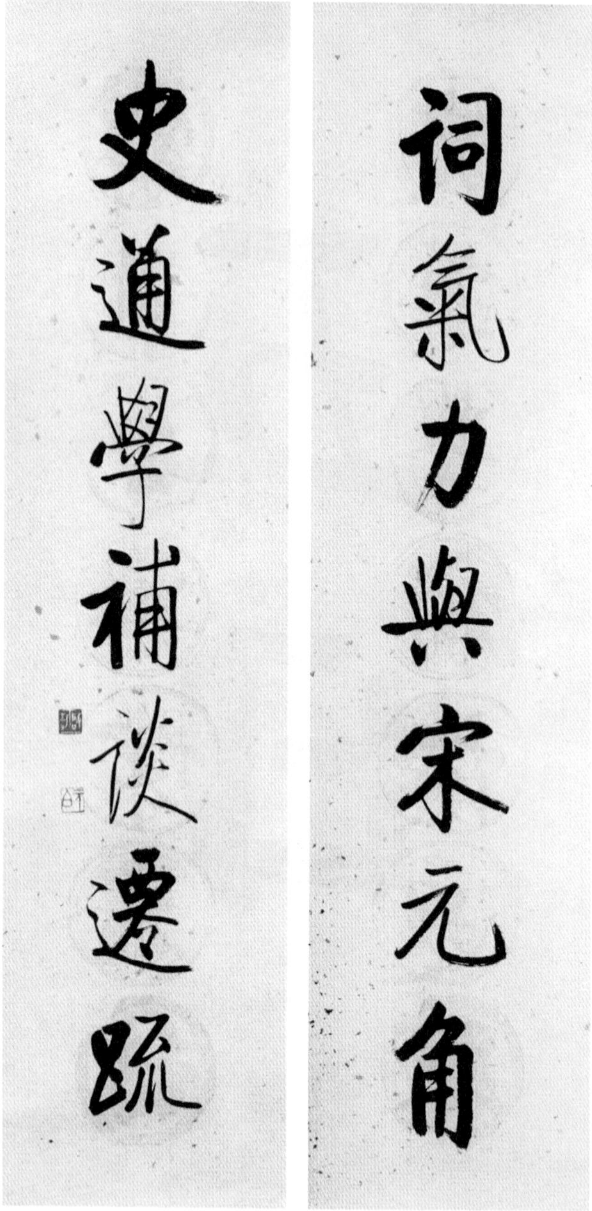
詞氣力與宋元角
史通學補談遷疏

词气力与宋元角
史通学补谈迁疏

二月六日

星期二
农历癸卯年
腊月廿七

2024
February
6
Tuesday

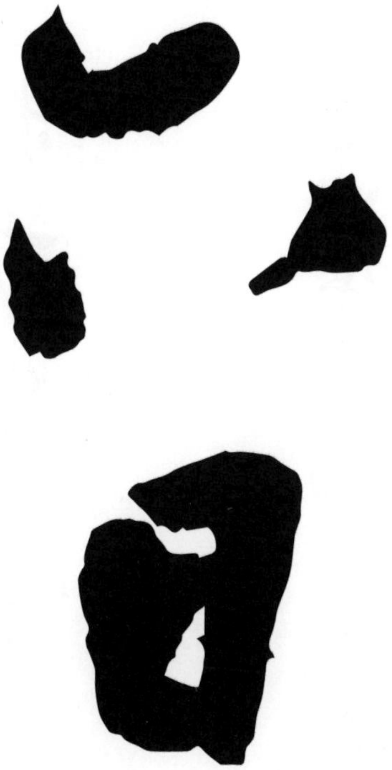

王铎作品

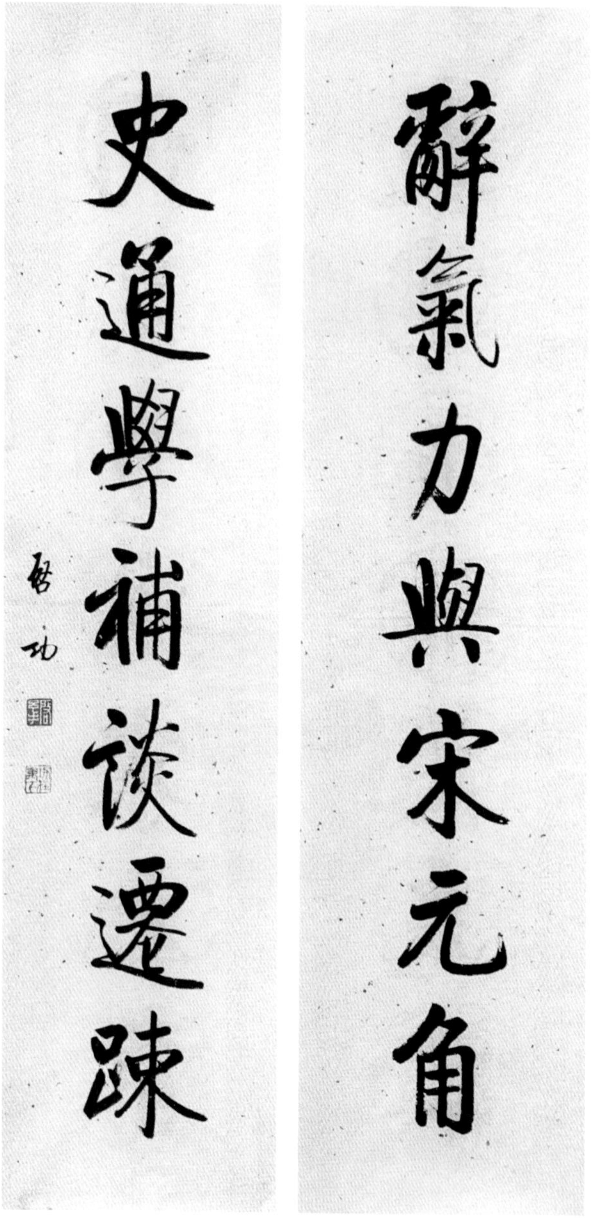
辭氣力與宋元角
史通學補談遷疏
啓功

辞气力与宋元角
史通学补谈迁疏

启功

二月七日

星期三
农历癸卯年
腊月廿八

2024
February
7
Wednesday

智永作品

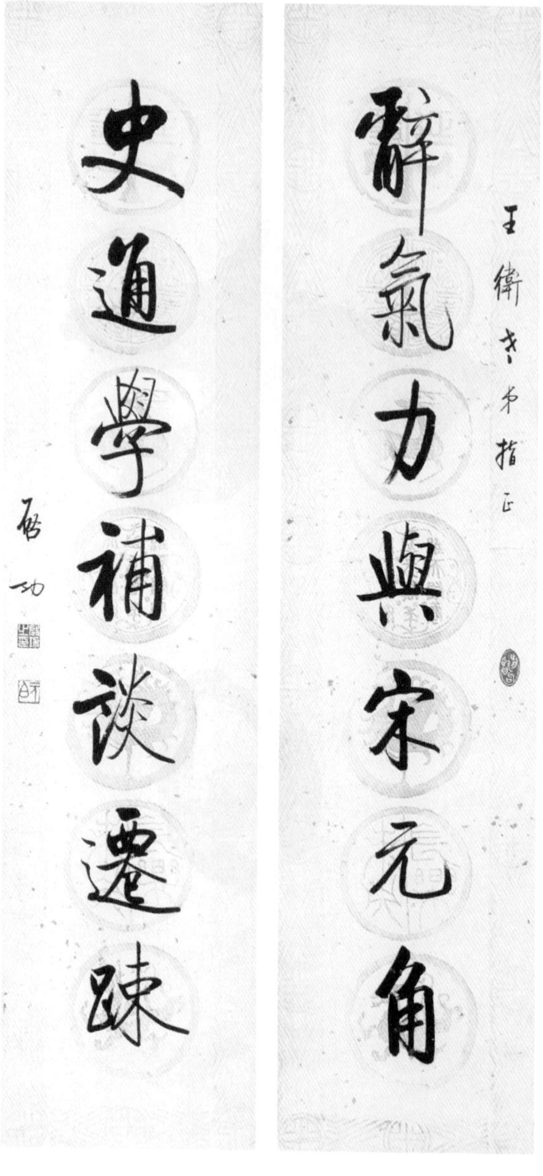
辭氣力與宋元角
史通學補談遷疏

辞气力与宋元角
史通学补谈迁疏
王卫老弟指正
启功

二月八日

星期四
农历癸卯年
腊月廿九

2024
February
8
Thursday

怀素作品

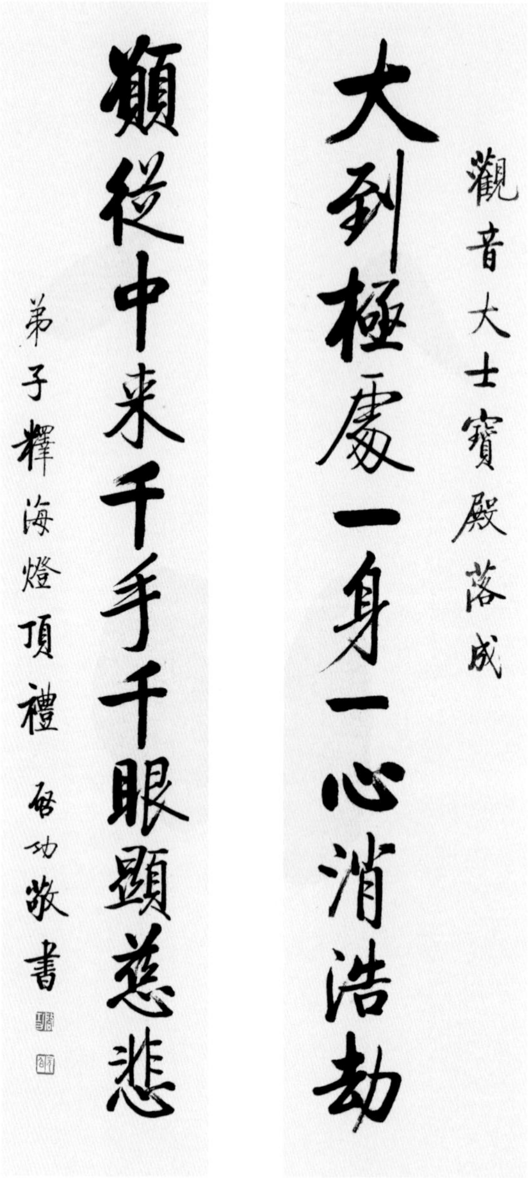
大到極處一身一心消浩劫
觀音大士寶殿落成
願從中来千手千眼顯慈悲
弟子釋海燈頂禮
啟功敬書

大到极处一身一心消浩劫

愿从中来千手千眼显慈悲

观音大士宝殿落成

弟子释海灯顶礼

启功敬书

二月九日

星期五
农历癸卯年
腊月三十

2024
February
9
Friday

启功作品

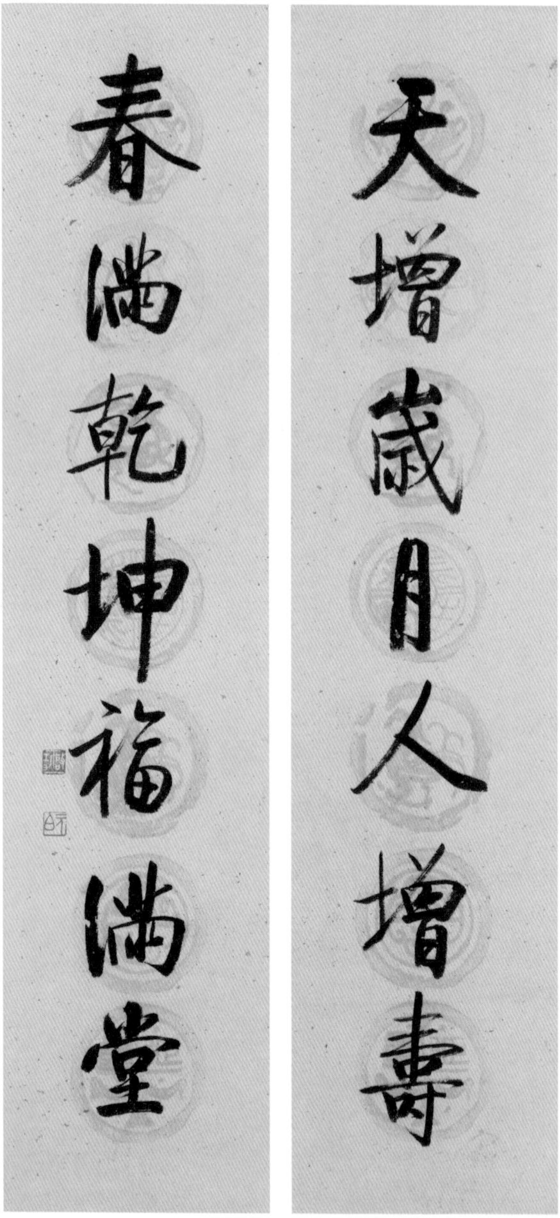

天增岁月人增寿
春满乾坤福满堂

二月十日

星期六

农历甲辰年

正月初一

2024

February

10

Saturday

启功作品

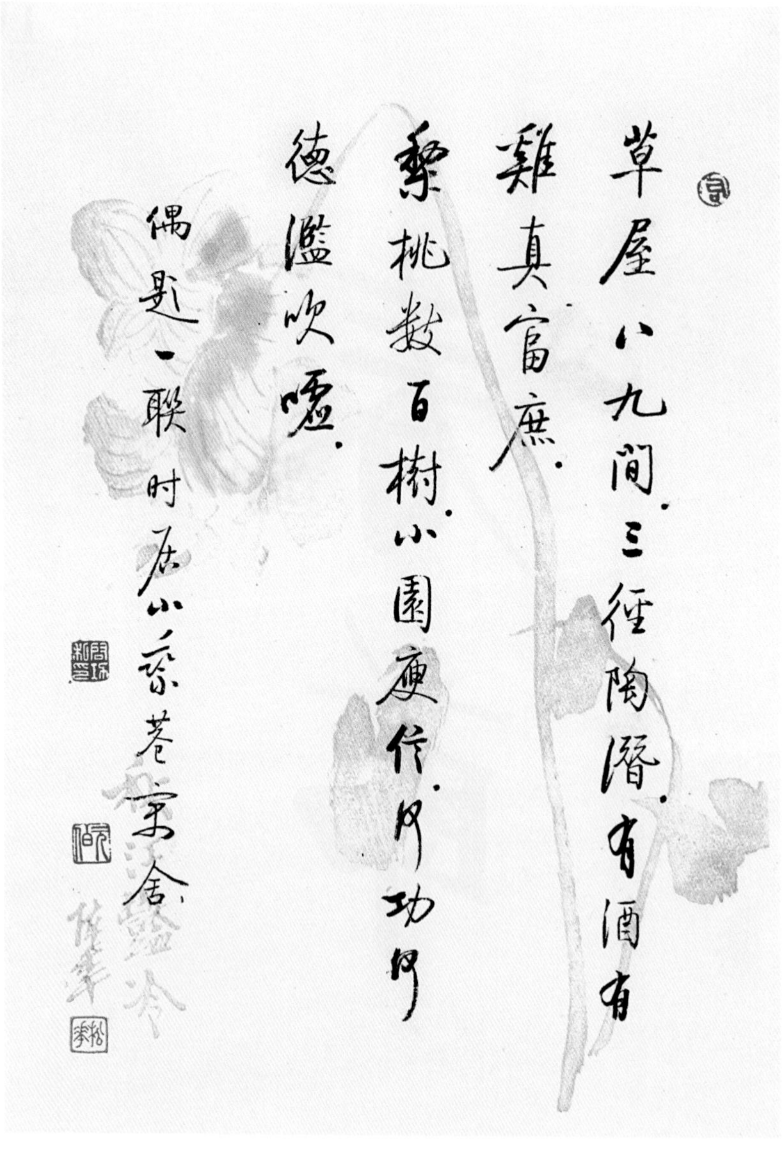

草屋八九间　三径陶潜
有酒有鸡真富庶
梨桃数百树　小园庾信
何功何德滥吹嘘
偶题一联　时居小乘巷寓舍

二月十一日

星期日
农历甲辰年
正月初二

2024
February
11
Sunday

王羲之 作品

大地清幽山水会
此生怀抱管弦知
启功

二月十二日

星期一
农历甲辰年
正月初三

2024
February
12
Monday

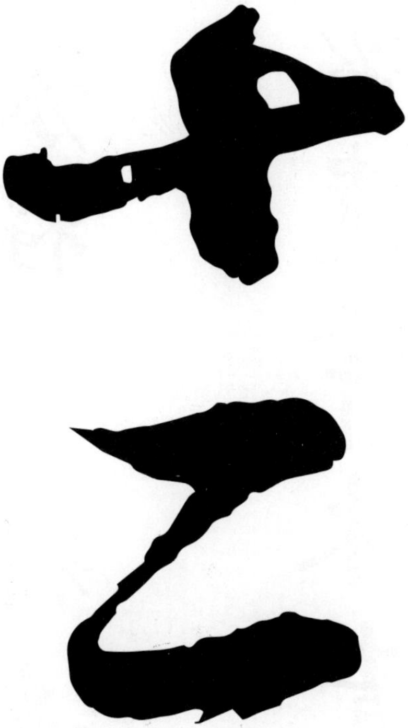

赵孟頫 作品

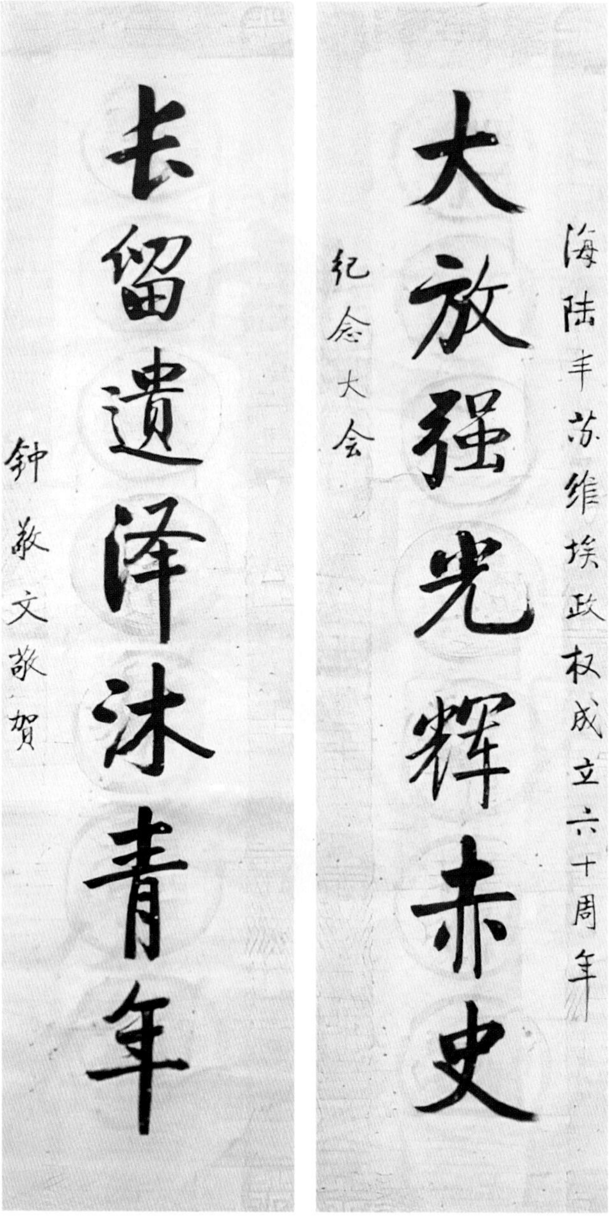
大放强光辉赤史
长留遗泽沐青年
海陆丰苏维埃政权成立六十周年
纪念大会
钟敬文敬贺

大放强光辉赤史
长留遗泽沐青年
海陆丰苏维埃政权成立六十周年纪念大会
钟敬文敬贺

二月十三日

星期二
农历甲辰年
正月初四

2024
February
13
Tuesday

王献之 作品

大麓可尊人共泰
福林偕鹭众腾欢

二月十四日

星期三
农历甲辰年
正月初五

2024
February
14
Wednesday

颜真卿 作品

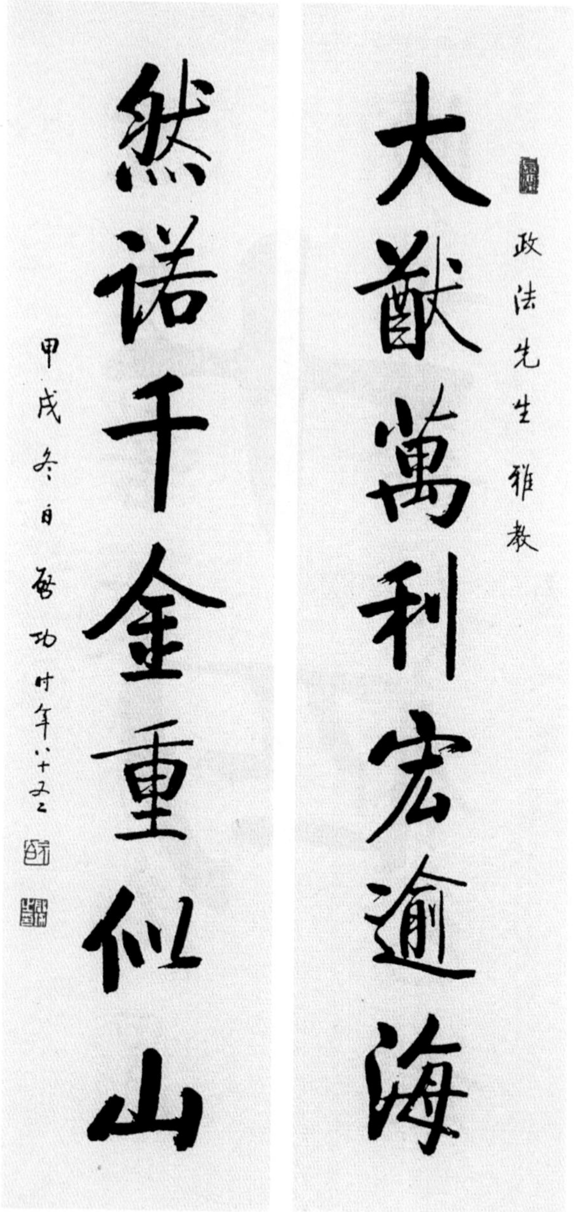
大猷萬利宏逾海
政法先生雅教
然诺千金重似山
甲戌冬日
启功时年八十又二

大猷万利宏逾海
然诺千金重似山

政法先生雅教
甲戌冬日
启功　时年八十又二

二月十五日

星期四
农历甲辰年
正月初六

2024
February
15
Thursday

米芾作品

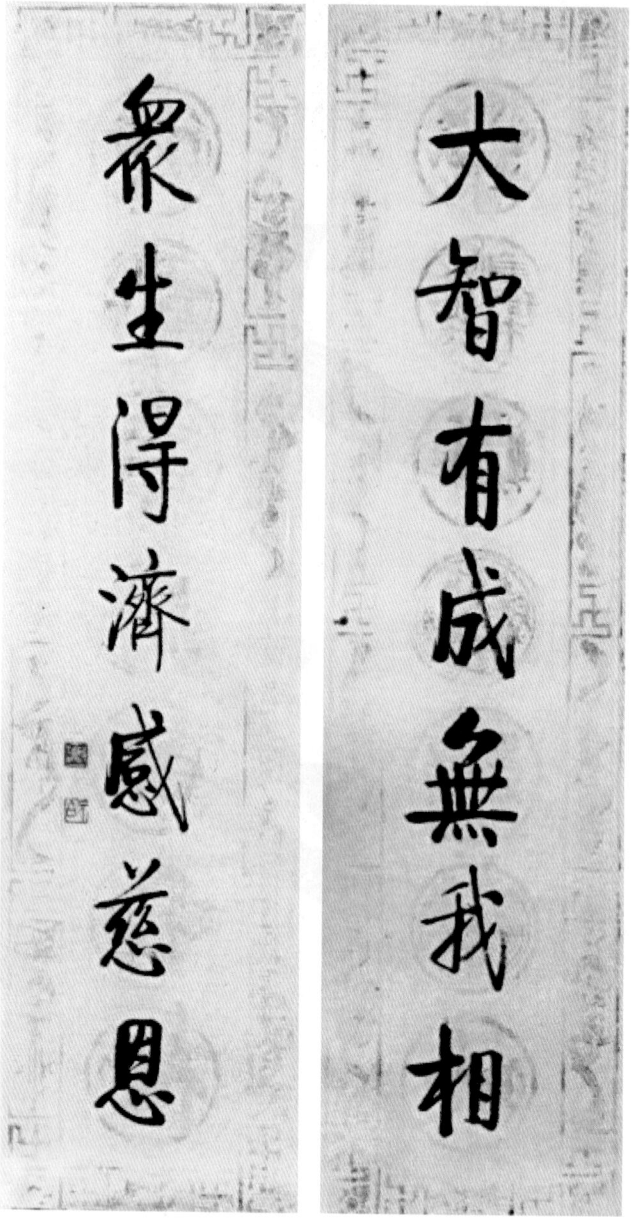

大智有成无我相
众生得济感慈恩

二月十六日

星期五
农历甲辰年
正月初七

2024
February
16
Friday

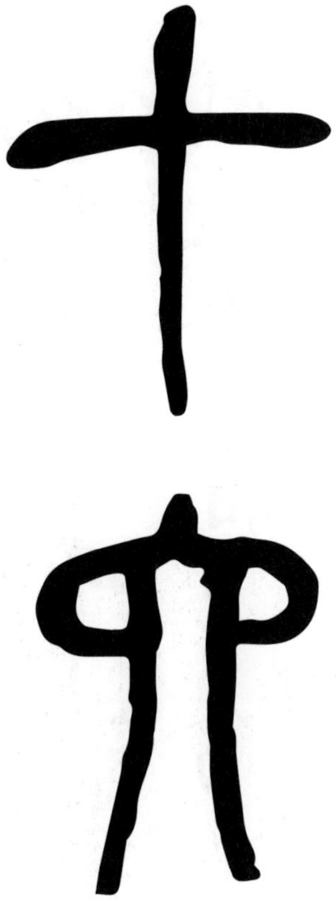

吴昌硕 作品

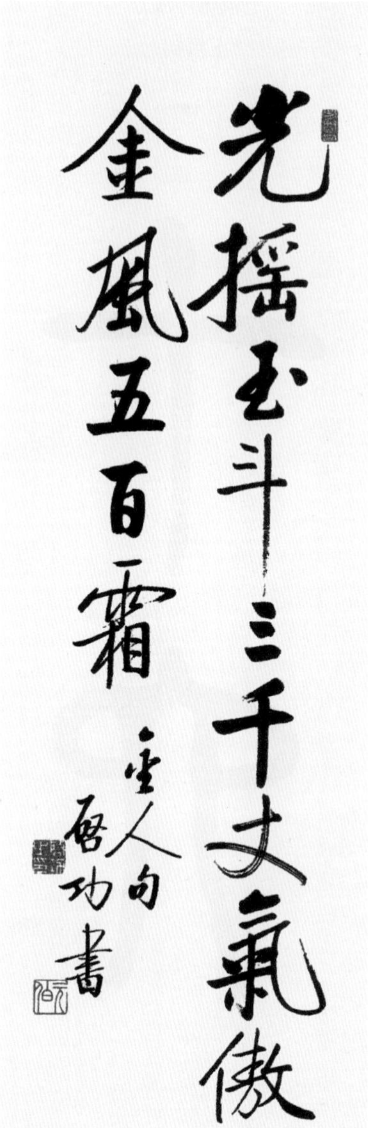

光摇玉斗三千丈
气傲金风五百霜
金人句
启功书

二月十七日

星期六
农历甲辰年
正月初八

2024
February
17
Saturday

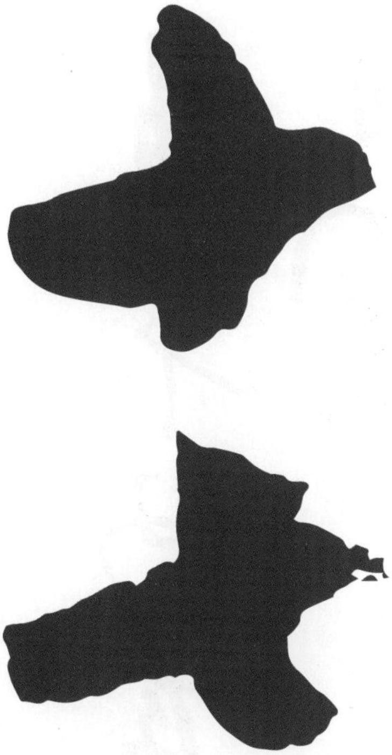

蔡襄作品

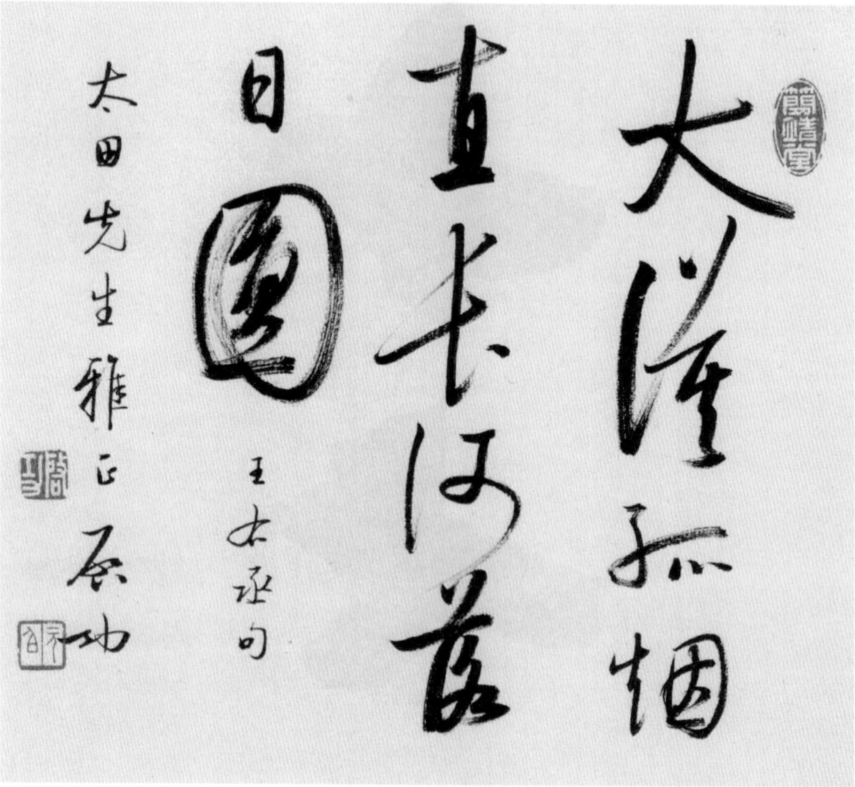

大漠孤烟直
长河落日圆

王右丞句
太田先生雅正
启功

二月十八日

星期日
农历甲辰年
正月初九

2024
February
18
Sunday

张旭作品

大智有成无我相
众生得济感慈恩
启功敬书

二月十九日

星期一
农历甲辰年
正月初十

2024
February
19
Monday

启功作品

弹豪珠零落纸锦粲
繁文绮合缛旨星稠
汉宽仁兄正之
元白启功

二月二十日

星期二
农历甲辰年
正月十一

2024
February
20
Tuesday

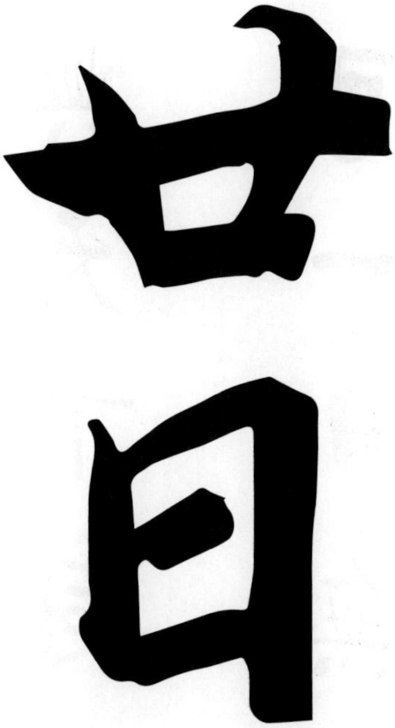

陆柬之 作品

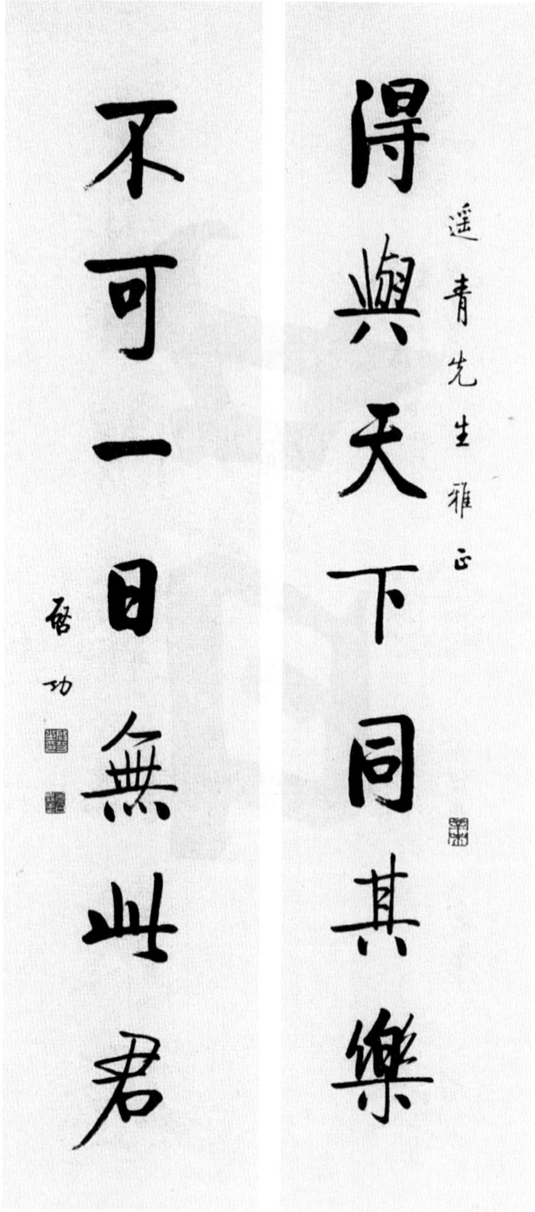
得與天下同其樂
遥青先生雅正
不可一日無此君
啓功

得与天下同其乐
不可一日无此君
遥青先生雅正
启功

二月二十一日

星期三
农历甲辰年
正月十二

2024
February
21
Wednesday

王宠 作品

登高望远海
倚树听流泉

启功

二月二十二日

星期四
农历甲辰年
正月十三

2024
February
22
Thursday

赵孟頫 作品

地负海涵渊渟岳峙
桃花渌水秋月春风

江子屏　汪容甫先生文中句
一九八四年八月偶集并书
启功

二月二十三日

星期五
农历甲辰年
正月十四

2024
February
23
Friday

黄庭坚 作品

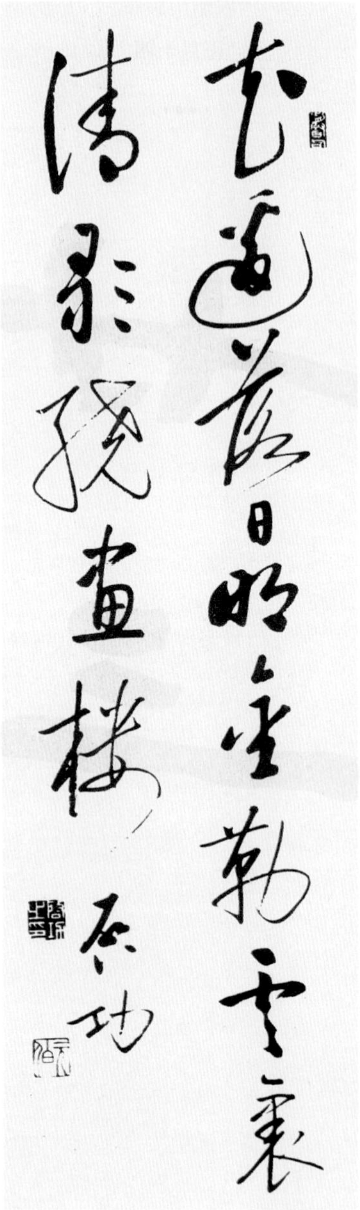

花边落日明金勒
云里清歌绕画楼

启功

二月二十四日

星期六
农历甲辰年
正月十五

2024
February
24
Saturday

上元

启功作品

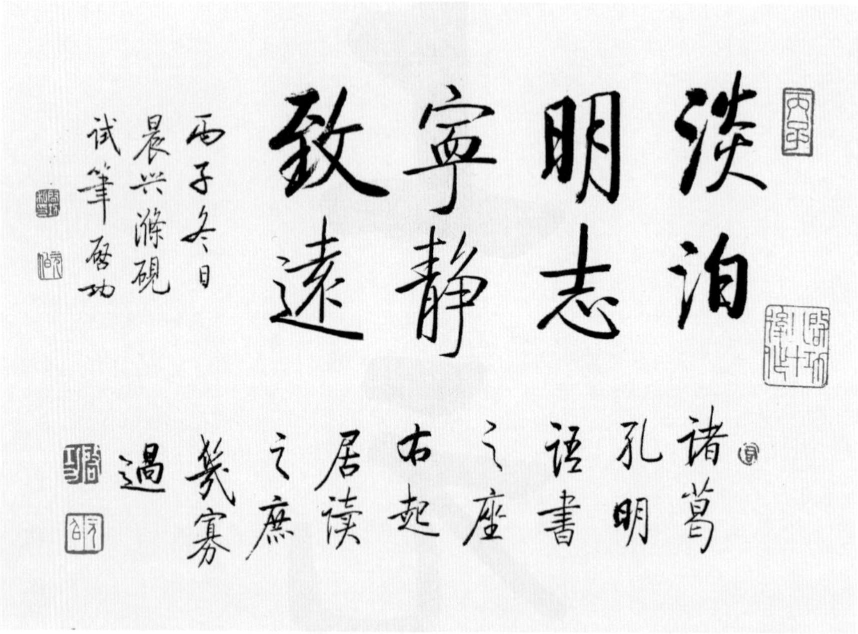

淡泊明志
宁静致远

诸葛孔明语　书之座右
起居读之　庶几寡过
丙子冬日晨兴　涤砚试笔
启功

二月二十五日

星期日
农历甲辰年
正月十六

2024
February
25
Sunday

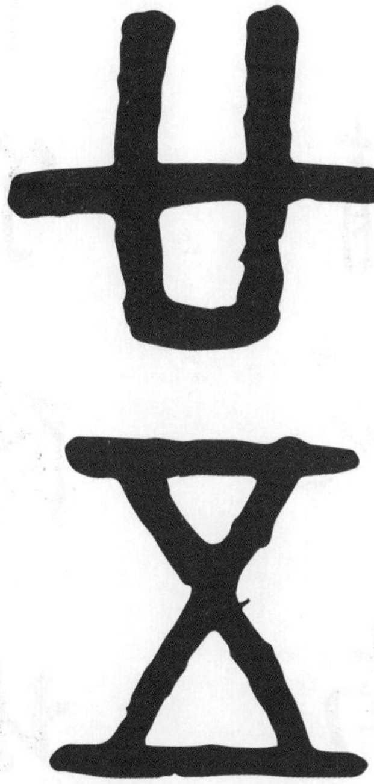

吴大澂 作品

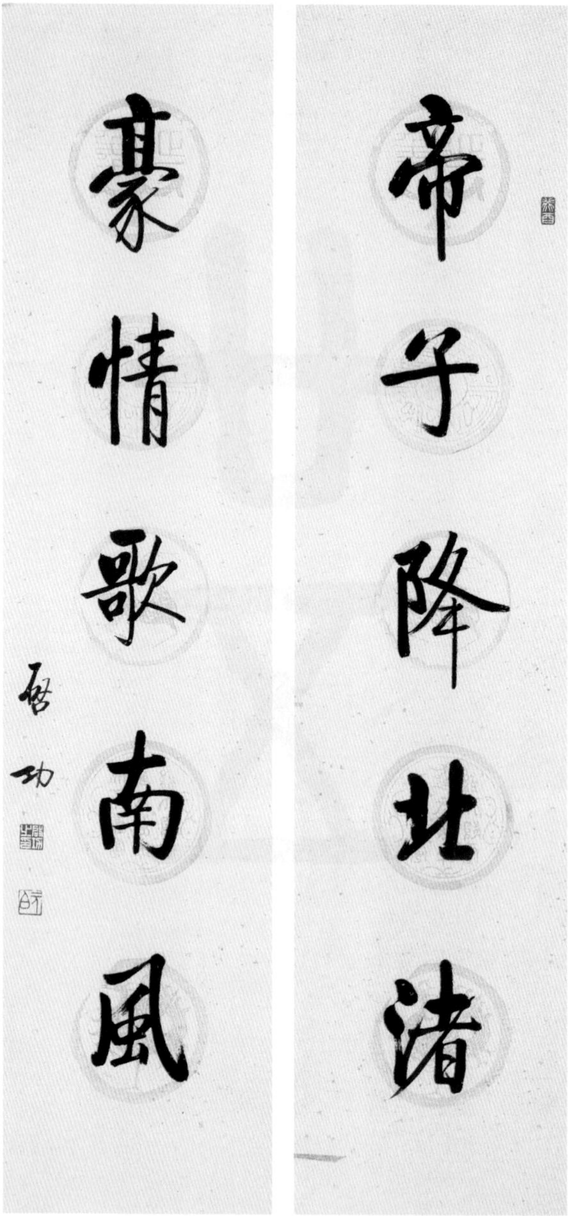

帝子降北渚
豪情歌南风
启功

二月二十六日

星期一

农历甲辰年

正月十七

2024

February

26

Monday

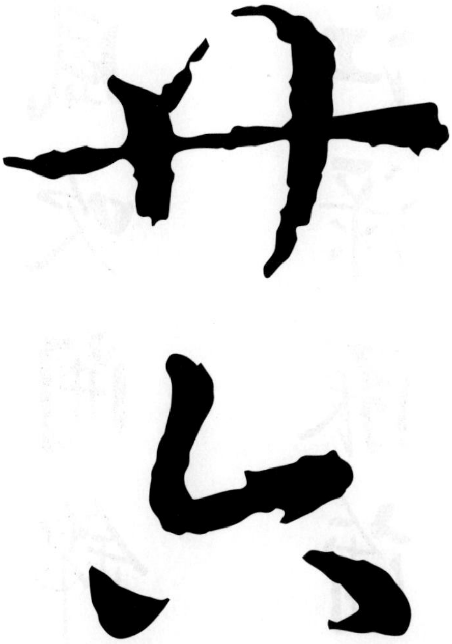

皇象 作品

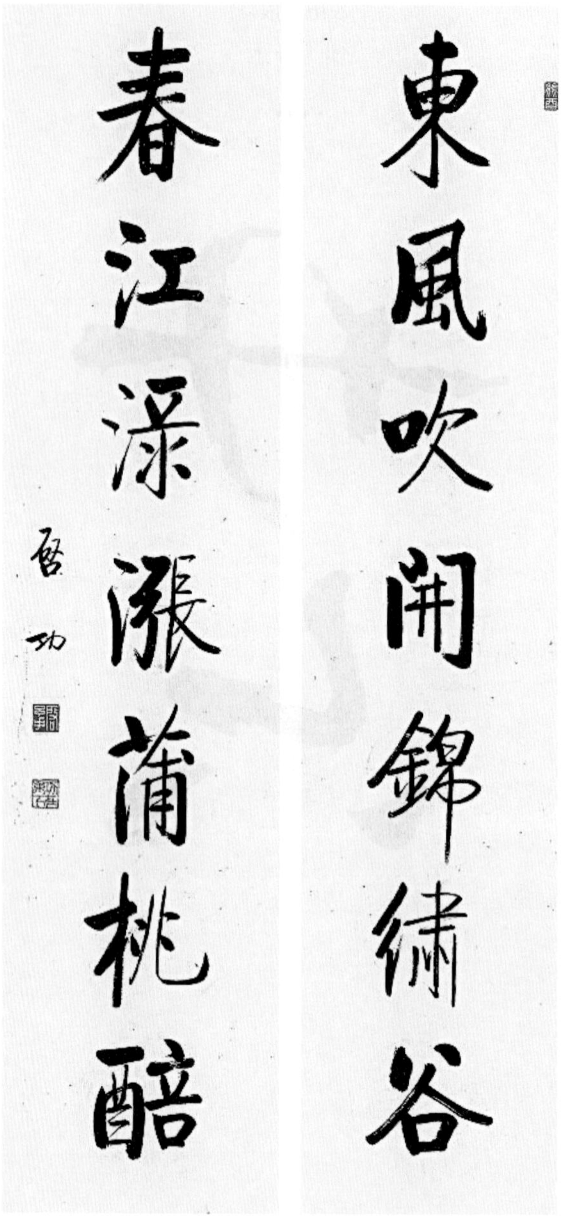
東風吹開錦繡谷
春江渌漲蒲桃醅
啓功

东风吹开锦绣谷
春江渌涨蒲桃醅
启功

二月二十七日

星期二
农历甲辰年
正月十八

2024
February
27
Tuesday

王羲之 作品

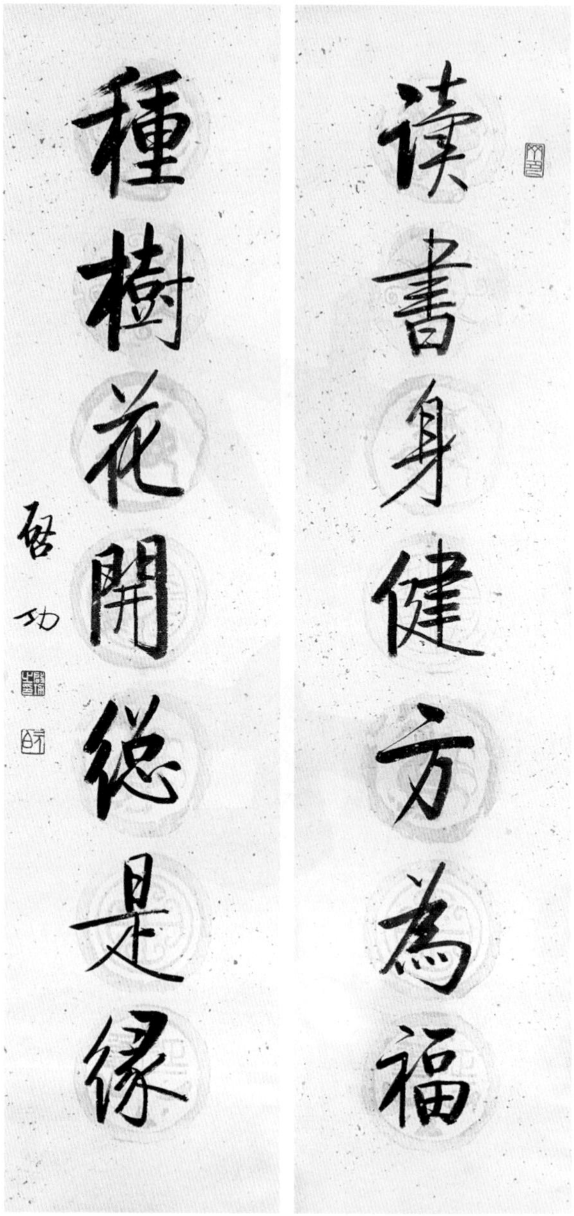

读书身健方为福
种树花开总是缘
启功

二月二十八日

星期三
农历甲辰年
正月十九

2024
February
28
Wednesday

董其昌 作品

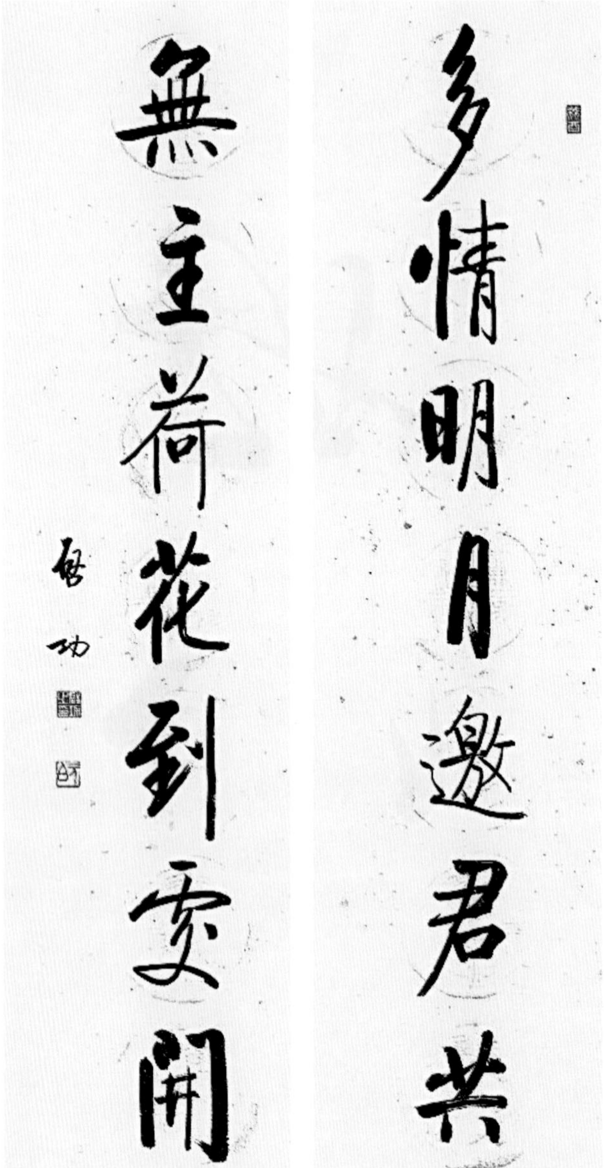

多情明月邀君共
无主荷花到处开
启功

二月二十九日

星期四
农历甲辰年
正月二十

2024
February
29
Thursday

廿九

苏轼作品

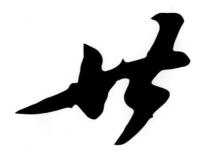

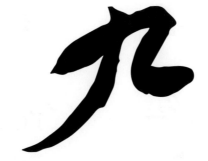

多情好事余习气
此生何止略知津

启功

三月一日

星期五
农历甲辰年
正月廿一

2024
March
1
Friday

索靖作品

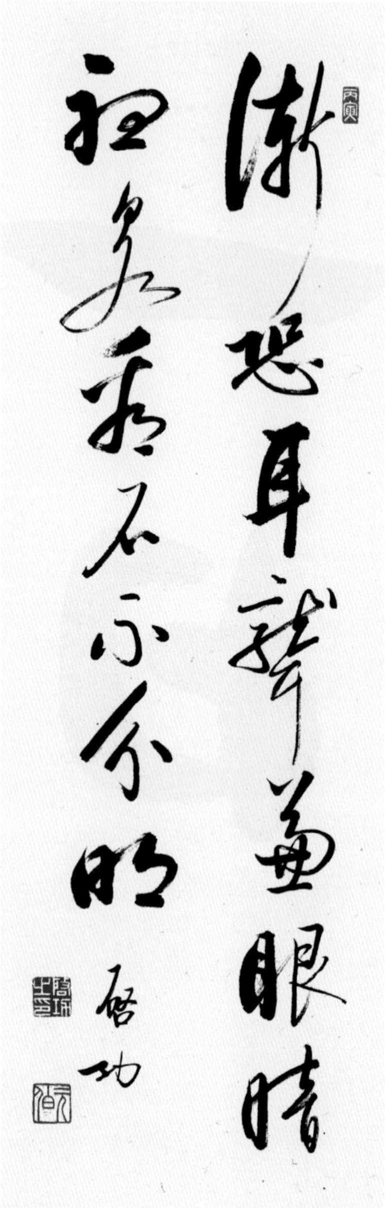

渐恐耳聋兼眼暗
听泉看石不分明

启功

三月二日

星期六
农历甲辰年
正月廿二

2024
March
2
Saturday

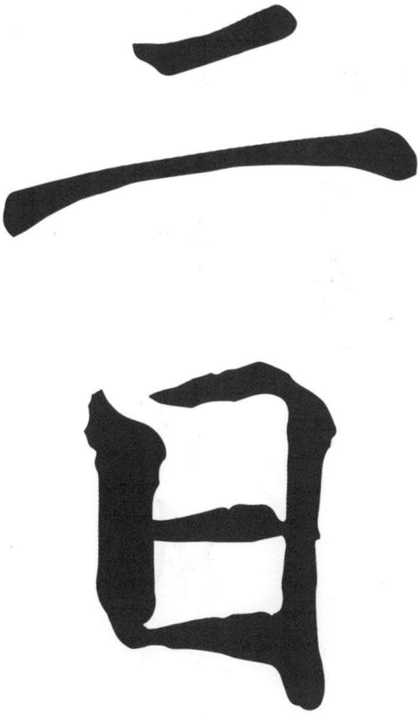

褚遂良 作品

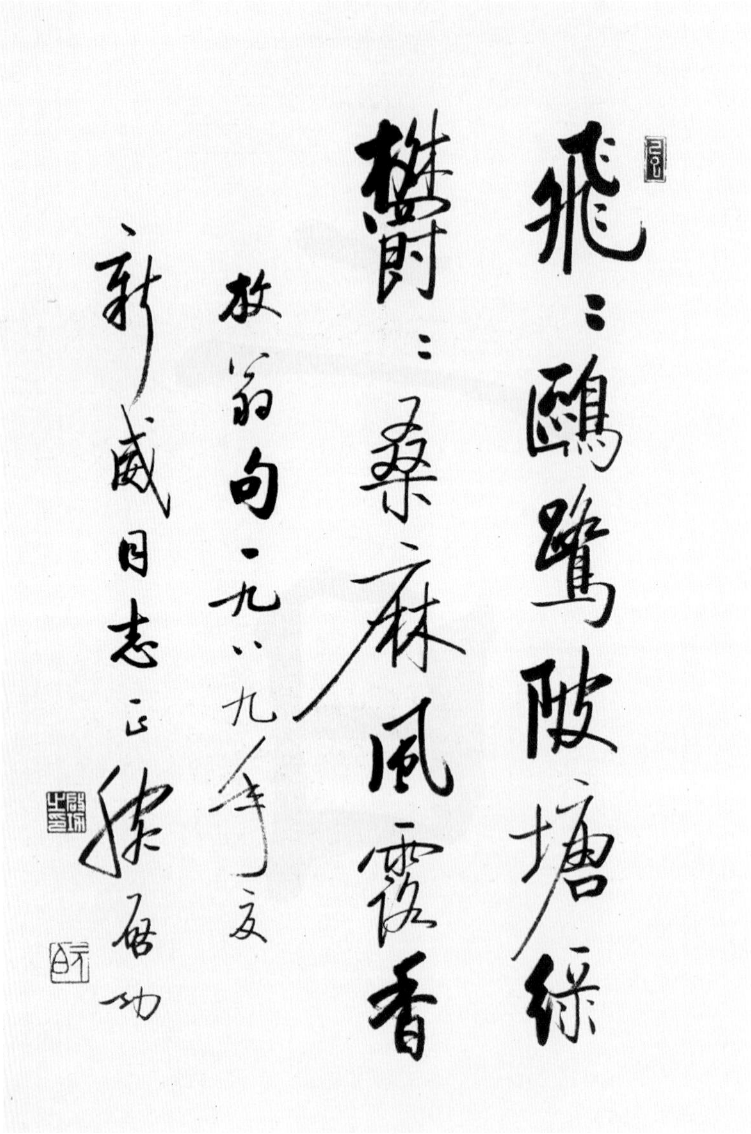

飞飞鸥鹭陂塘绿
郁郁桑麻风露香
放翁句　一九八九年夏
新威同志正腕
启功

三月三日

星期日
农历甲辰年
正月廿三

2024
March
3
Sunday

柳公权 作品

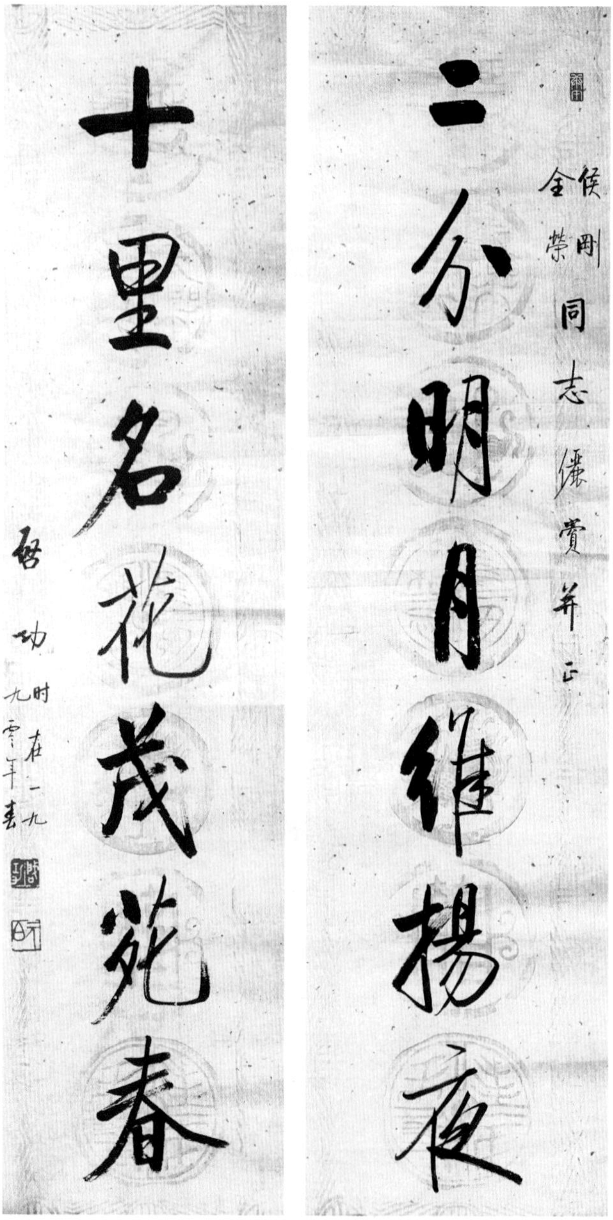

二分明月维扬夜
十里名花茂苑春

侯刚　全荣同志俪赏并正
启功　时在一九九零年春

三月四日

星期一
农历甲辰年
正月廿四

2024
March
4
Monday

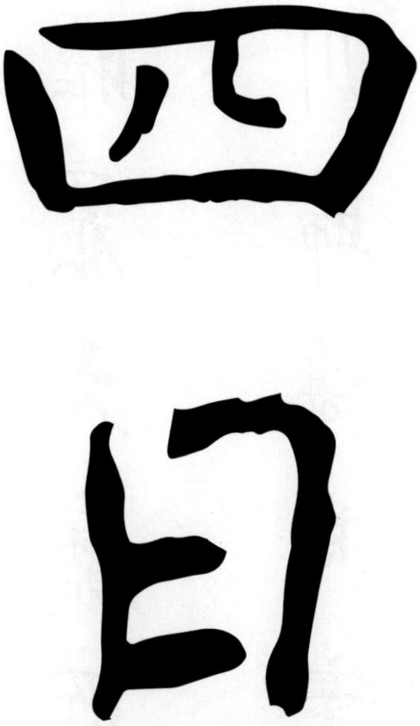

虞世南 作品

二曜丽天靡所不照
百川归海其实能容

启功

三月五日

星期二
农历甲辰年
正月廿五

2024
March
5
Tuesday

驚蟄

启功作品

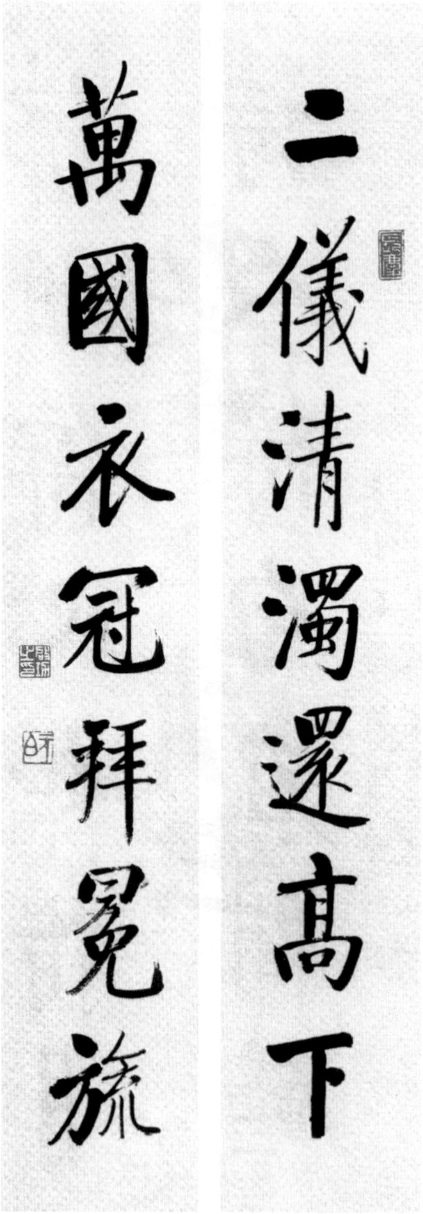
二儀清濁還高下
萬國衣冠拜冕旒

二仪清浊还高下
万国衣冠拜冕旒

三月六日

星期三

农历甲辰年

正月廿六

2024
March

6

Wednesday

王铎作品

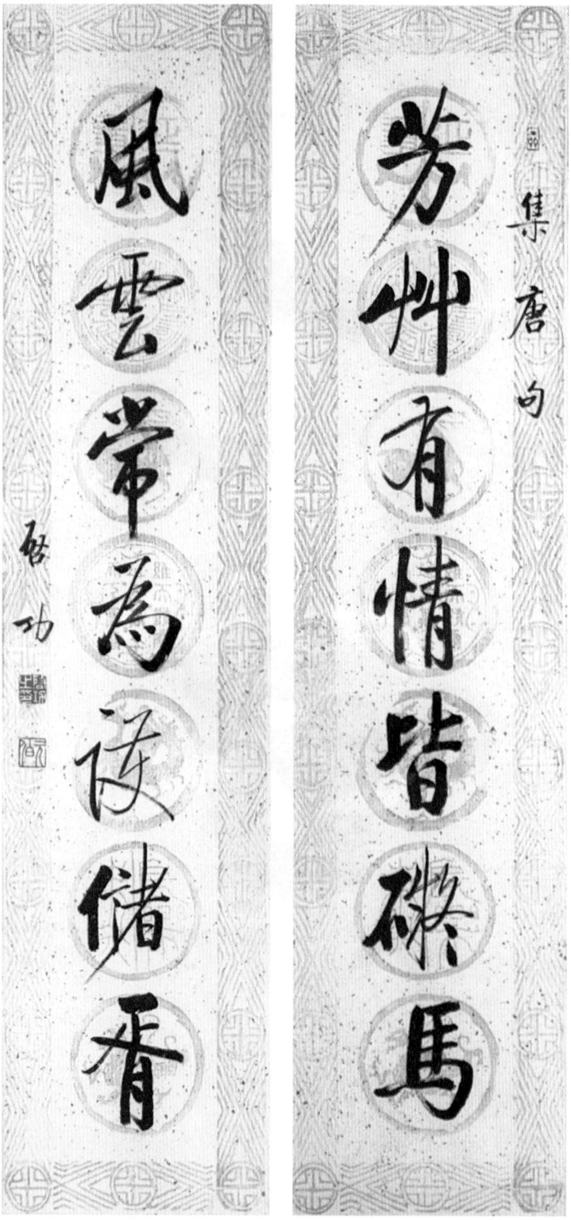

芳草有情皆碍马
风云常为护储胥
集唐句
启功

三月七日

星期四

农历甲辰年

正月廿七

2024
March
7
Thursday

智永作品

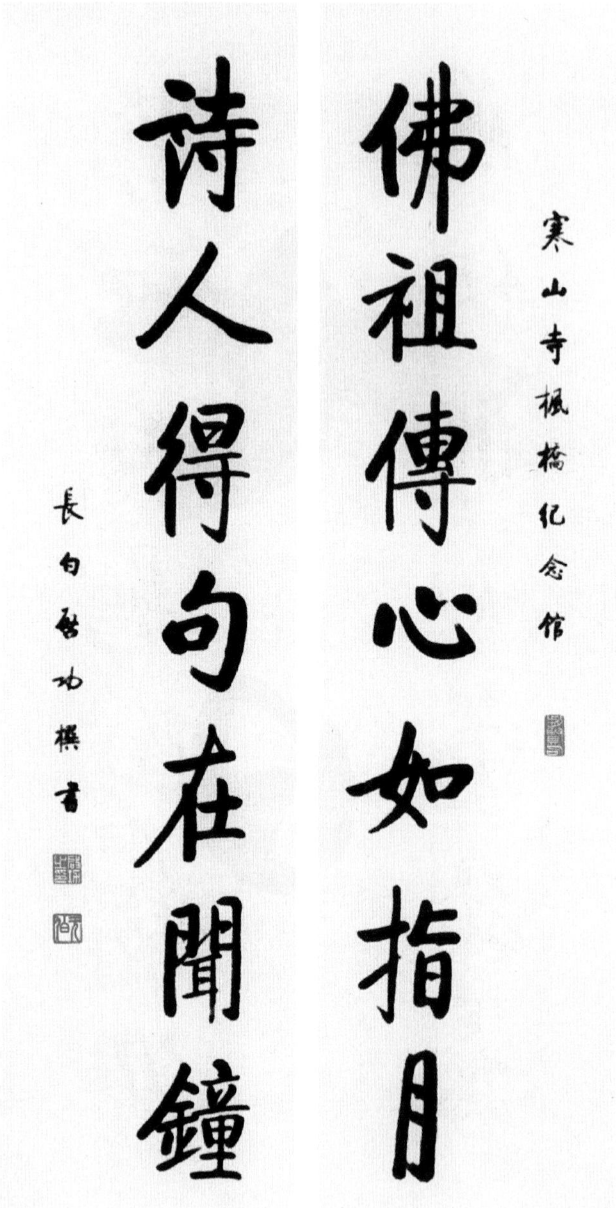
佛祖傳心如指月
詩人得句在聞鐘

佛祖传心如指月
诗人得句在闻钟
寒山寺枫桥纪念馆
长白启功撰书

三月八日

星期五
妇女节
农历甲辰年
正月廿八

2024
March
8
Friday

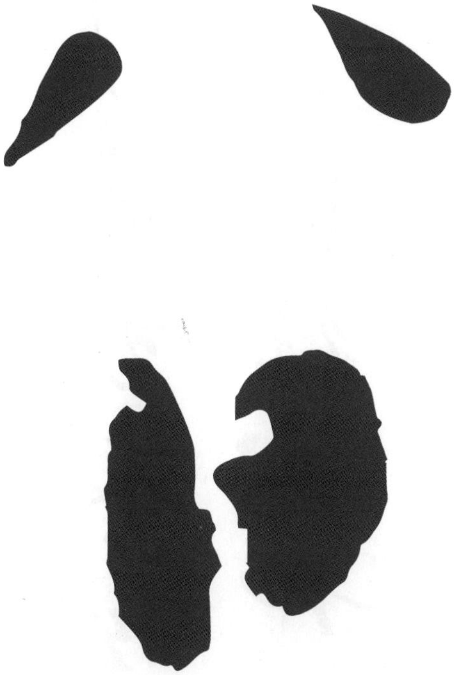

怀素作品

静看啄木藏身处
闲见游丝到地时

启功

三月九日

星期六
农历甲辰年
正月廿九

2024
March
9
Saturday

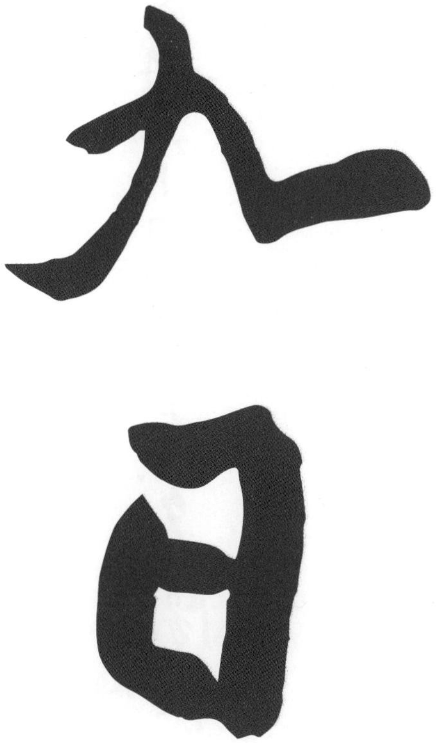

黄庭坚 作品

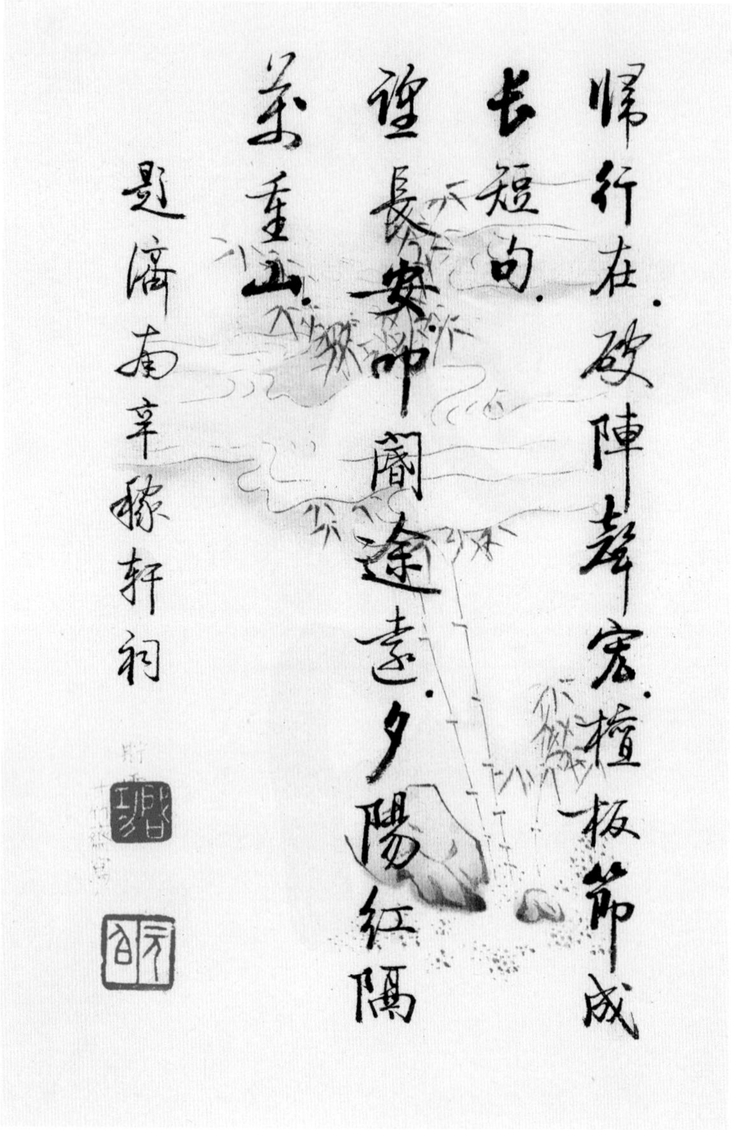

归行在　破阵声宏　檀板

节成长短句

望长安　叩阍途远　夕阳

红隔万重山

题济南辛稼轩祠

三月十日

星期日
农历甲辰年
二月初一

2024
March
10
Sunday

文徵明 作品

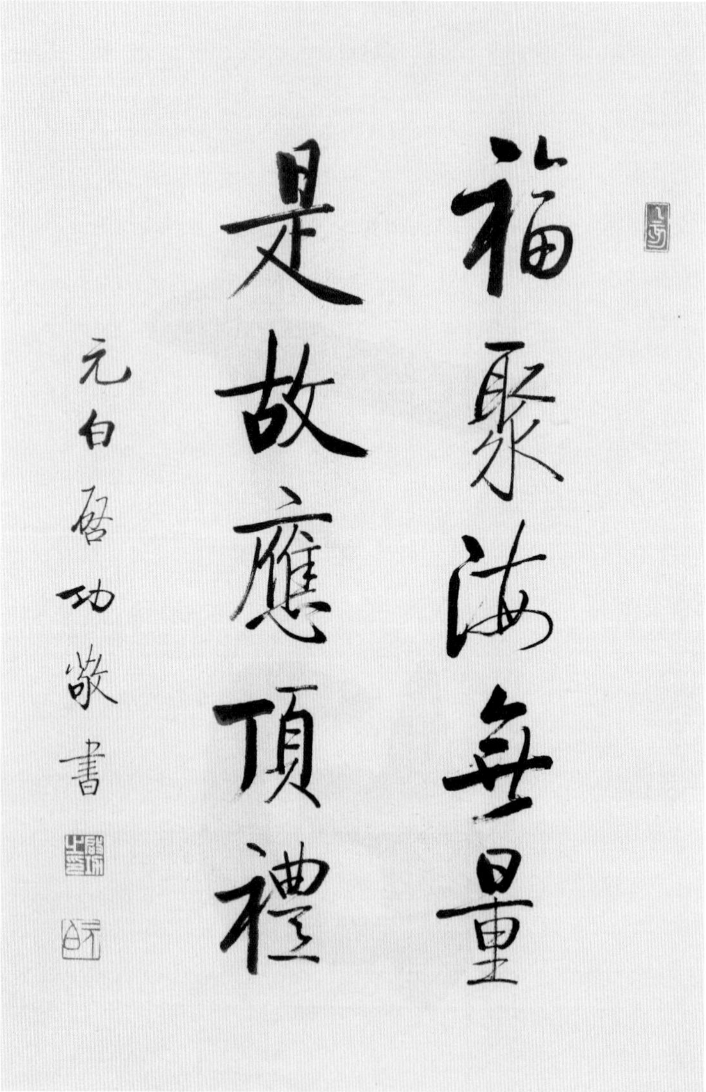

福聚海无量
是故应顶礼
元白启功敬书

三月十一日

星期一
农历甲辰年
二月初二

2024
March
11
Monday

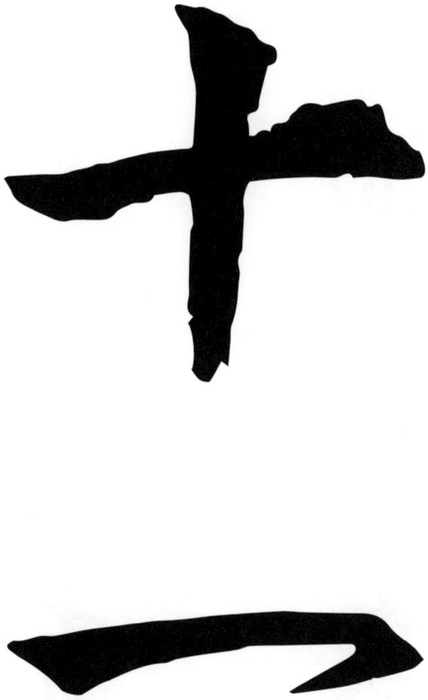

王羲之 作品

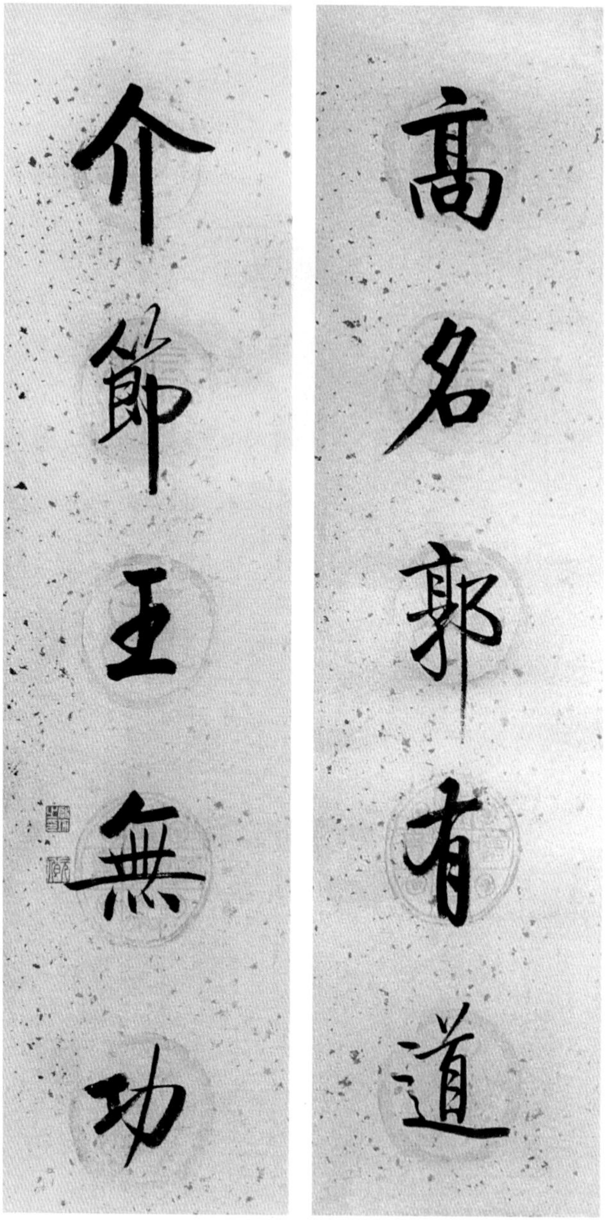

高名郭有道
介节王无功

三月十二日

星期二
农历甲辰年
二月初三

2024
March
12
Tuesday

赵孟頫 作品

孤烟寒色树
高雪夕阳山
启功

三月十三日

星期三

农历甲辰年

二月初四

2024
March
13
Wednesday

王献之 作品

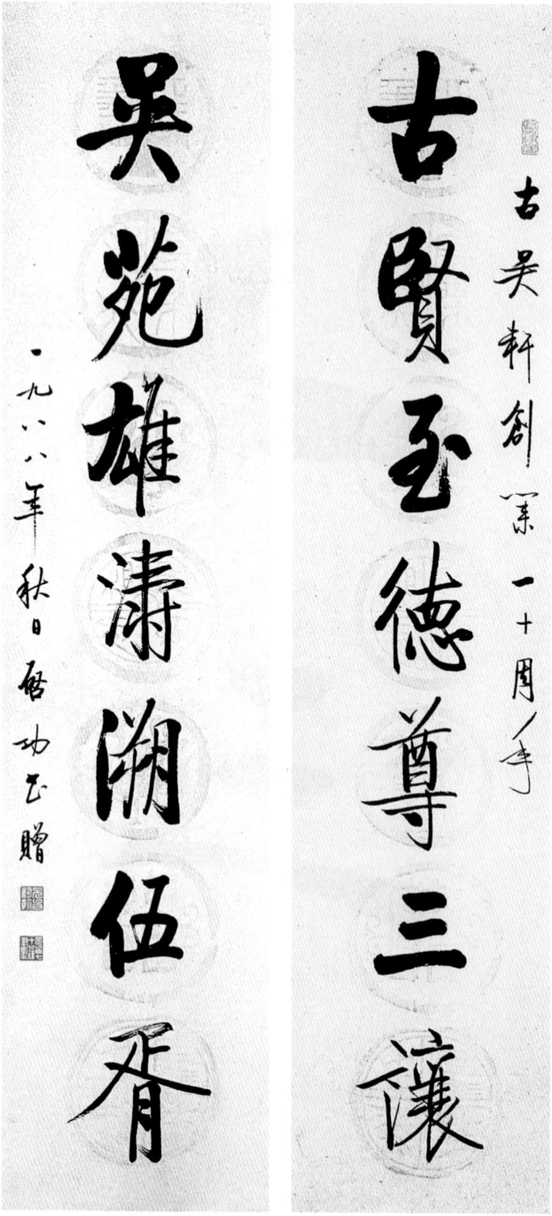

古贤至德尊三让
吴苑雄涛溯伍胥
古吴轩创业一十周年
一九八八年秋日　启功书赠

三月十四日

星期四
农历甲辰年
二月初五

2024
March
14
Thursday

颜真卿 作品

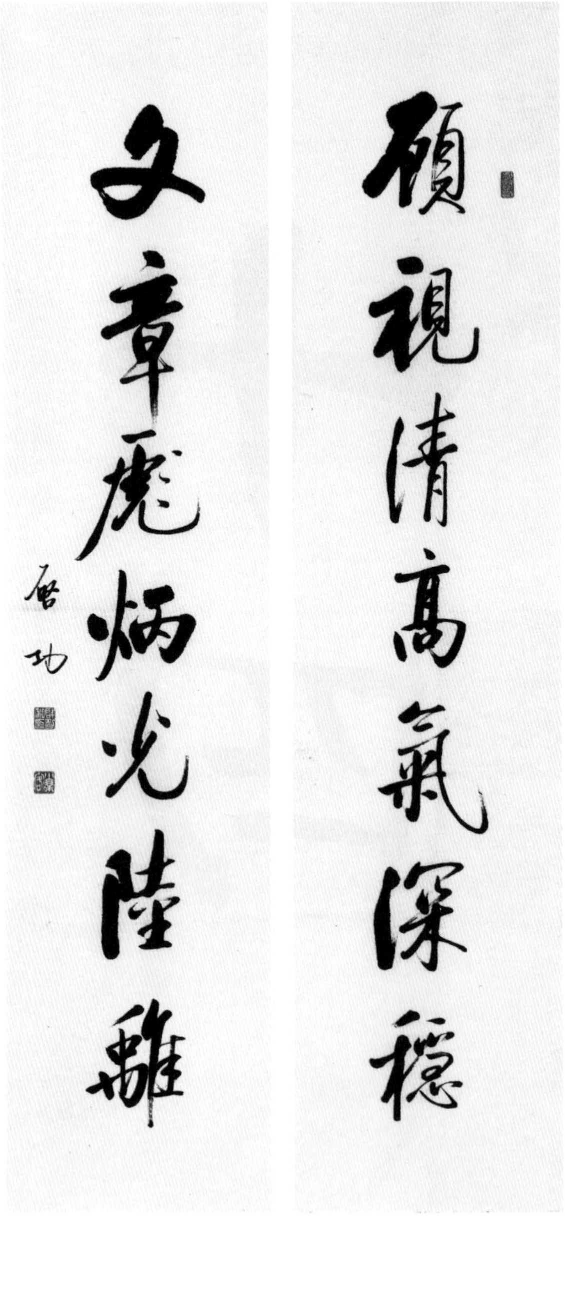

顾视清高气深稳
文章彪炳光陆离

启功

三月十五日

星期五
农历甲辰年
二月初六

2024
March
15
Friday

米芾 作品

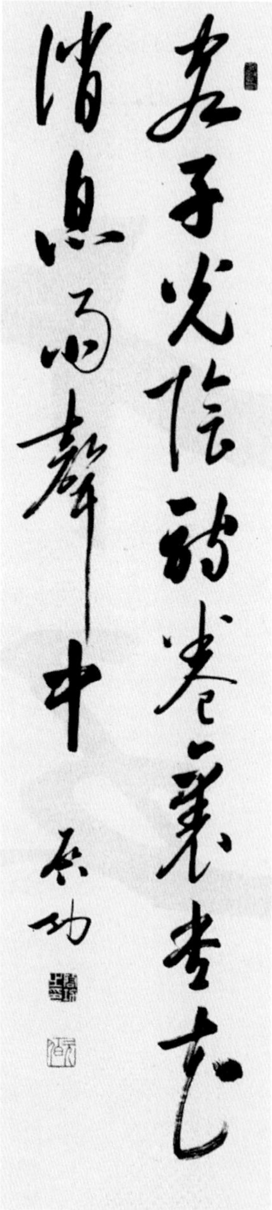

客子光阴诗卷里
杏花消息雨声中

启功

三月十六日

星期六
农历甲辰年
二月初七

2024
March
16
Saturday

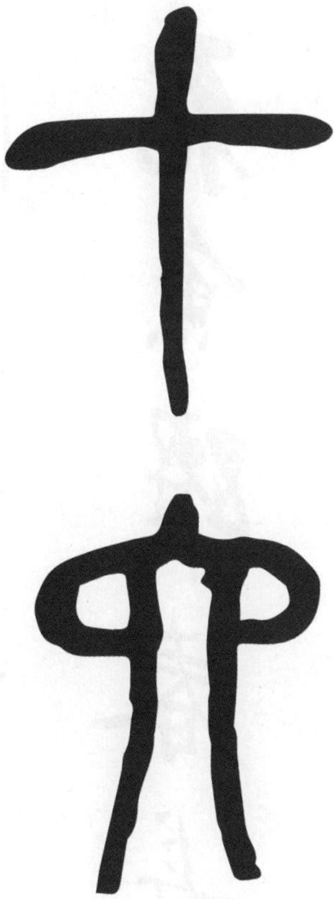

吴昌硕 作品

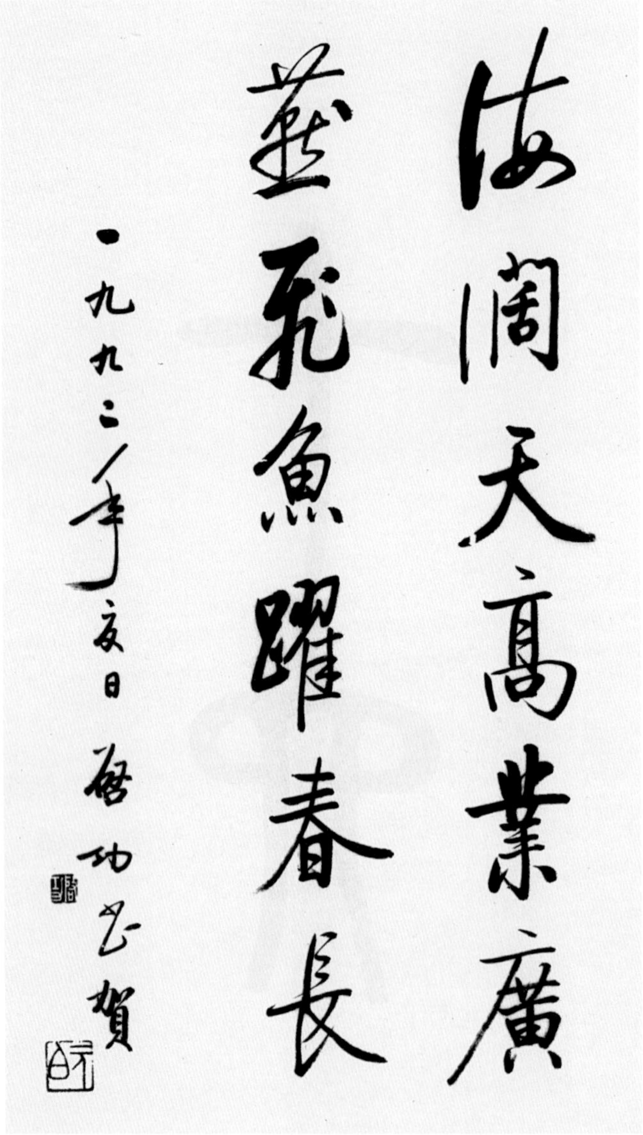

海阔天高业广
燕飞鱼跃春长
一九九二年夏日
启功书贺

三月十七日

星期日
农历甲辰年
二月初八

2024
March
17
Sunday

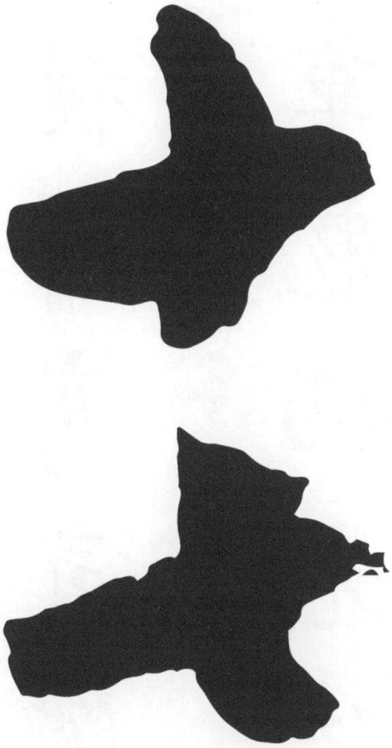

蔡襄 作品

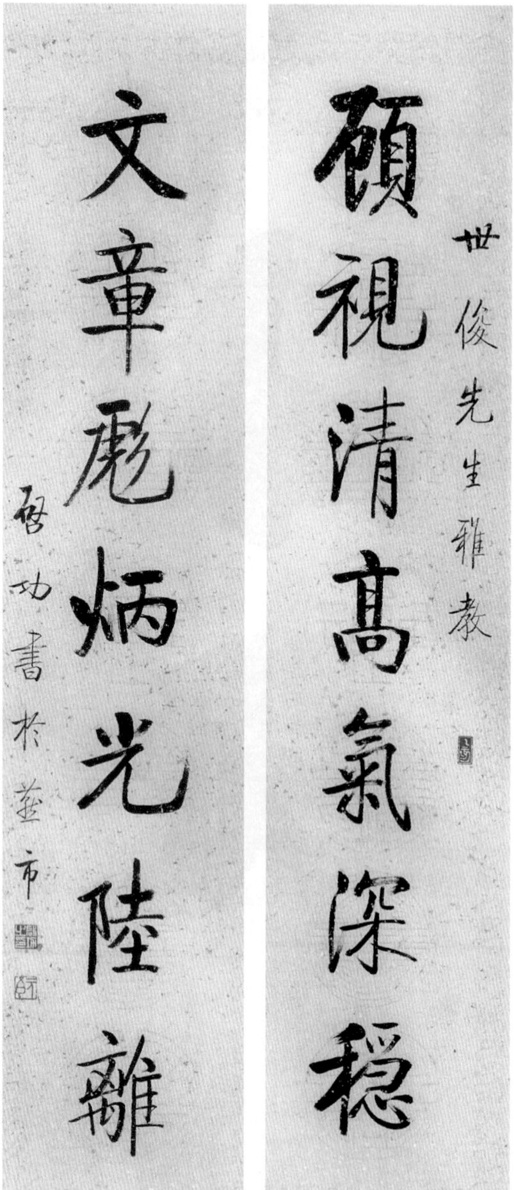

顾视清高气深稳
文章彪炳光陆离
世俊先生雅教
启功书于燕市

三月十八日

星期一
农历甲辰年
二月初九

2024
March
18
Monday

张旭作品

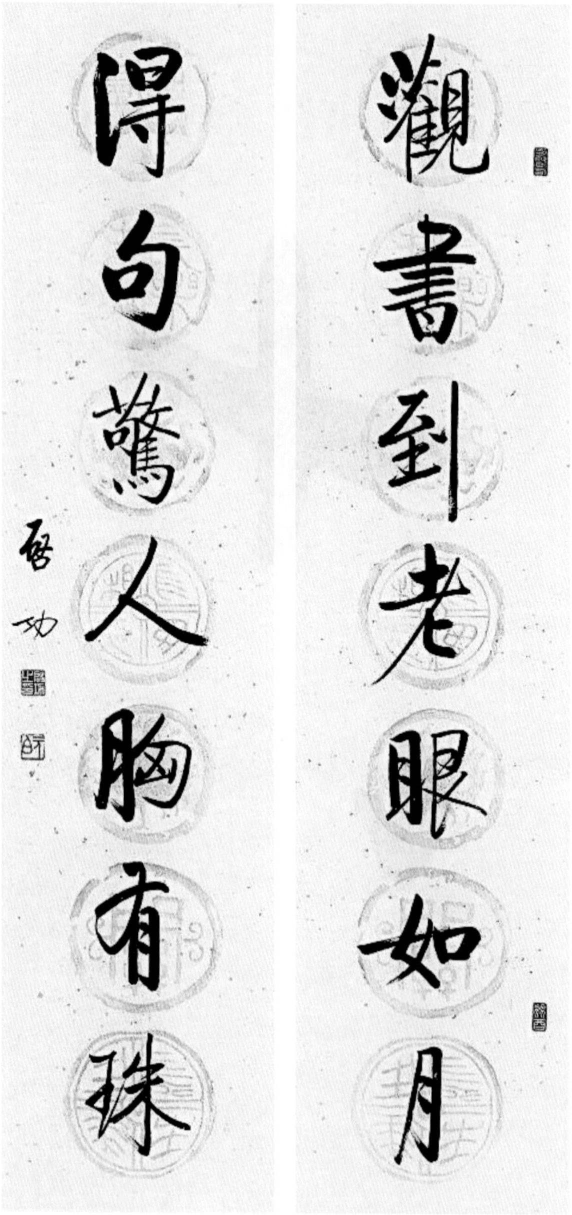

观书到老眼如月
得句惊人胸有珠
启功

三月十九日

星期二

农历甲辰年

二月初十

2024
March
19
Tuesday

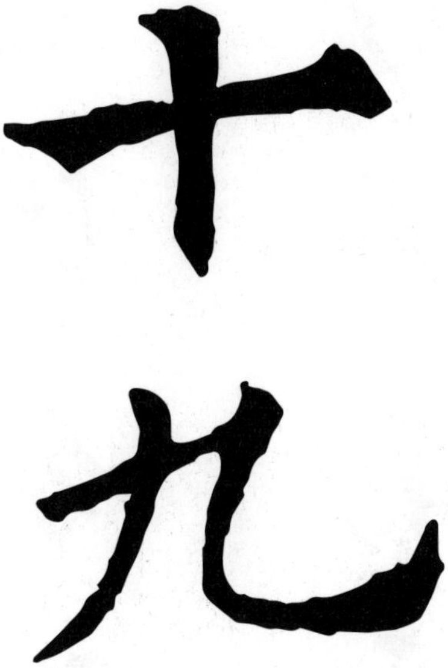

欧阳询 作品

过溪分野色
移石动云根
启功

三月二十日

星期三
农历甲辰年
二月十一

2024
March
20
Wednesday

春分

启功 作品

海阔连云港
珠联竞艺场

连云港市楹联展览征题
一九九四年十一月十五日
启功

三月二十一日

星期四

农历甲辰年

二月十二

2024
March

21

Thursday

王宠 作品

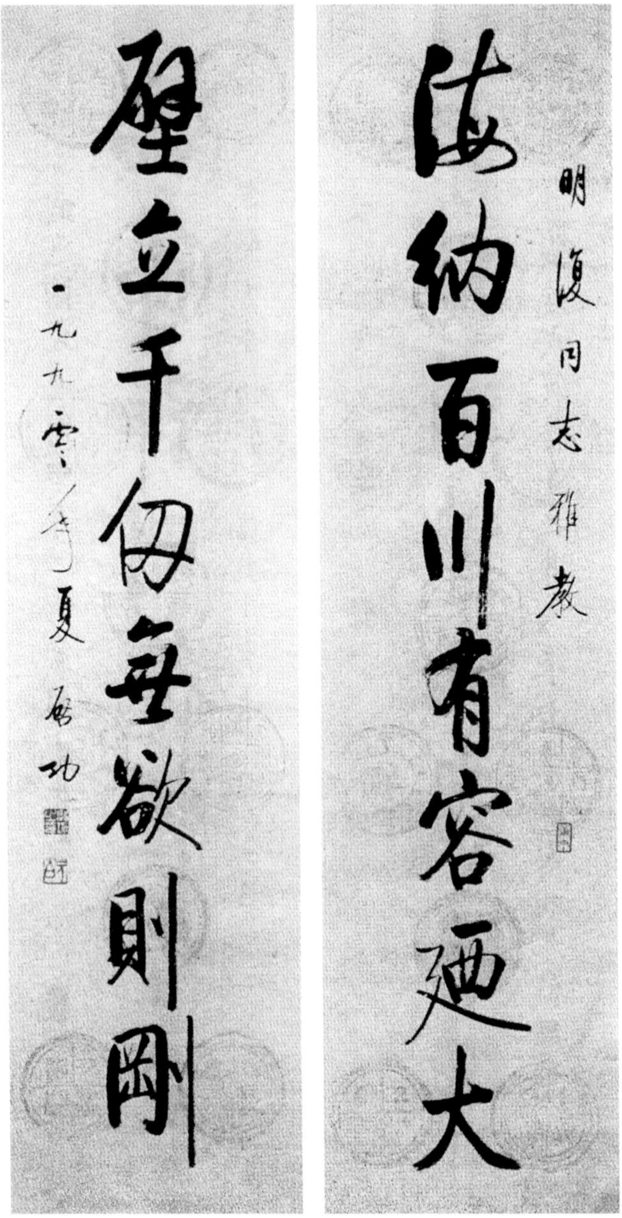

海纳百川有容乃大
壁立千仞无欲则刚

明复同志雅教
一九九零年夏
启功

三月二十二日

星期五

农历甲辰年

二月十三

2024
March

22

Friday

赵孟頫 作品

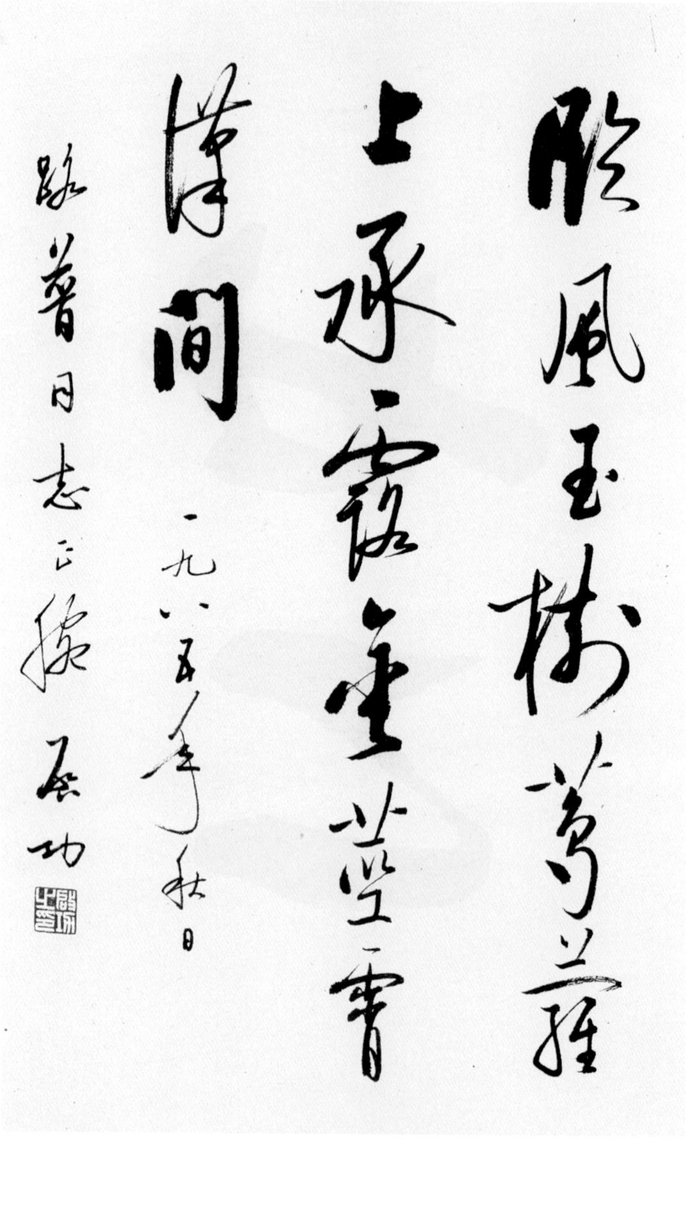

临风玉树茑萝上
承露金茎霄汉间
一九八五年秋日
路普同志正腕
启功

三月二十三日

星期六

农历甲辰年

二月十四

2024
March
23
Saturday

黄庭坚 作品

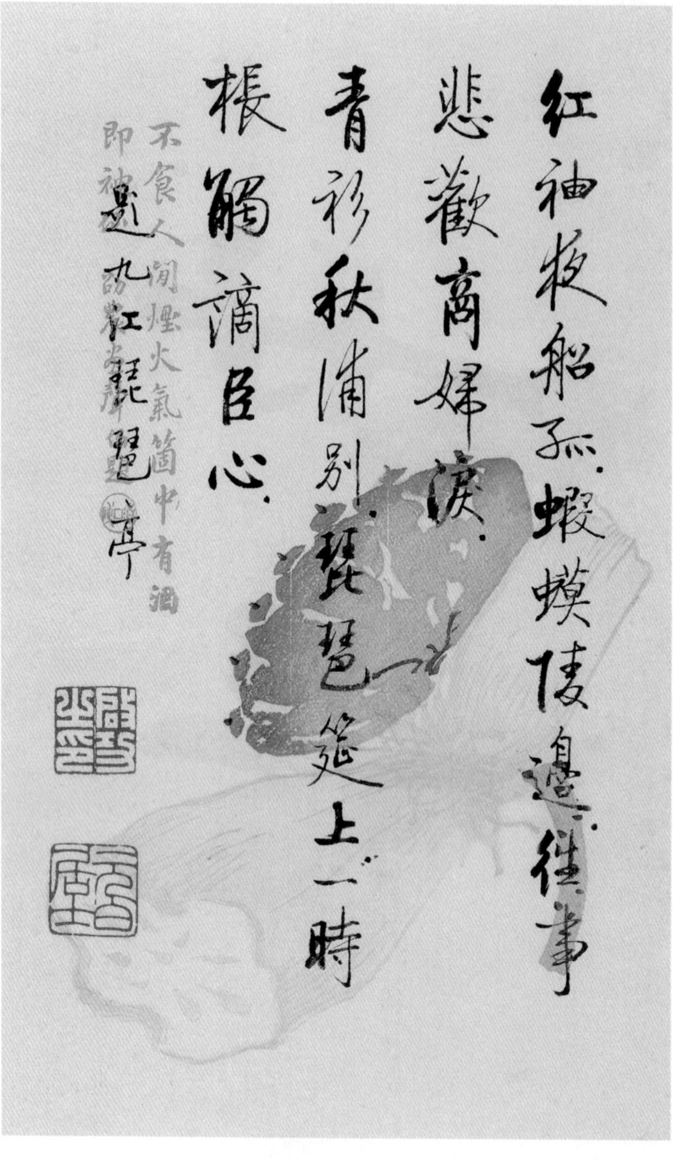

题九江琵琶亭

红袖夜船孤　虾蟆陵边
往事悲欢商妇泪
青衫秋浦别　琵琶筵上
一时怅触谪臣心

三月二十四日

星期日
农历甲辰年
二月十五

2024
March
24
Sunday

毛泽东 作品

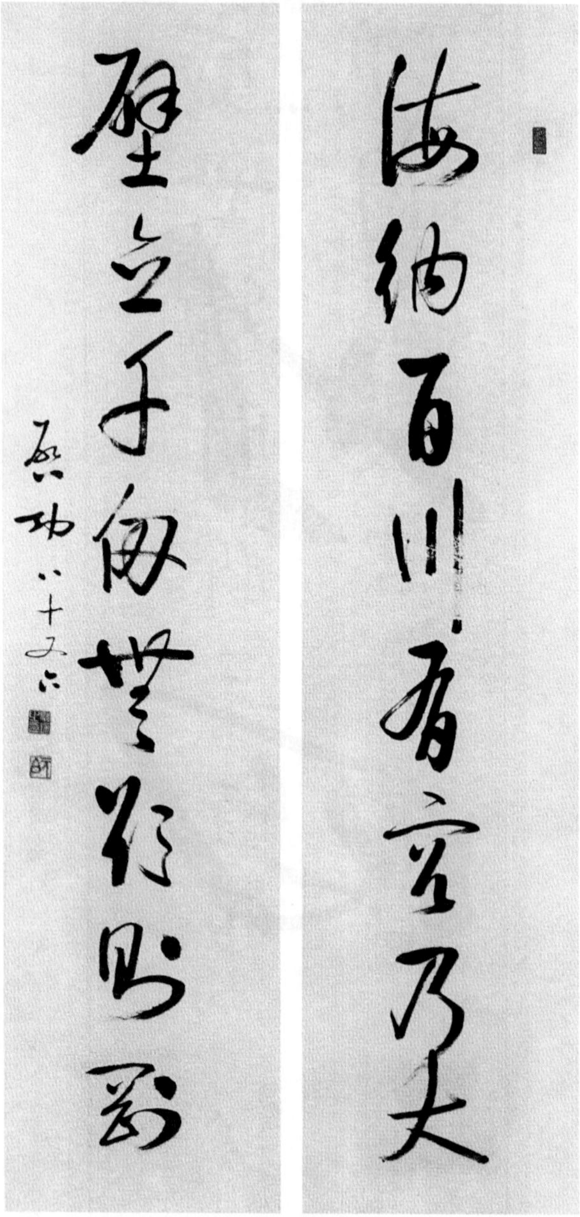

海纳百川有容乃大
壁立千仞无欲则刚

启功 八十又六

三月二十五日

星期一

农历甲辰年

二月十六

2024

March

25

Monday

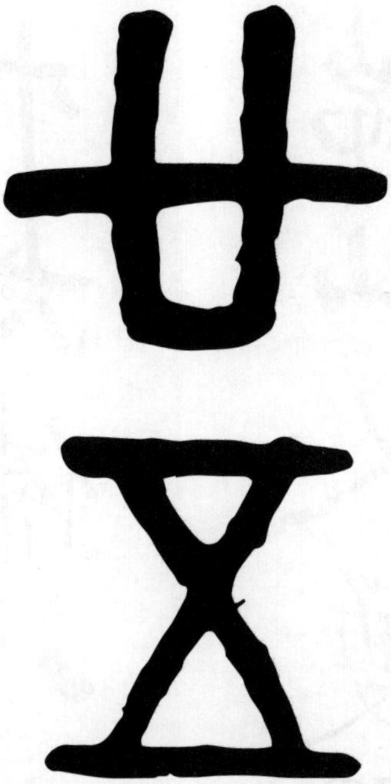

吴大澂 作品

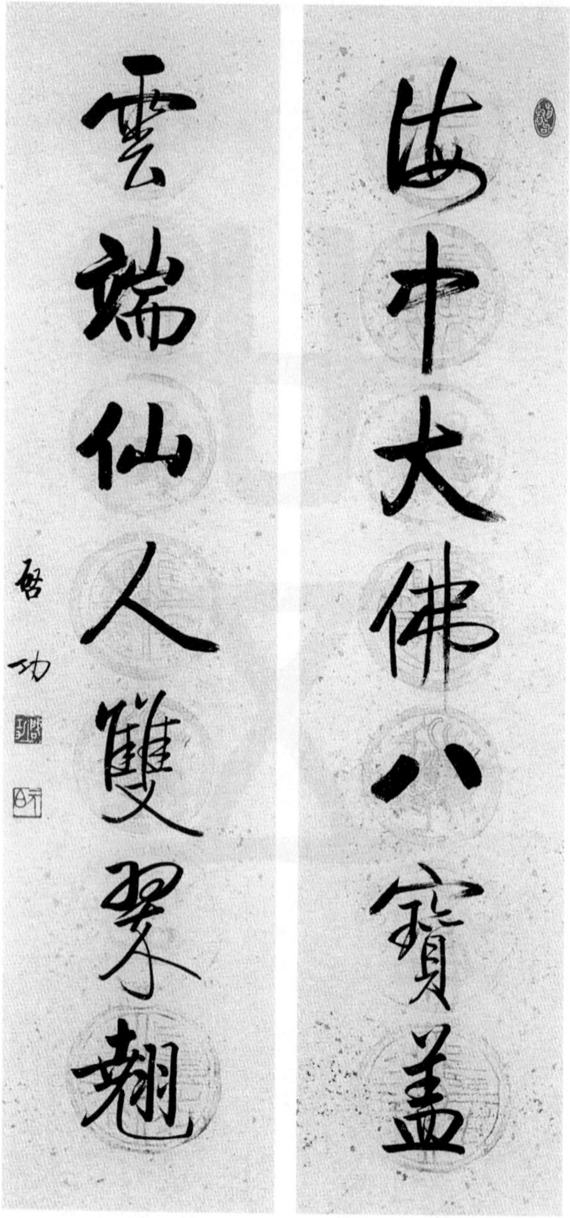

海中大佛八宝盖
云端仙人双翠翘
启功

三月二十六日

星期二
农历甲辰年
二月十七

2024
March
26
Tuesday

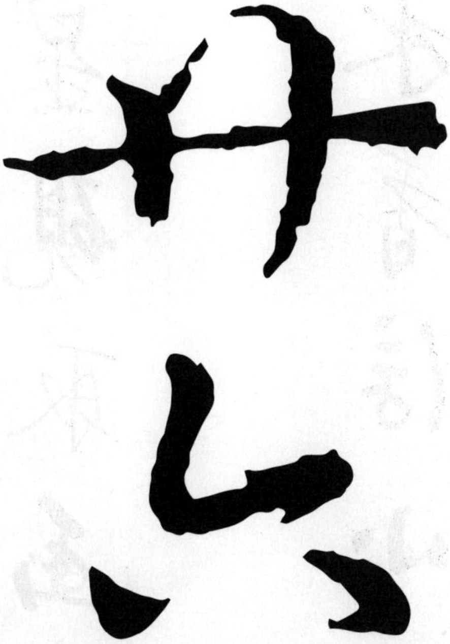

皇象作品

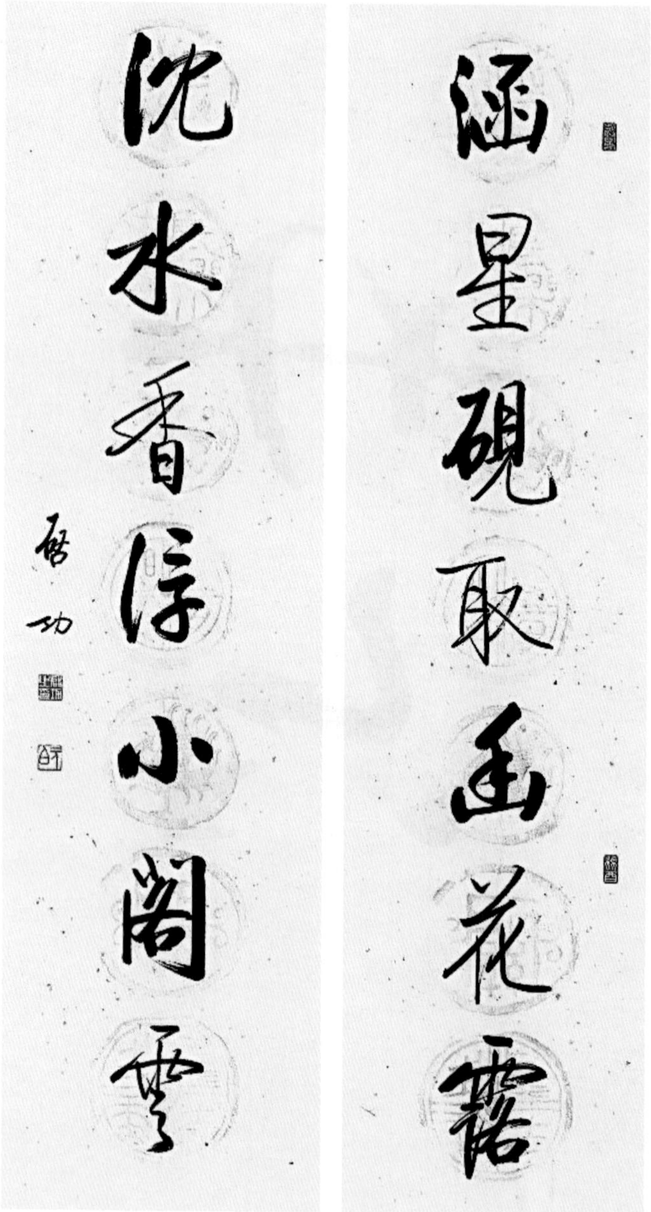

涵星砚取函花露
沉水香浮小阁云

启功

三月二十七日

星期三
农历甲辰年
二月十八

2024
March
27
Wednesday

王羲之 作品

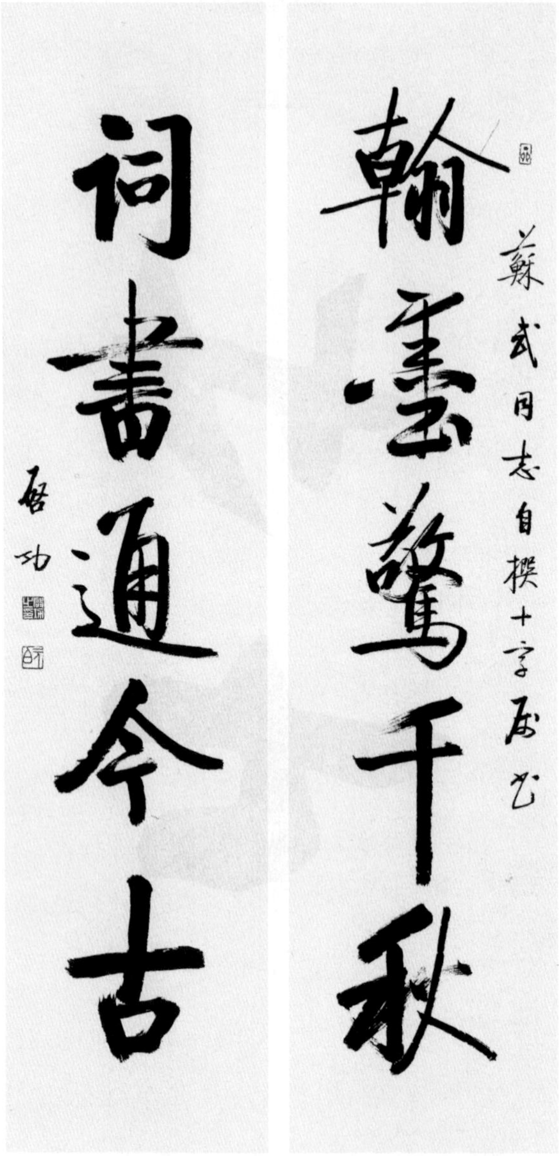

翰墨惊千秋
词书通今古
苏武同志自撰十字属书
启功

三月二十八日

星期四
农历甲辰年
二月十九

2024
March
28
Thursday

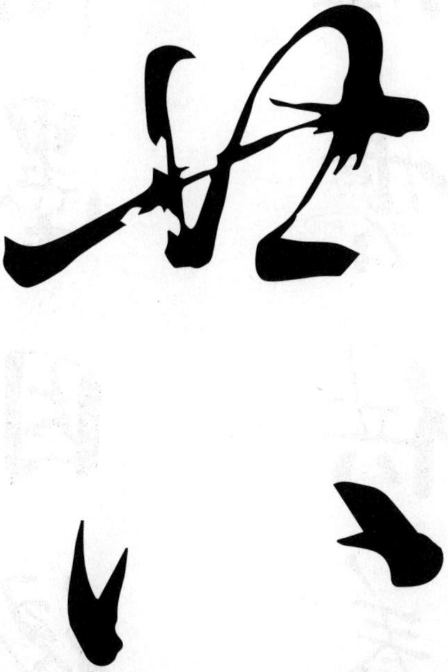

董其昌　作品

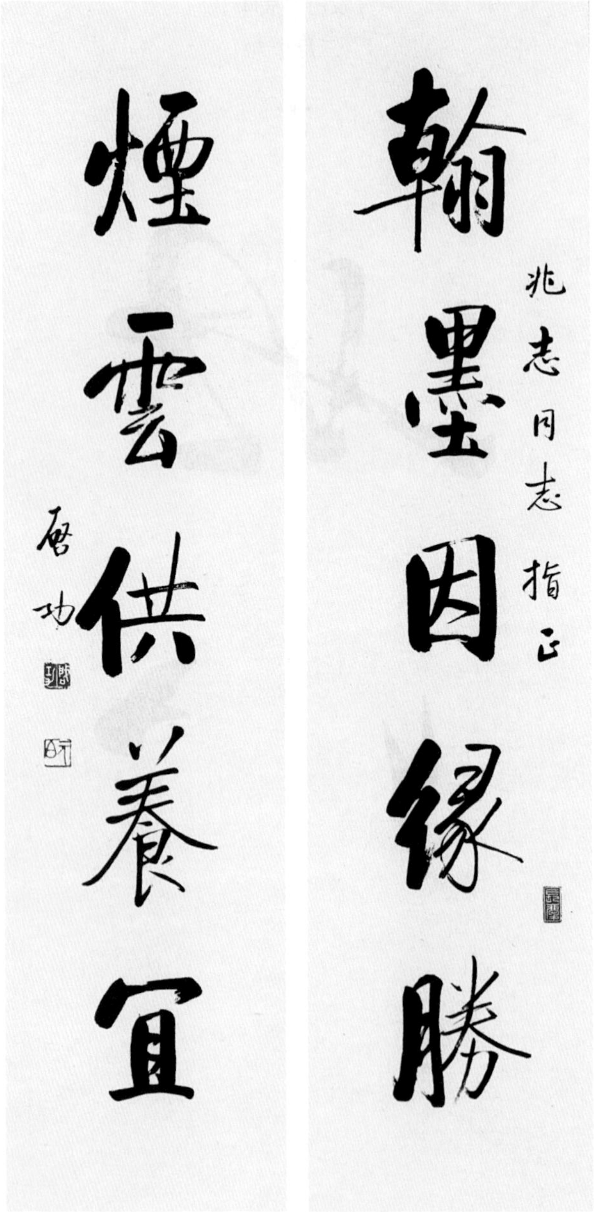

翰墨因缘胜
烟云供养宜
兆志同志指正
启功

三月二十九日

星期五
农历甲辰年
二月二十

2024
March
29
Friday

苏轼作品

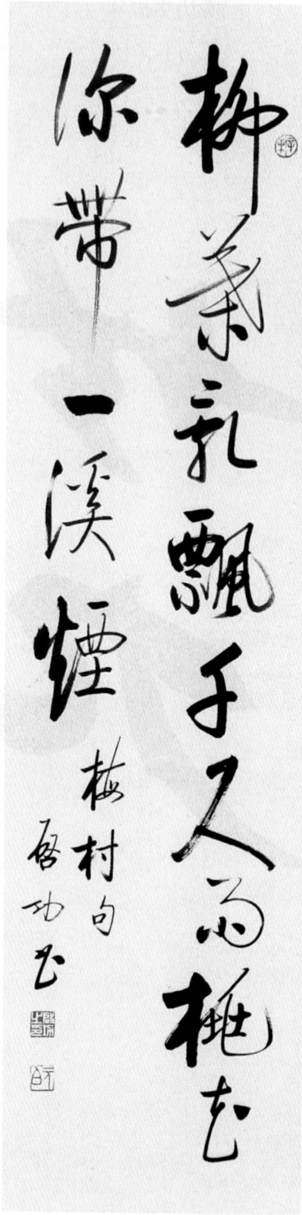

柳叶乱飘千尺雨
桃花深带一溪烟

梅村句
启功书

三月三十日

星期六
农历甲辰年
二月廿一

2024
March
30
Saturday

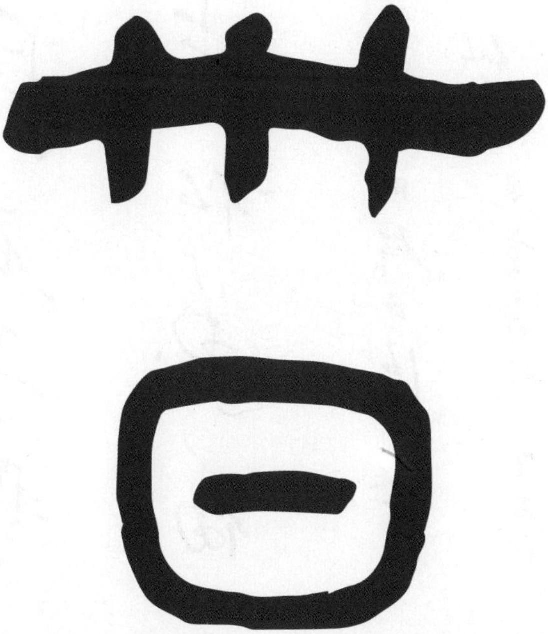

邓石如 作品

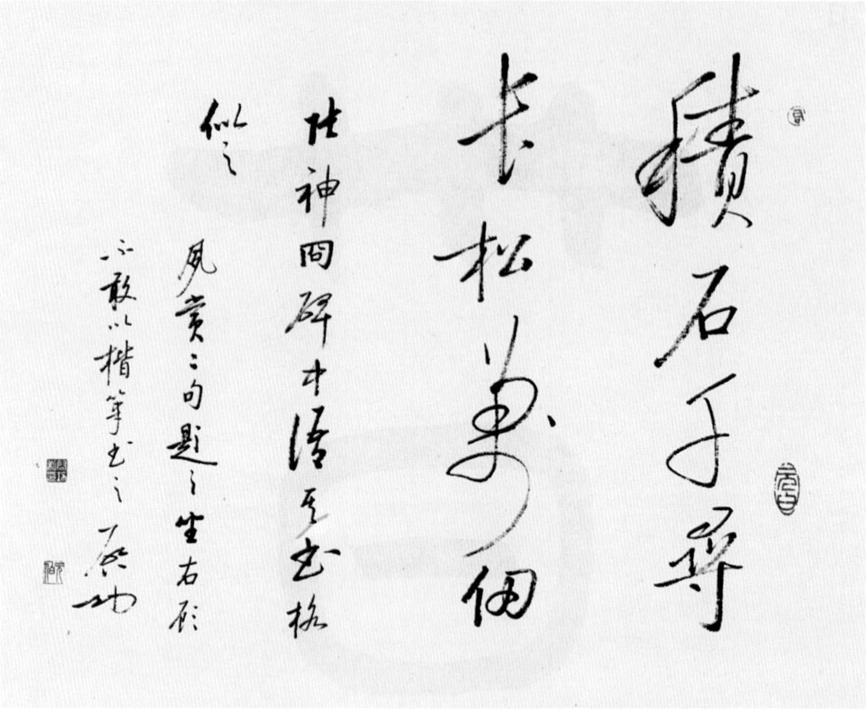

积石千寻
长松万仞
张神冏碑中语
其书格似之
凤赏二句题之坐右
顾不敢以楷笔书之
启功

三月三十一日

星期日
农历甲辰年
二月廿二

2024
March
31
Sunday

赵孟頫 作品

浩歌向兰渚
把钓待秋风

扬州钓鱼台旧联
一九八八年元月重书
启功

四月一日

星期一
农历甲辰年
二月廿三

2024
April
1
Monday

索靖作品

鹤寄素书通弱水
人传紫气满函关

启功

四月二日

星期二
农历甲辰年
二月廿四

2024
April
2
Tuesday

褚遂良 作品

横眉冷对千夫指
俯首甘为孺子牛

四月三日

星期三

农历甲辰年

二月廿五

2024

April

3

Wednesday

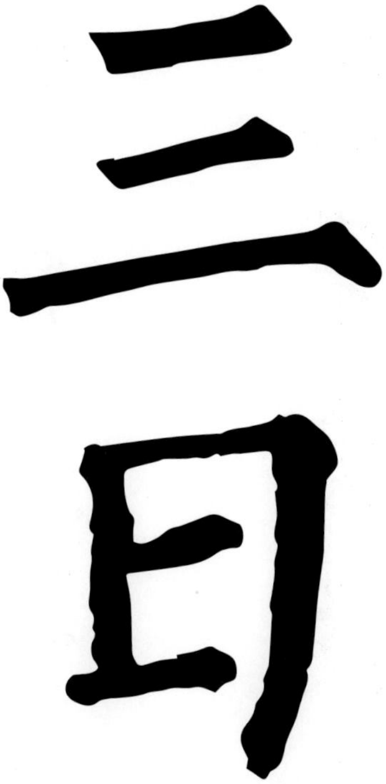

柳公权 作品

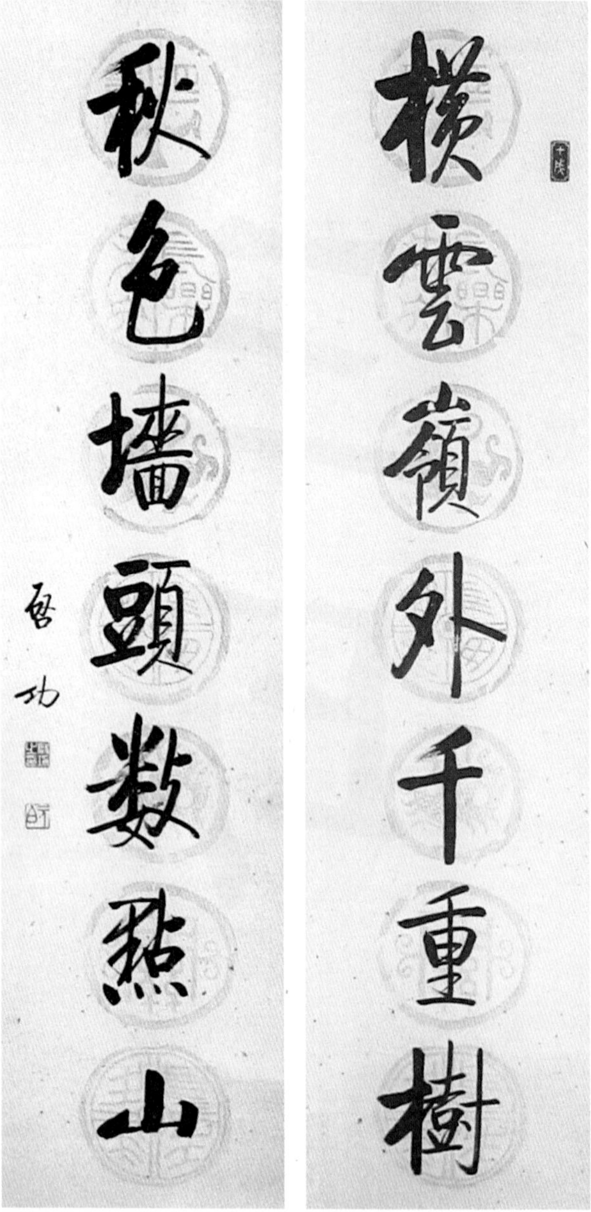

横云岭外千重树
秋色墙头数点山

启功

四月四日

星期四
农历甲辰年
二月廿六

2024
April
4
Thursday

清明

启功作品

红稻啄余鹦鹉粒
碧梧栖老凤凰枝

启功

四月五日

星期五

农历甲辰年

二月廿七

2024
April
5
Friday

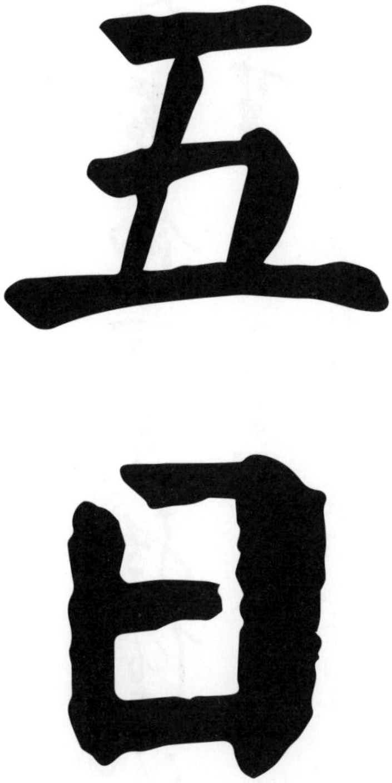

颜真卿 作品

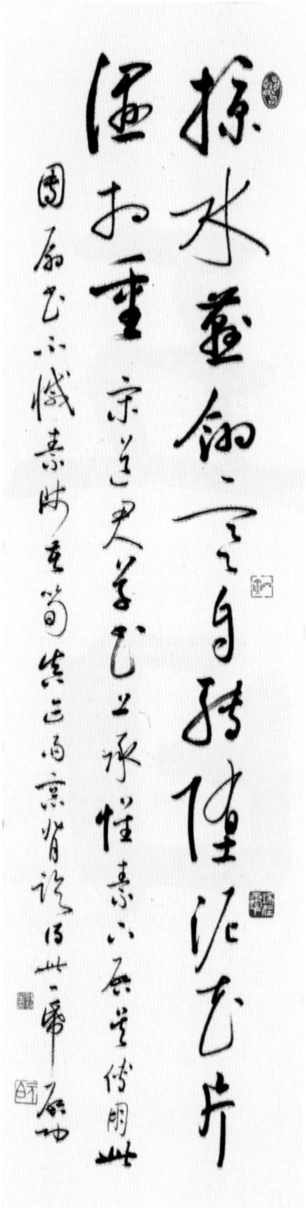

掠水燕翎寒自转
堕泥花片湿相重

宋道君草书上承怀素　下启吴
傅朋　此团扇书不减素师苦笋
真迹　雨窗背临得此一纸
启功

四月六日

星期六
农历甲辰年
二月廿八

2024
April
6
Saturday

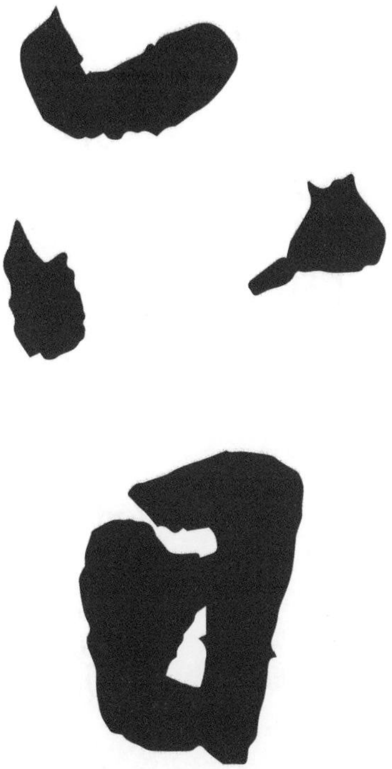

王铎作品

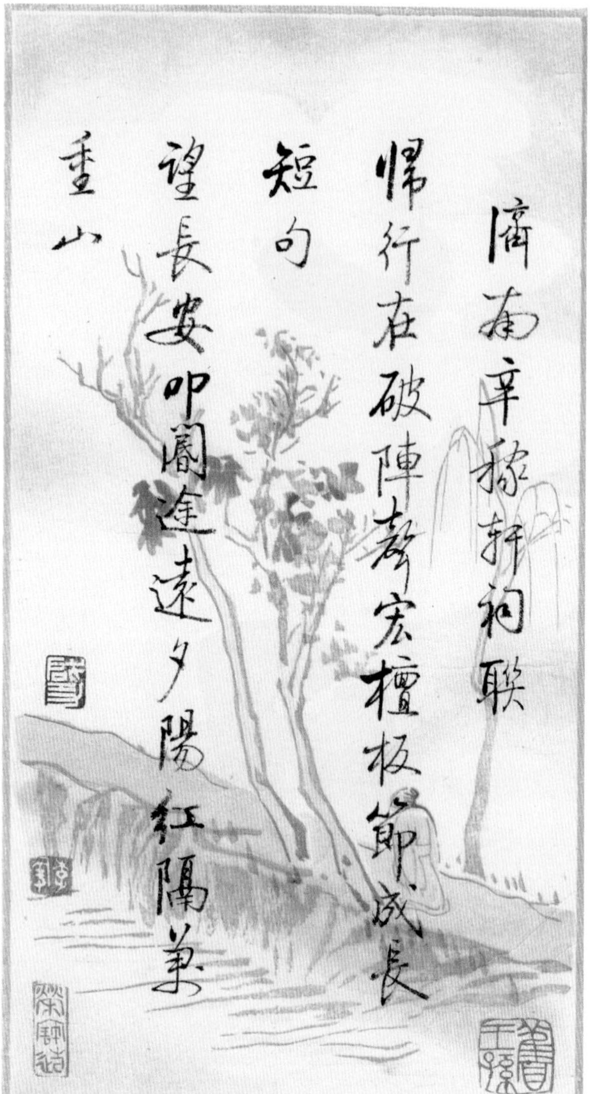

归行在　破阵声宏
檀板节成长短句
望长安　叩阍途远
夕阳红隔万重山

济南辛稼轩祠联

四月七日

星期日
农历甲辰年
二月廿九

2024
April
7
Sunday

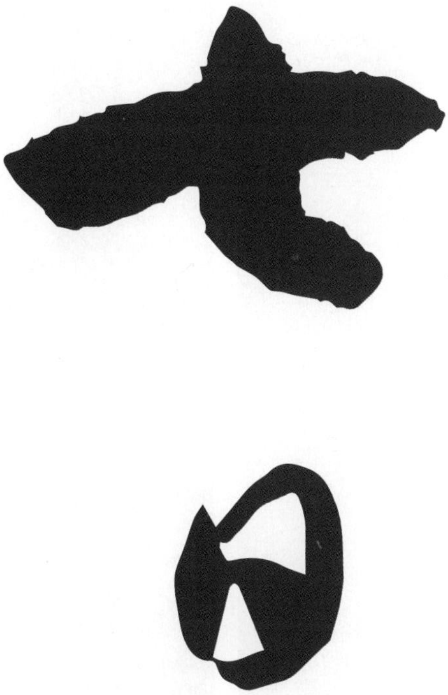

智永作品

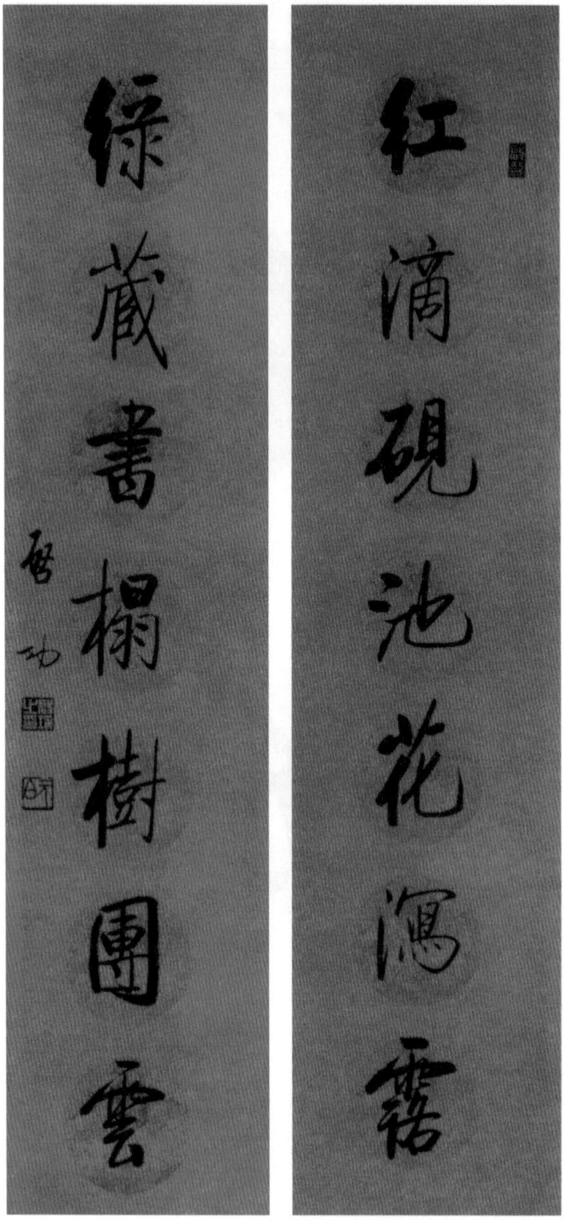

红滴砚池花泻露
绿藏书榻树团云

启功

四月八日

星期一
农历甲辰年
二月三十

2024
April
8
Monday

怀素作品

宏開誓願海合萬億香花莫與同馨九有人天資聖澤
永樹光明幢併百千日月難相齊照十方世界耀慈輝
公元一九八五年秋日元白居士啟功書

宏开誓愿海　合万亿香花莫与同馨　九有人天资圣泽
永树光明幢　并百千日月难相齐照　十方世界耀慈辉
公元一九八五年秋日　元白居士　启功书

四月九日

星期二
农历甲辰年
三月初一

2024
April
9
Tuesday

九日

黄庭坚 作品

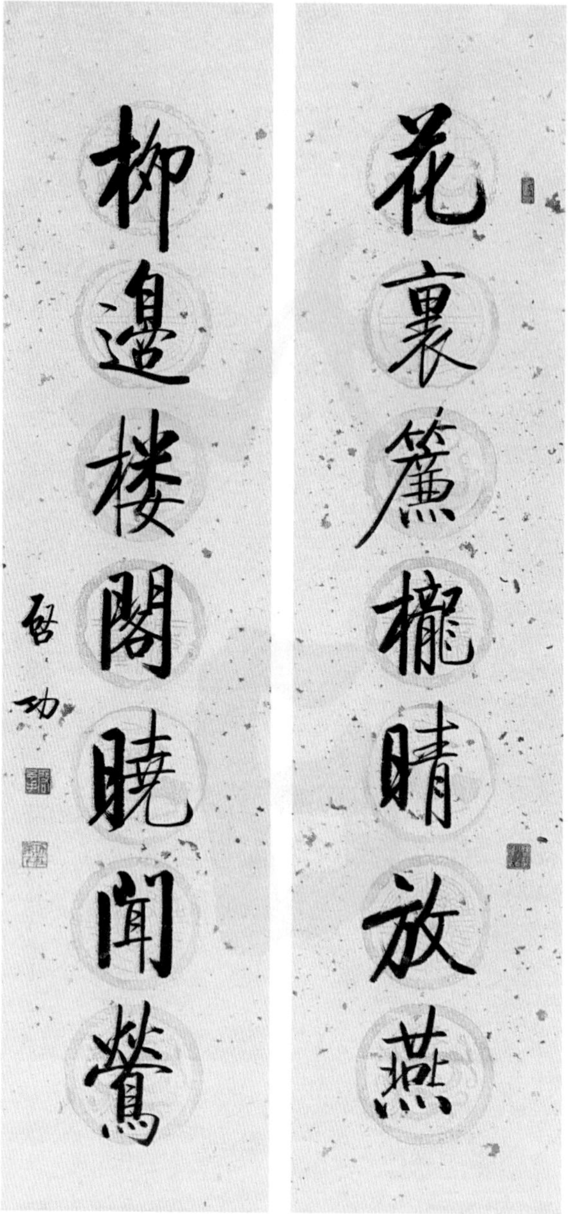

花里帘栊晴放燕
柳边楼阁晓闻莺
启功

四月十日

星期三
农历甲辰年
三月初二

2024
April
10
Wednesday

文徵明 作品

花片飞红留墨沼
竹阴摇绿上书签

启功

四月十一日

星期四

农历甲辰年

三月初三

2024
April
11
Thursday

王羲之 作品

花落早枝寒舞蝶
絮飞春树晓啼莺

启功

四月十二日

星期五
农历甲辰年
三月初四

2024
April
12
Friday

赵孟頫 作品

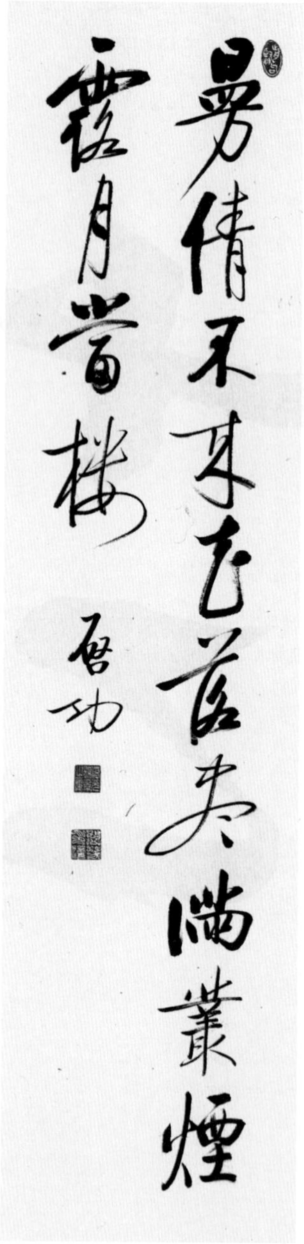

曼倩不来花落尽
满丛烟露月当楼

启功

四月十三日

星期六
农历甲辰年
三月初五

2024
April
13
Saturday

王献之 作品

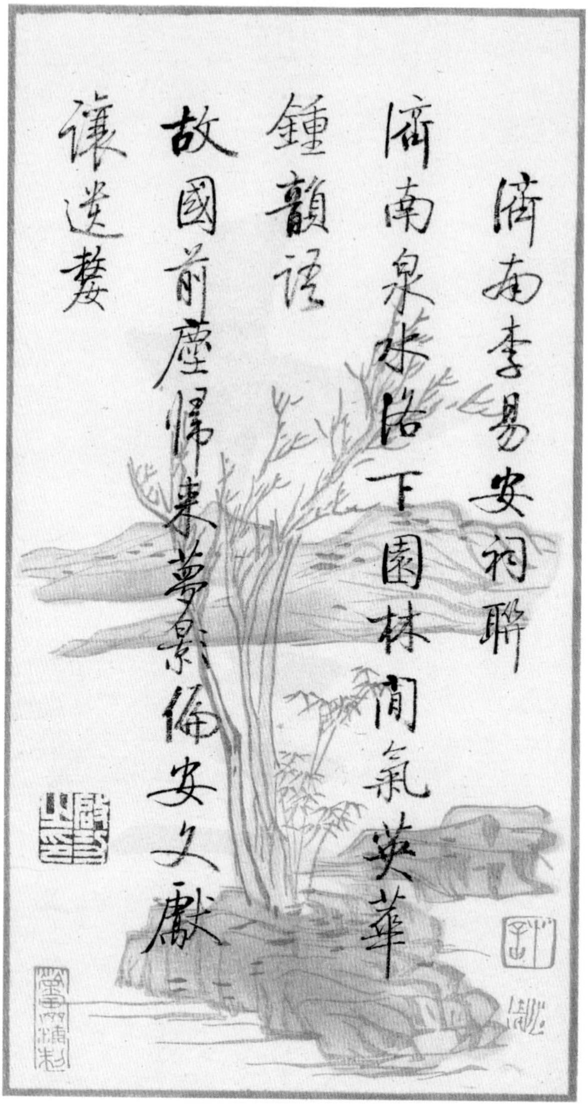

济南泉水　洛下园林
间气英华钟韵语
故国前尘　归来梦影
偏安文献让遗嫠

济南李易安祠联

四月十四日

星期日

农历甲辰年

三月初六

2024
April
14
Sunday

颜真卿 作品

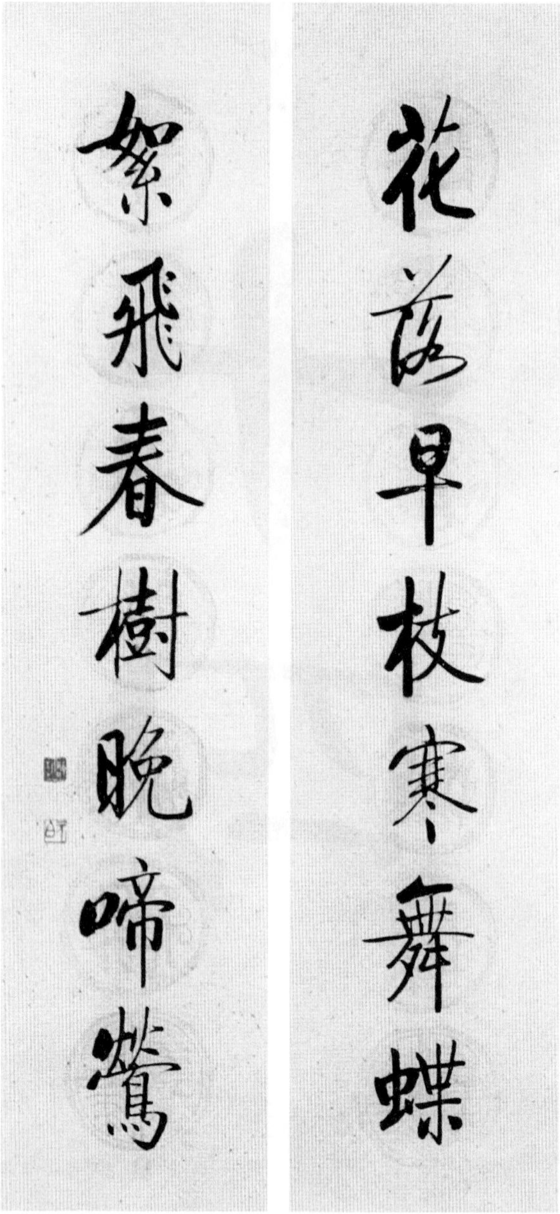

花落早枝寒舞蝶
絮飞春树晚啼莺

四月十五日

星期一
农历甲辰年
三月初七

2024
April
15
Monday

米芾作品

画本纷披来野意
文辞古怪见天真

启功

四月十六日

星期二
农历甲辰年
三月初八

2024
April
16
Tuesday

吴昌硕 作品

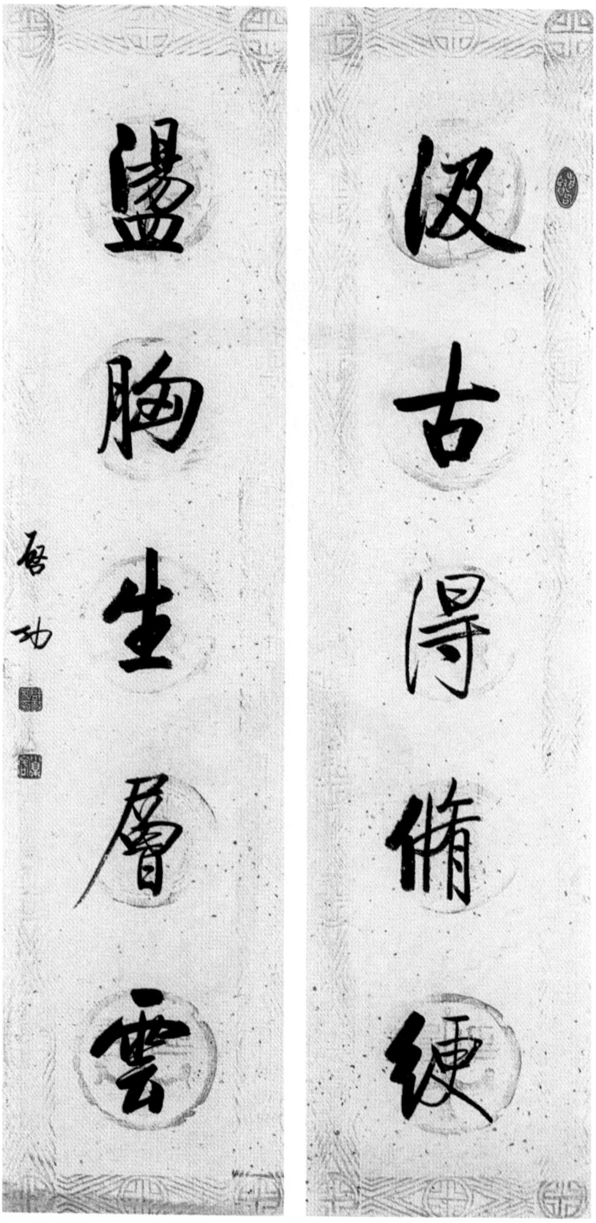

汲古得修绠
荡胸生层云
启功

四月十七日

星期三
农历甲辰年
三月初九

2024
April
17
Wednesday

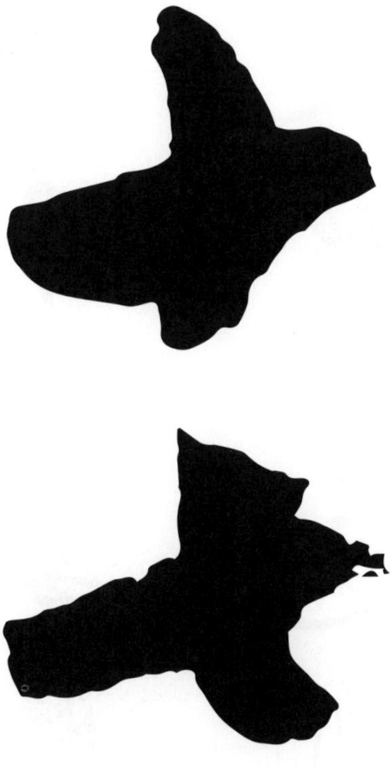

蔡襄作品

几处早莺争暖树
频来语燕定新巢

启功

四月十八日

星期四
农历甲辰年
三月初十

2024
April
18
Thursday

张旭作品

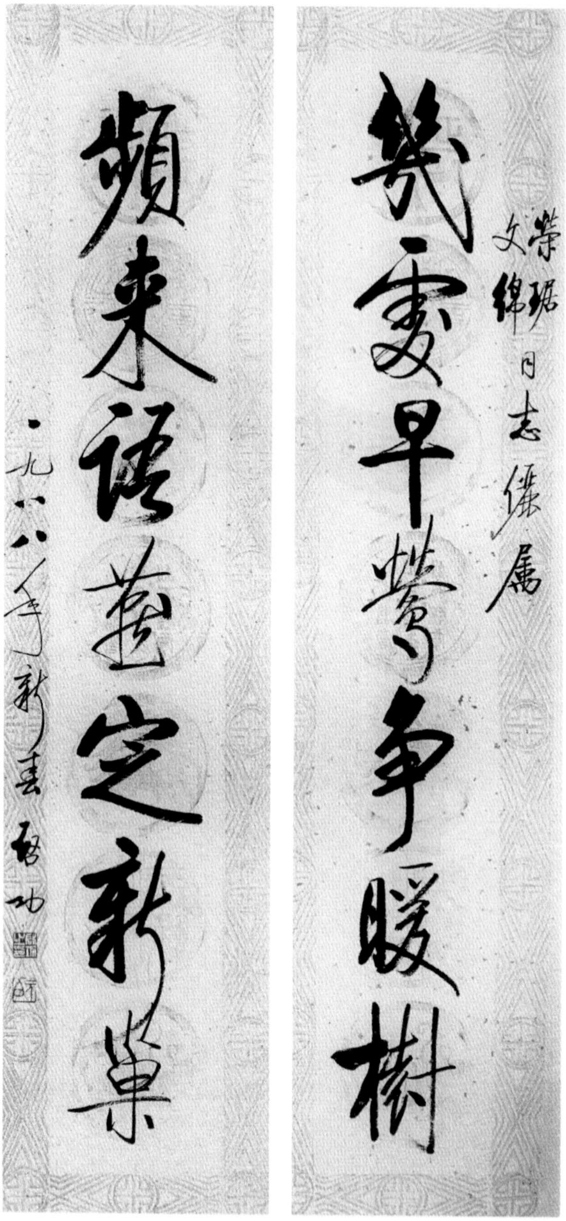

几处早莺争暖树
频来语燕定新巢
荣琚　文绵同志俪属
一九八八年新春
启功

四月十九日

星期五
农历甲辰年
三月十一

2024
April
19
Friday

启功 作品

梦中去路传江笔
花底流年谥洞箫

启功

四月二十日

星期六

农历甲辰年

三月十二

2024

April

20

Saturday

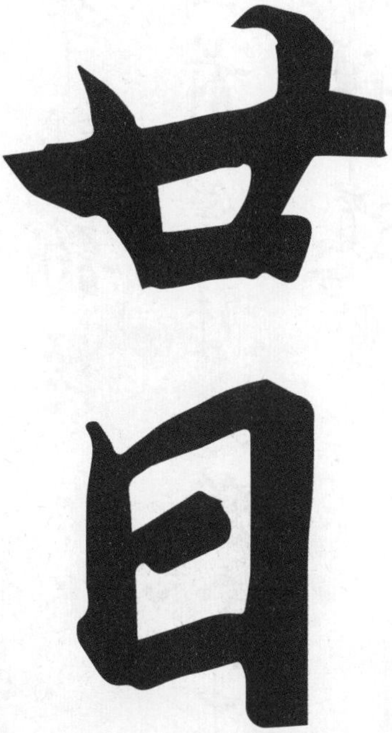

陆柬之 作品

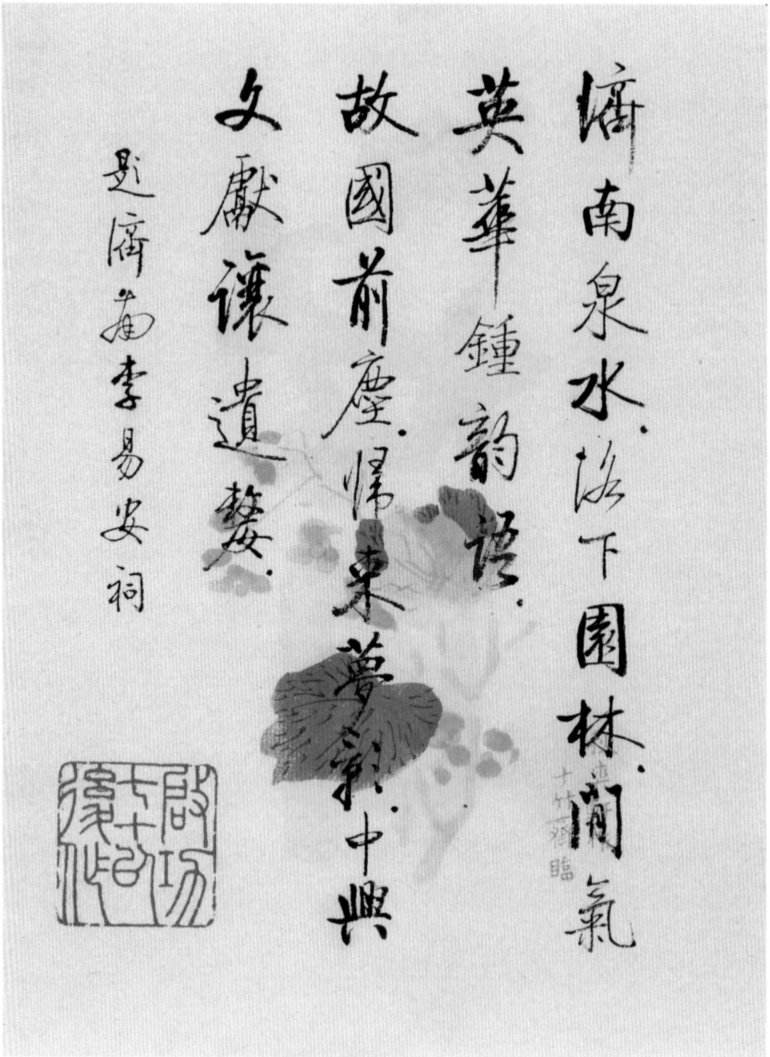

济南泉水　洛下园林
间气英华钟韵语
故国前尘　归来梦影
中兴文献让遗嫠

题济南李易安祠

四月二十一日

星期日

农历甲辰年

三月十三

2024
April
21
Sunday

王宠 作品

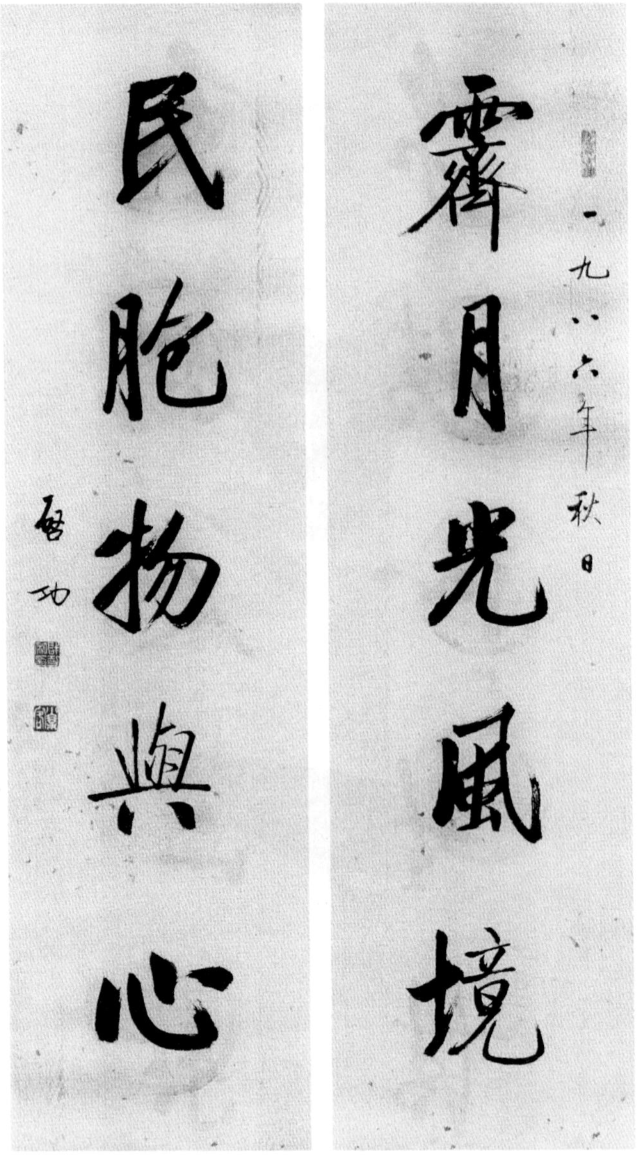

霁月光风境
民胞物与心
一九八六年秋日
启功

四月二十二日

星期一
农历甲辰年
三月十四

2024
April
22
Monday

赵孟頫 作品

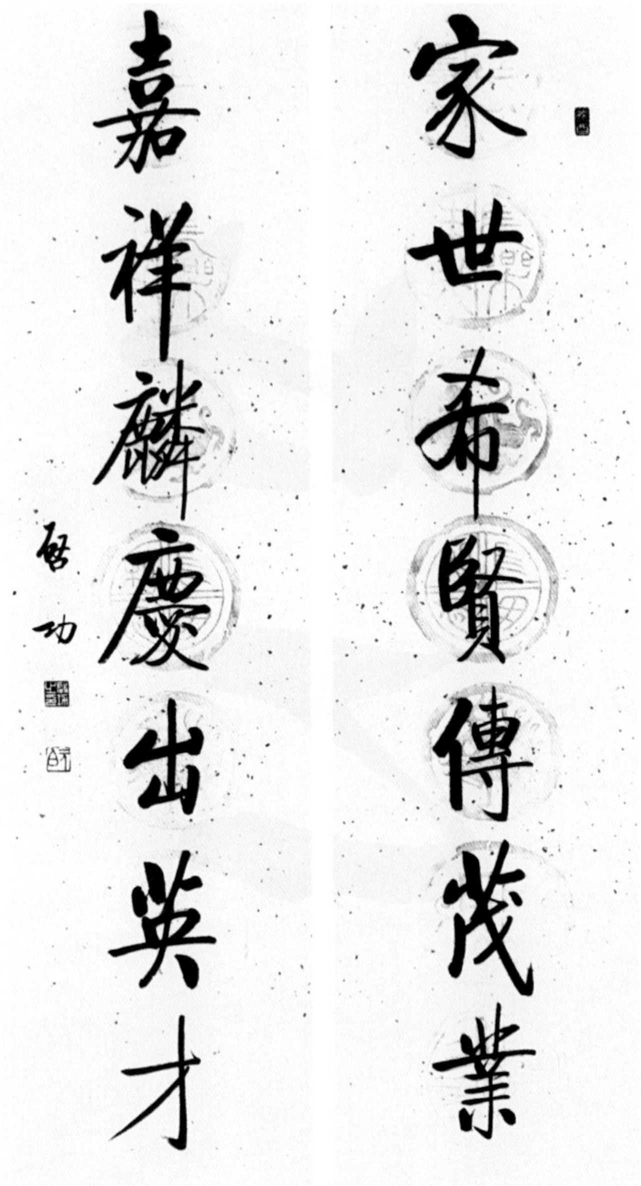
家世希賢傳茂業
嘉祥麟慶出英才
啓功

家世希贤传茂业
嘉祥麟庆出英才
启功

四月二十三日

星期二
农历甲辰年
三月十五

2024
April
23
Tuesday

黄庭坚 作品

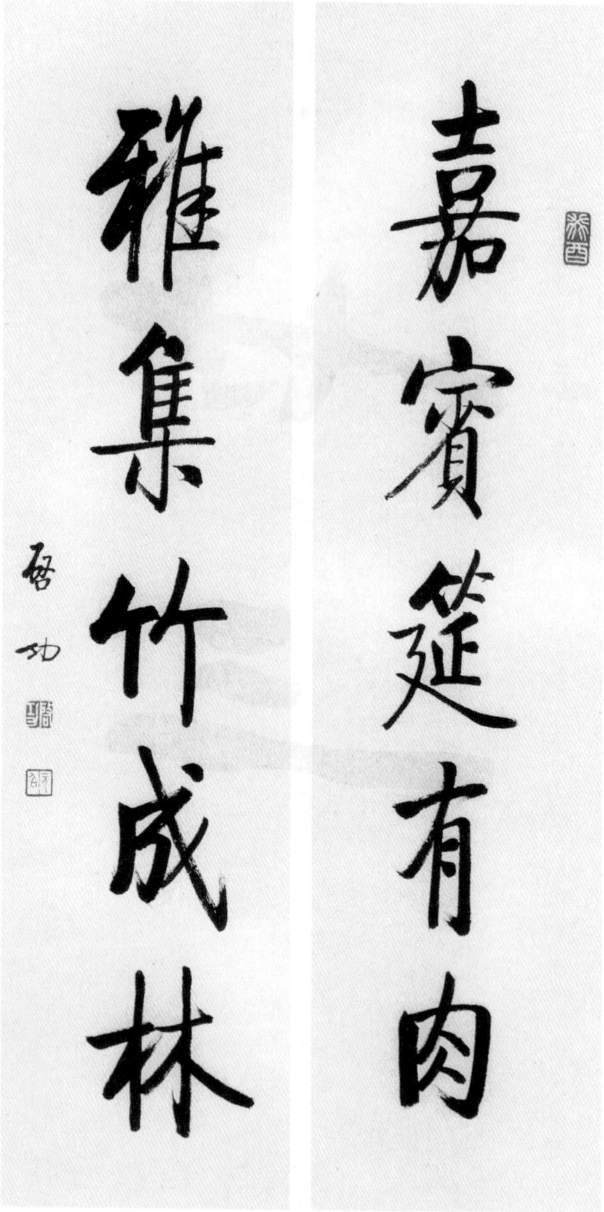

嘉宾筵有肉
雅集竹成林

启功

四月二十四日

星期三

农历甲辰年

三月十六

2024

April

24

Wednesday

毛泽东 作品

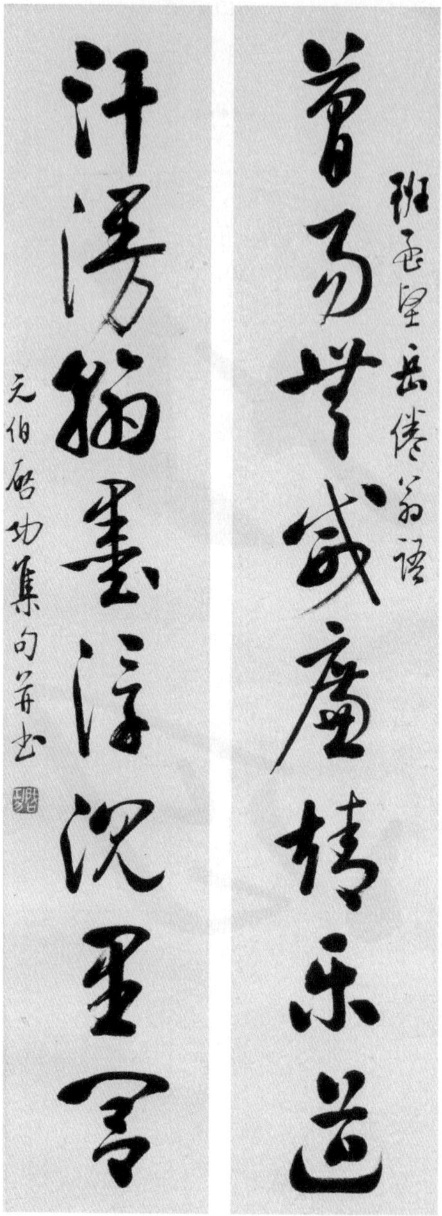

简易无威　廉靖乐道
汗漫翰墨　浮沉里闾
班孟坚　岳倦翁语
元伯启功集句并书

四月二十五日

星期四
农历甲辰年
三月十七

2024
April
25
Thursday

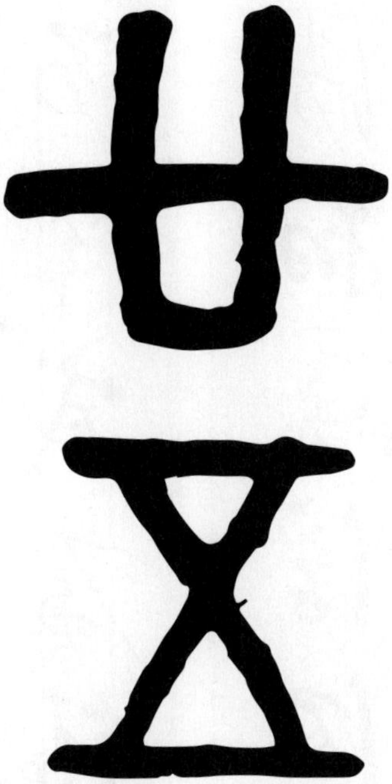

吴大澂 作品

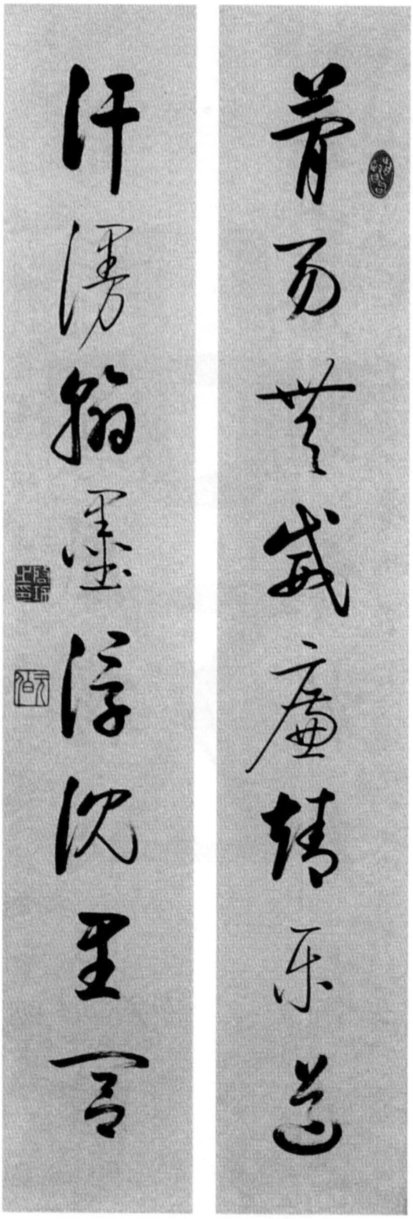

简易无威　廉靖乐道

汗漫翰墨　浮沉里闾

四月二十六日

星期五

农历甲辰年

三月十八

2024

April

26

Friday

皇象作品

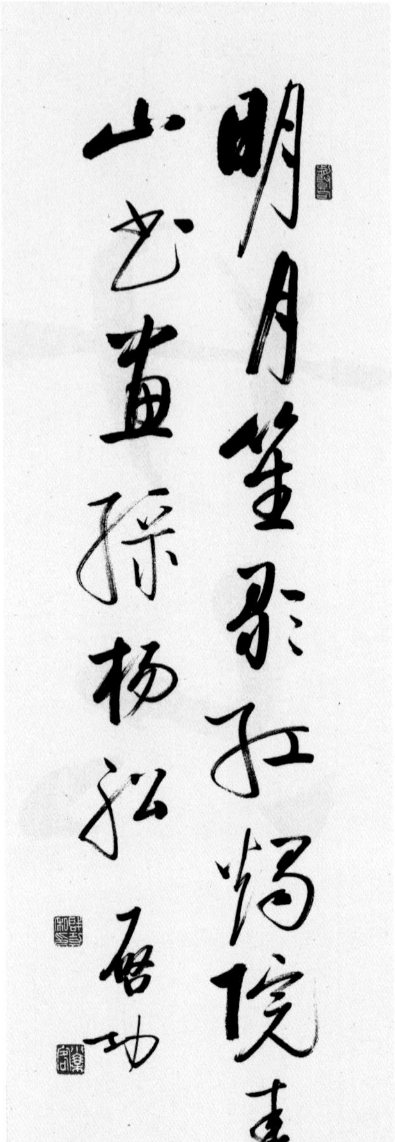

明月笙歌红烛院
春山书画绿杨船

启功

四月二十七日

星期六

农历甲辰年

三月十九

2024

April

27

Saturday

王羲之 作品

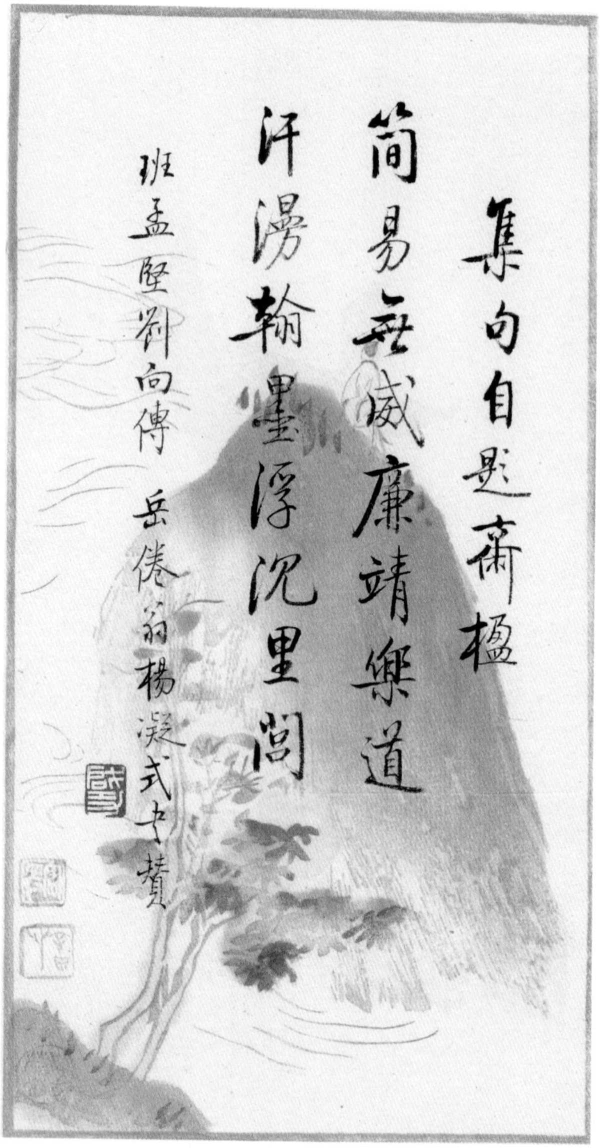

简易无威 廉靖乐道
汗漫翰墨 浮沉里闾

集句自题斋楹
班孟坚刘向传 岳倦翁 杨
凝式书赞

四月二十八日

星期日

农历甲辰年

三月二十

2024

April

28

Sunday

董其昌 作品

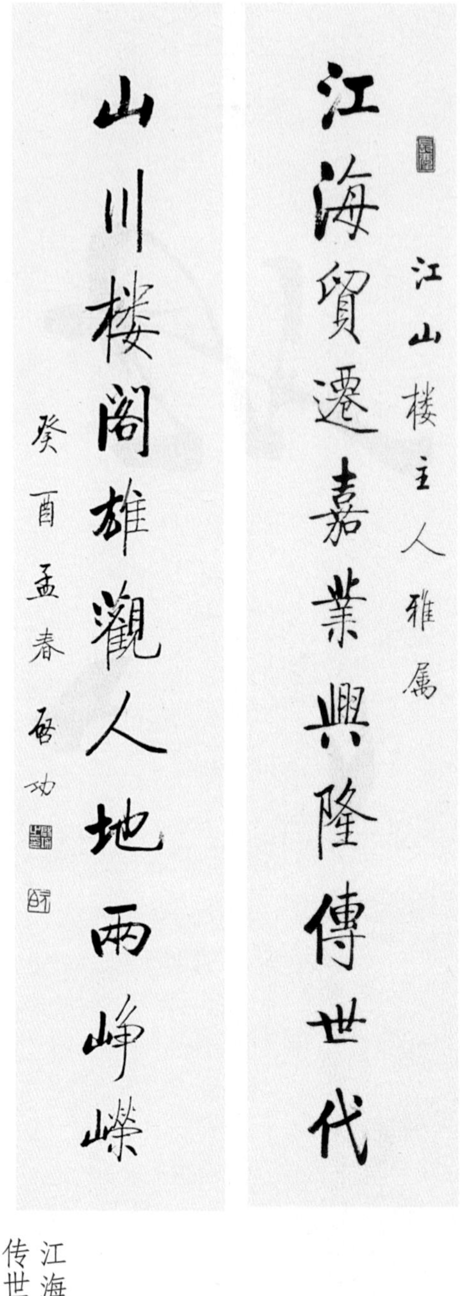

江海贸迁　嘉业兴隆
传世代
山川楼阁　雄观人地
两峥嵘
江山楼主人雅属
癸酉孟春
启功

四月二十九日

星期一
农历甲辰年
三月廿一

2024
April
29
Monday

苏轼作品

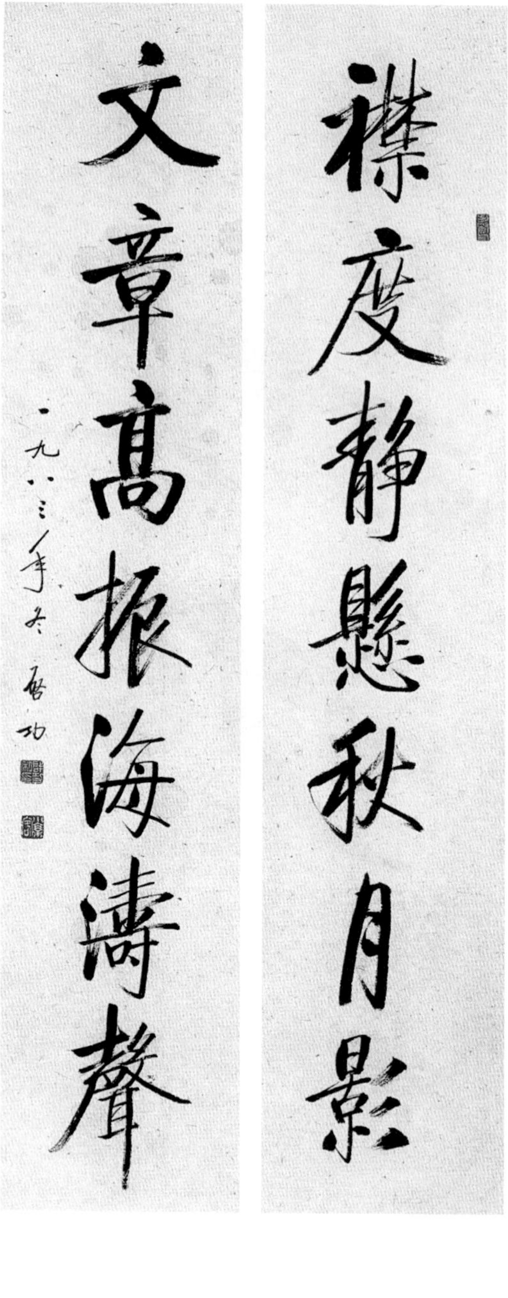

襟度静悬秋月影
文章高振海涛声
一九八三年冬
启功

四月三十日

星期二
农历甲辰年
三月廿二

2024
April
30
Tuesday

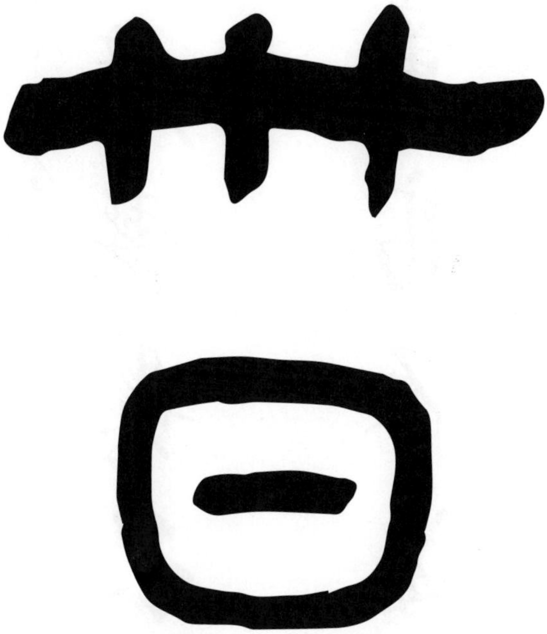

邓石如 作品

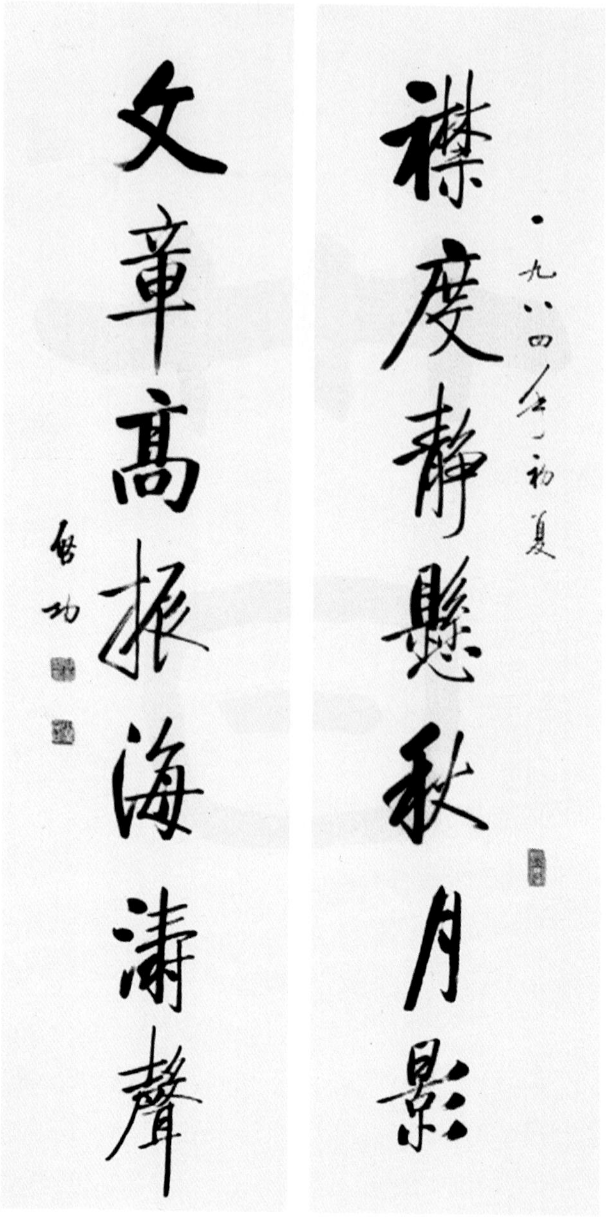

襟度静悬秋月影
文章高振海涛声
一九八四年初夏
启功

五月一日

星期三
劳动节
农历甲辰年
三月廿三

2024
May
1
Wednesday

索靖作品

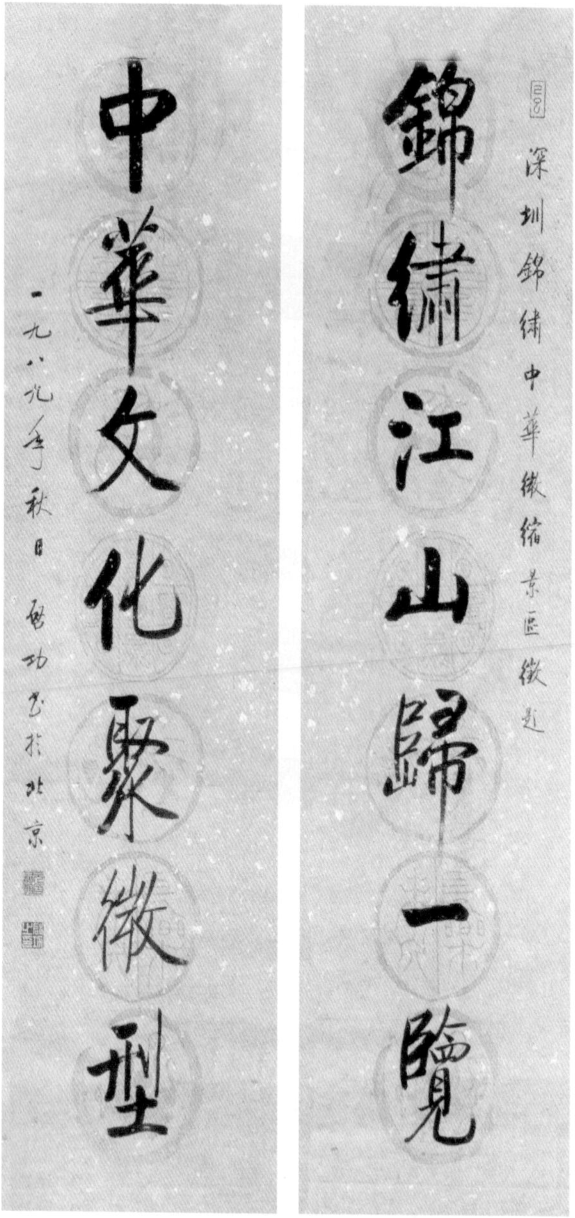

锦绣江山归一览
中华文化聚微型
深圳锦绣中华微缩景区征题
一九八九年秋日
启功书于北京

五月二日

星期四
农历甲辰年
三月廿四

2024
May
2
Thursday

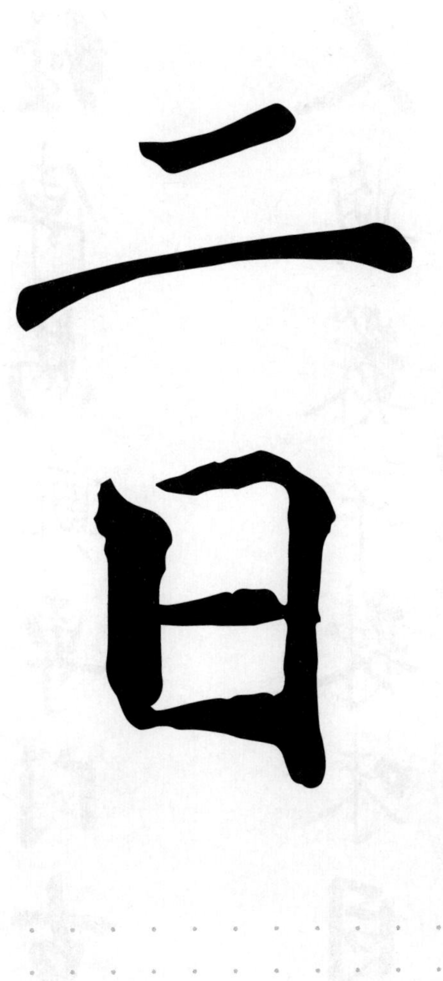

褚遂良 作品

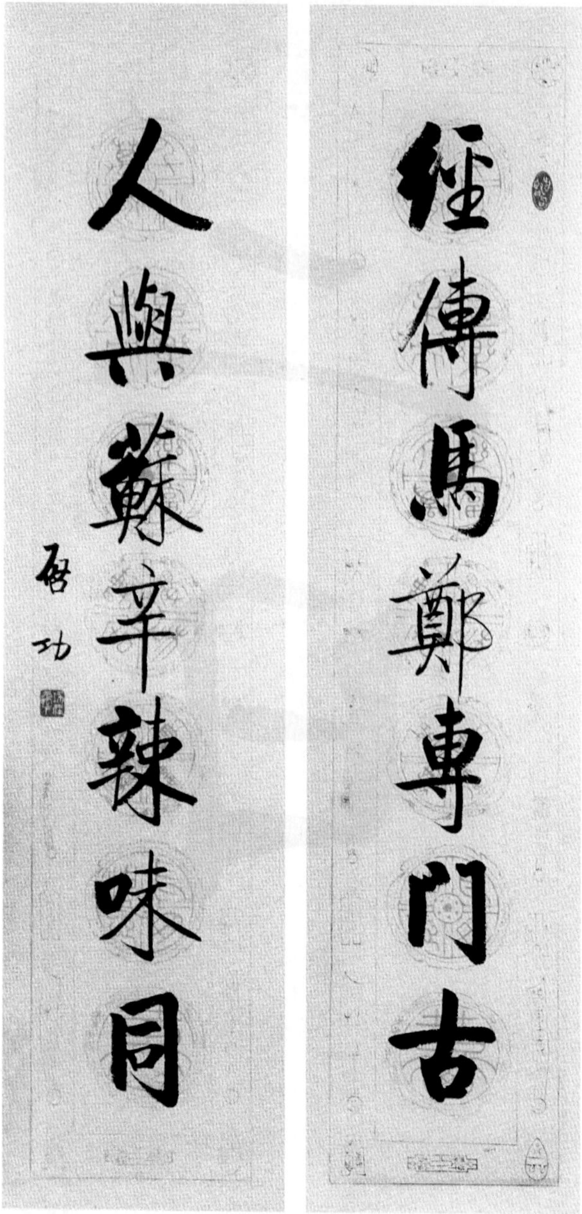

经传马郑专门古
人与苏辛辣味同

启功

五月三日

星期五
农历甲辰年
三月廿五

2024
May
3
Friday

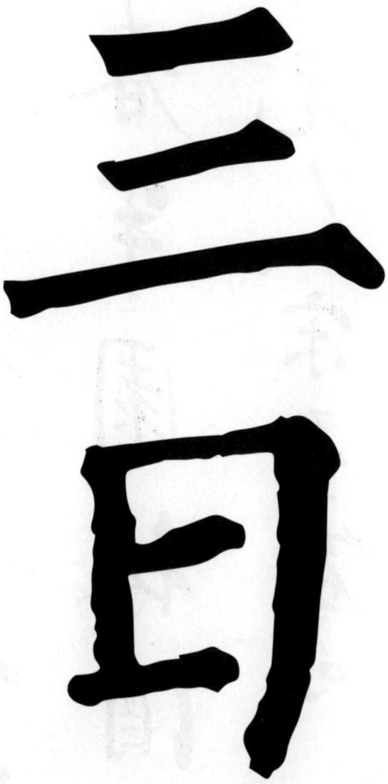

柳公权 作品

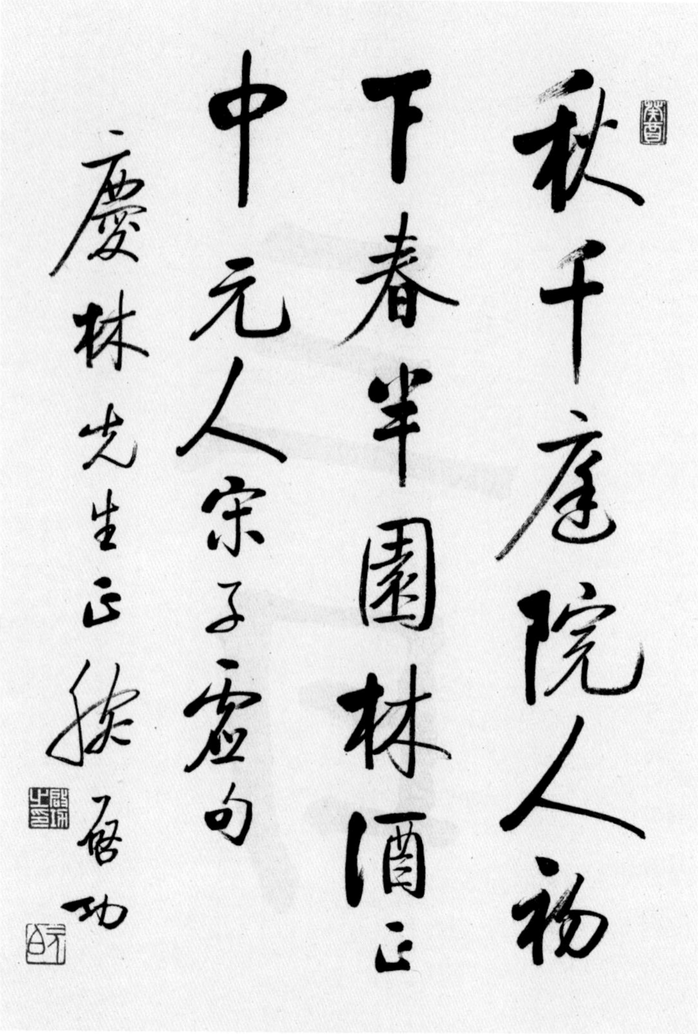

秋千庭院人初下
春半园林酒正中
元人宋子虚句
庆林先生正腕
启功

五月四日

星期六

青年节

农历甲辰年

三月廿六

2024

May

4

Saturday

虞世南 作品

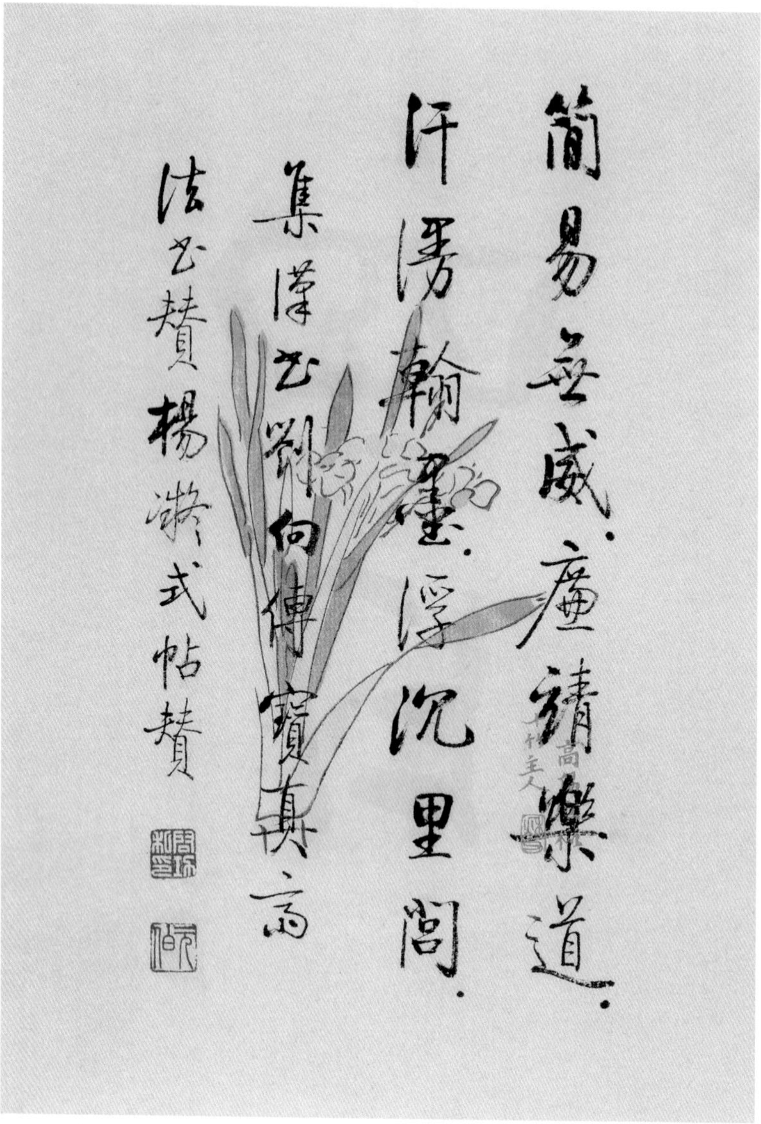

简易无威　廉靖乐道
汗漫翰墨　浮沉里间
集汉书刘向传　宝真斋法书赞　杨凝式帖赞

五月五日

星期日
农历甲辰年
三月廿七

2024
May
5
Sunday

立夏

启功作品

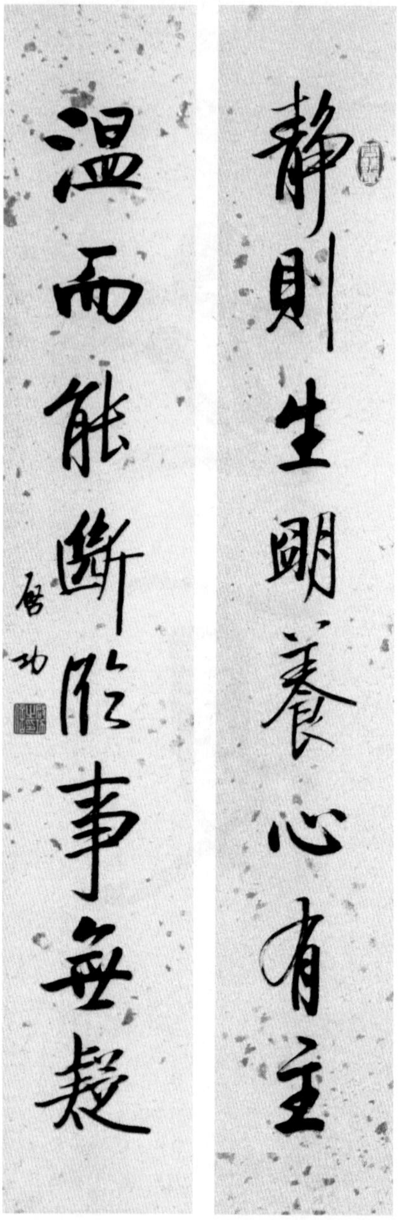

静则生明养心有主
温而能断临事无疑

启功

五
月
六
日

星期一
农历甲辰年
三月廿八

2024
May
6
Monday

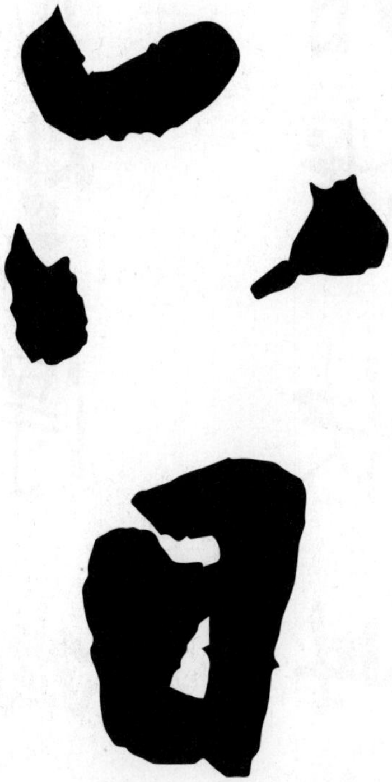

王铎 作品

静坐得幽趣
清游快此生
启功

五月七日

星期二
农历甲辰年
三月廿九

2024
May
7
Tuesday

智永作品

旧书常诵出新意
俗见尽除为雅人

启功

五月八日

星期三

农历甲辰年

四月初一

2024

May

8

Wednesday

怀素作品

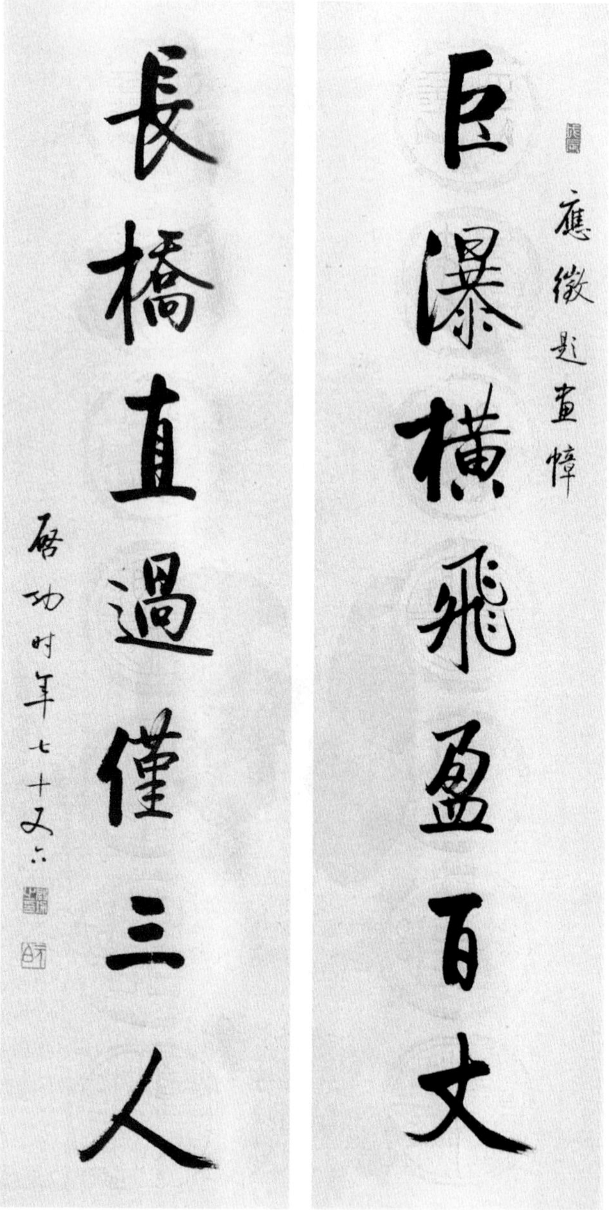

巨瀑横飞盈百丈
长桥直过仅三人
应征题画幛
启功时年七十又六

五月九日

星期四
农历甲辰年
四月初二

2024
May
9
Thursday

黄庭坚 作品

讵能尽如人意
但求无愧我心
龙友先生属书
一九九一年冬
启功

五月十日

星期五

农历甲辰年

四月初三

2024

May

10

Friday

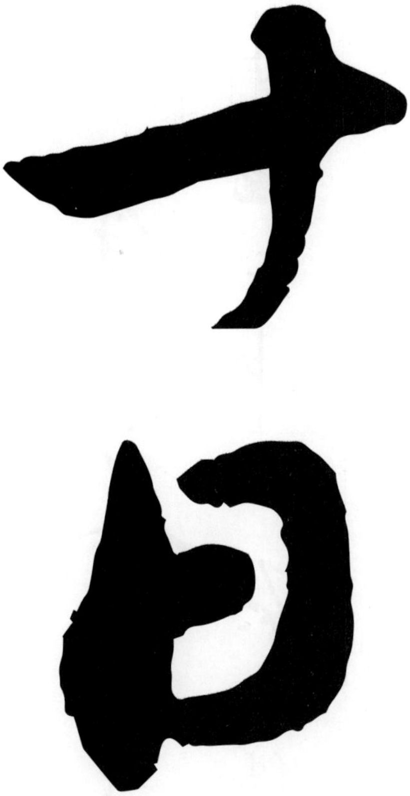

文徵明 作品

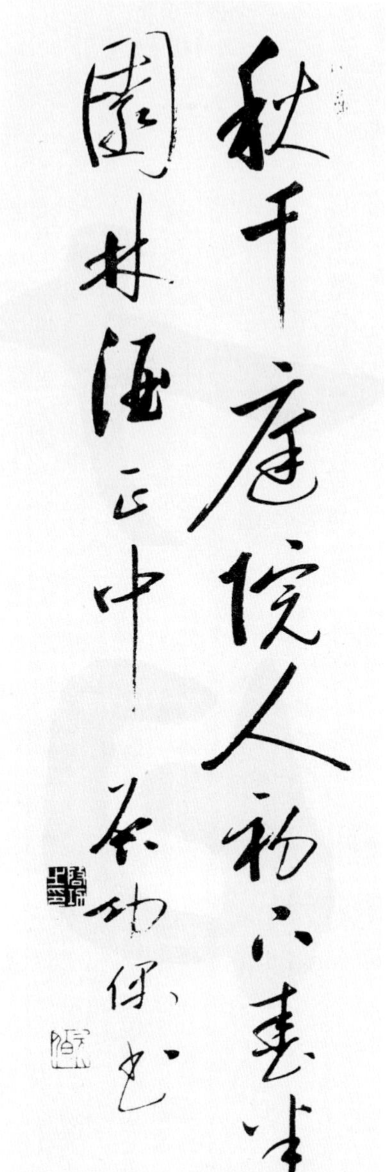

秋千庭院人初下
春半园林酒正中
启功偶书

五月十一日

星期六
农历甲辰年
四月初四

2024
May
11
Saturday

王羲之 作品

狡兔虽多　谁曾见净几
明窗钻他三窟
闲谈渐少　或真能平心
静气献我余生

借校舍一间为暂憩之地题联

五月十二日

星期日
农历甲辰年
四月初五

2024
May
12
Sunday

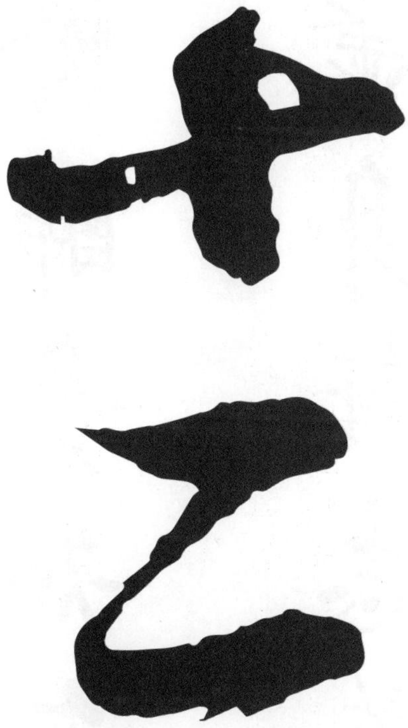

赵孟頫 作品

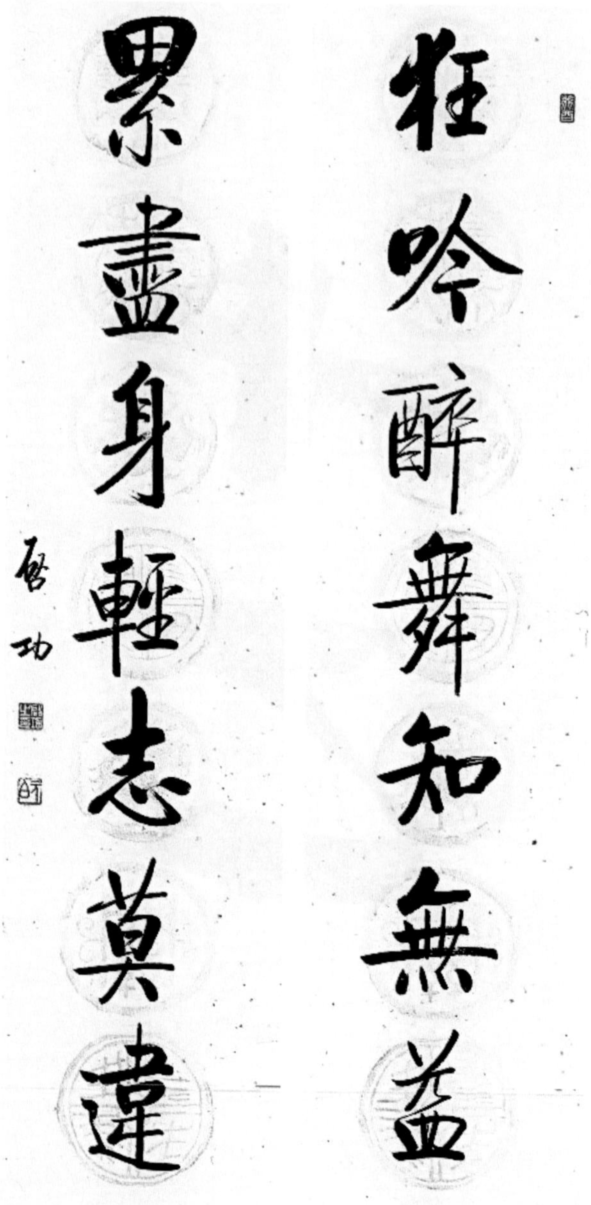
狂吟醉舞知無益
累盡身輕志莫違
啓功

狂吟醉舞知无益
累尽身轻志莫违
启功

五月十三日

星期一

农历甲辰年

四月初六

2024

May

13

Monday

王献之 作品

老圃地宽花富贵
醉乡天阔酒神仙

启功

五月十四日

星期二

农历甲辰年

四月初七

2024
May
14
Tuesday

颜真卿 作品

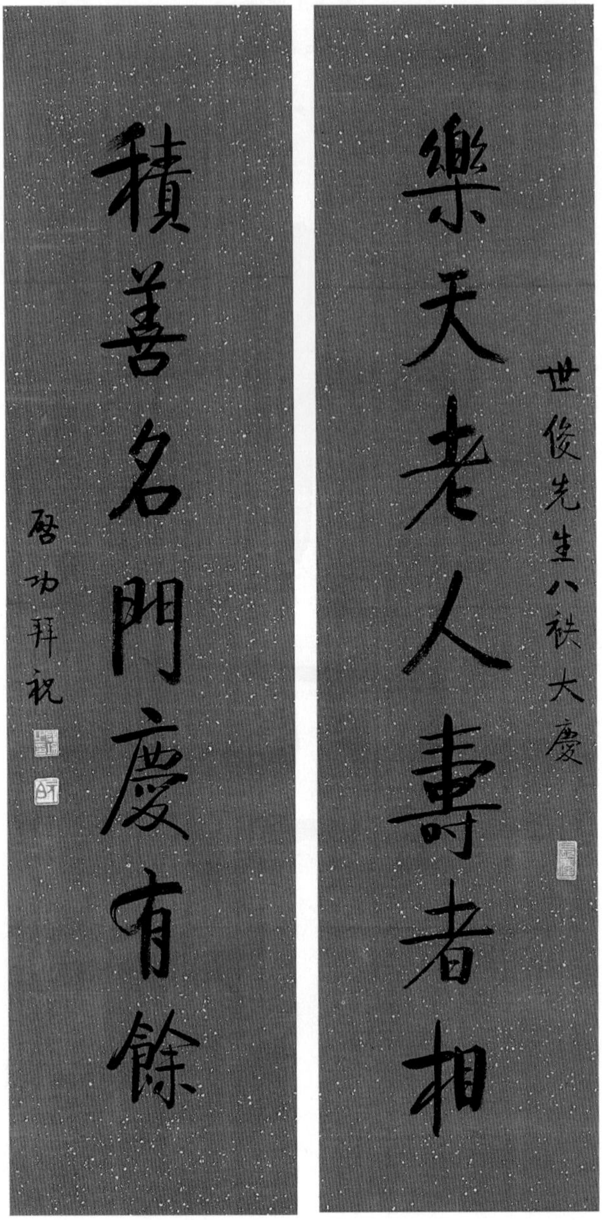
樂天老人壽者相
世俊先生八秩大慶
積善名門慶有餘
啓功拜祝

乐天老人寿者相
积善名门庆有余
世俊先生八帙大庆
启功拜祝

五月十五日

星期三
农历甲辰年
四月初八

2024
May
15
Wednesday

米芾 作品

立身苦被浮名累
涉世无如本色难
启功

五月十六日

星期四
农历甲辰年
四月初九

2024
May
16
Thursday

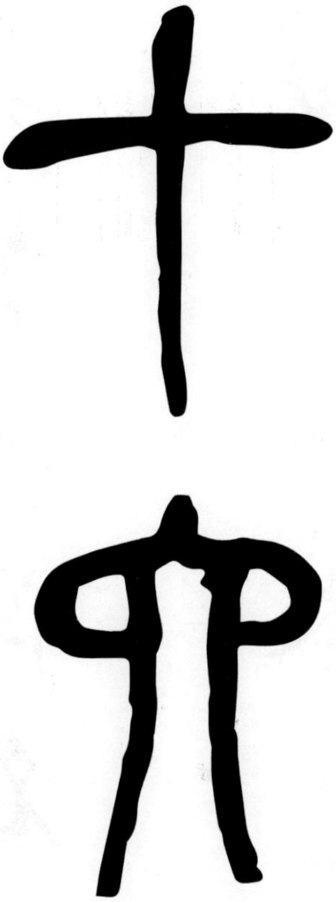

吴昌硕 作品

立身苦被浮名累
涉世无如本色难

西源先生正腕
启功

五月十七日

星期五
农历甲辰年
四月初十

2024
May
17
Friday

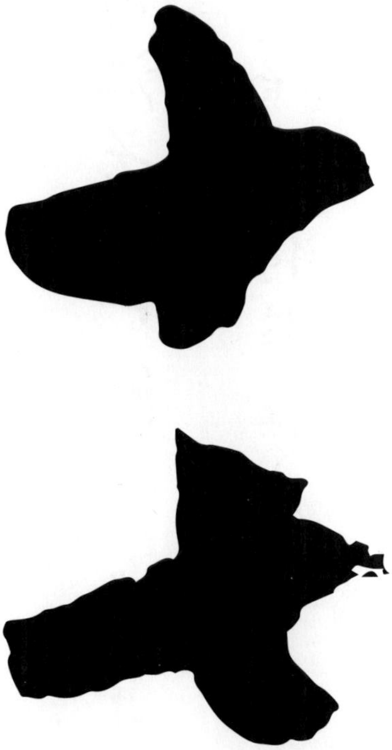

蔡襄 作品

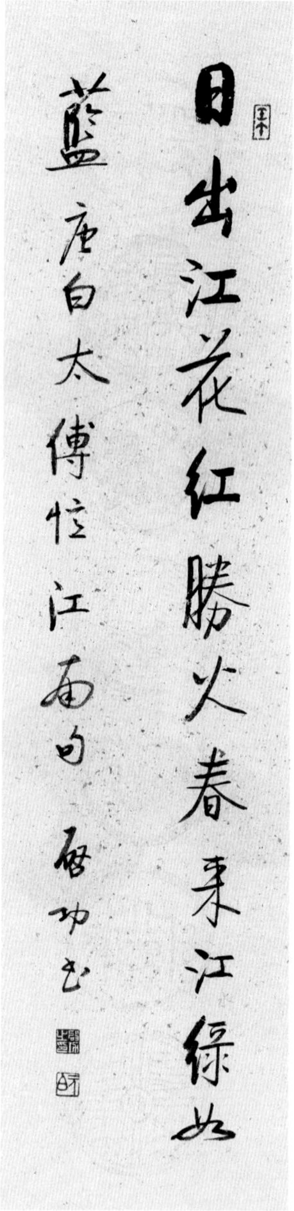

日出江花红胜火
春来江（水）绿如蓝

唐白太傅忆江南句
启功书

五月十八日

星期六
农历甲辰年
四月十一

2024
May
18
Saturday

张旭作品

俯察仰观有崇山峻岭
茂林修竹
高朋胜友见物华天宝
人杰地灵

兰亭右军祠联
纪念集会征题者

五月十九日

星期日

农历甲辰年

四月十二

2024
May

19

Sunday

欧阳询 作品

立身苦被浮名累
涉世无如本色难
少华先生雅正
启功

五月二十日

星期一
农历甲辰年
四月十三

2024
May
20
Monday

小满

启功作品

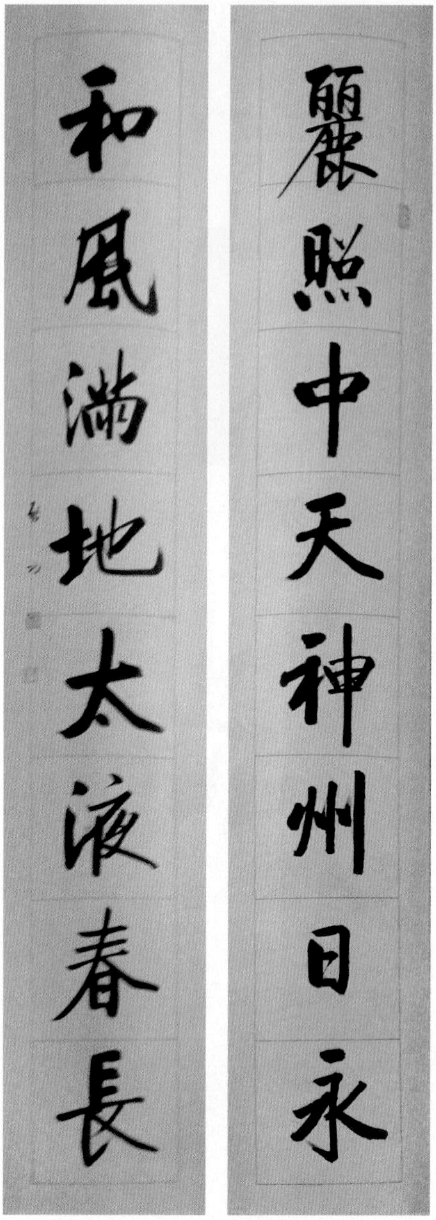

丽照中天神州日永
和风满地太液春长

启功

五月二十一日

星期二
农历甲辰年
四月十四

2024
May
21
Tuesday

王宠 作品

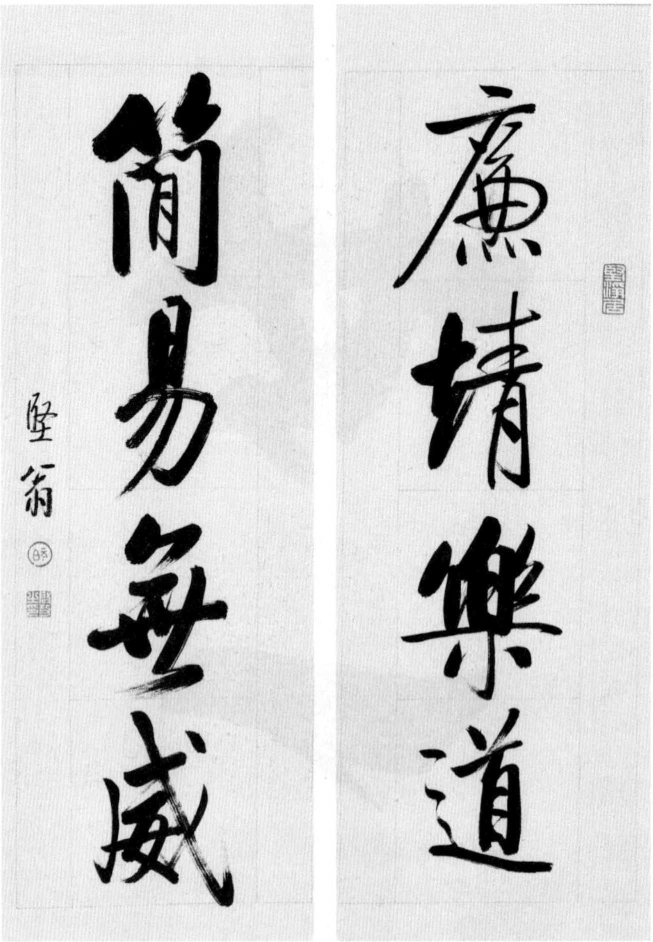

廉靖乐道
简易无威
坚翁

五月二十二日

星期三
农历甲辰年
四月十五

2024
May
22
Wednesday

赵孟頫 作品

临严松似餐霞客
倚涧花如照水人
启功

五月二十三日

星期四

农历甲辰年

四月十六

2024
May
23
Thursday

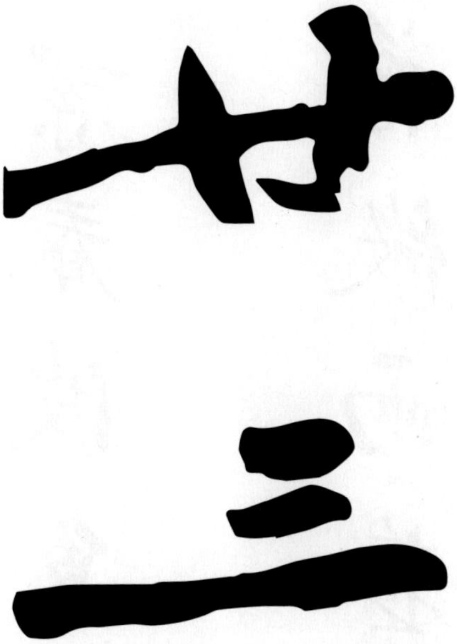

黄庭坚 作品

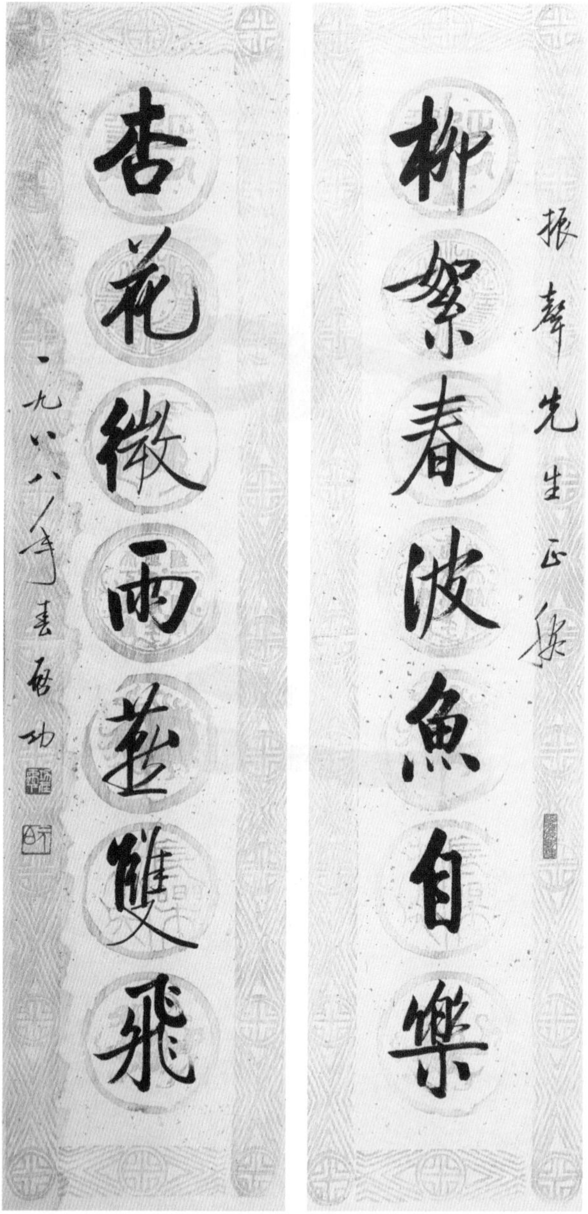

柳絮春波鱼自乐
杏花微雨燕双飞

振声先生正腕
一九八八年春
启功

五月二十四日

星期五
农历甲辰年
四月十七

2024
May
24
Friday

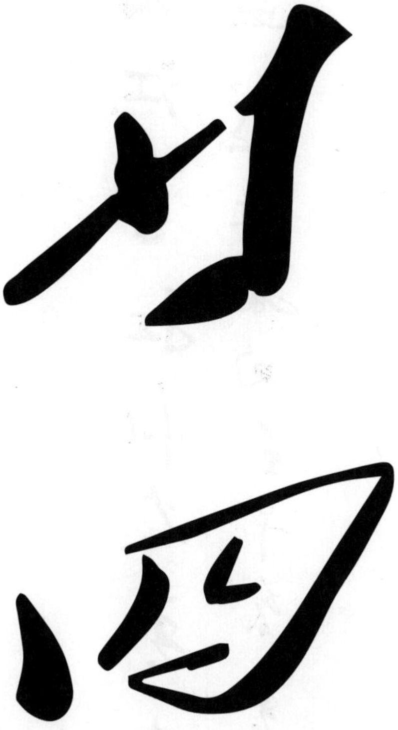

毛泽东 作品

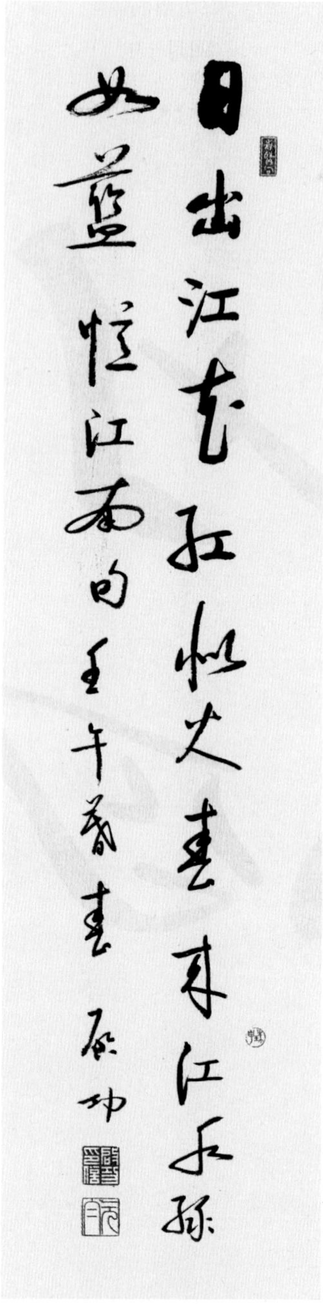

日出江花红似火
春来江水绿如蓝

忆江南句
壬午暮春
启功

五月二十五日

星期六
农历甲辰年
四月十八

2024
May
25
Saturday

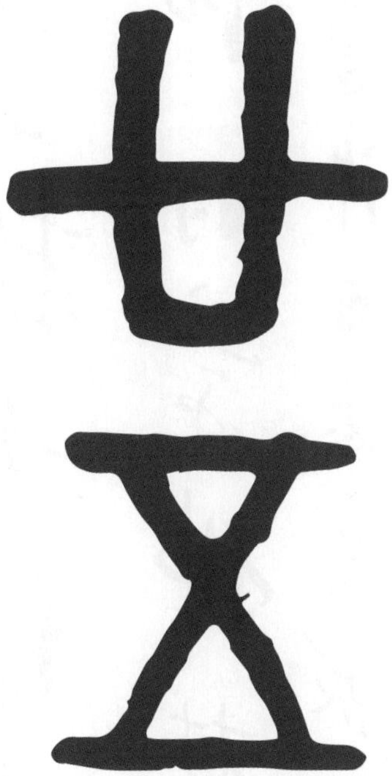

吴大澂 作品

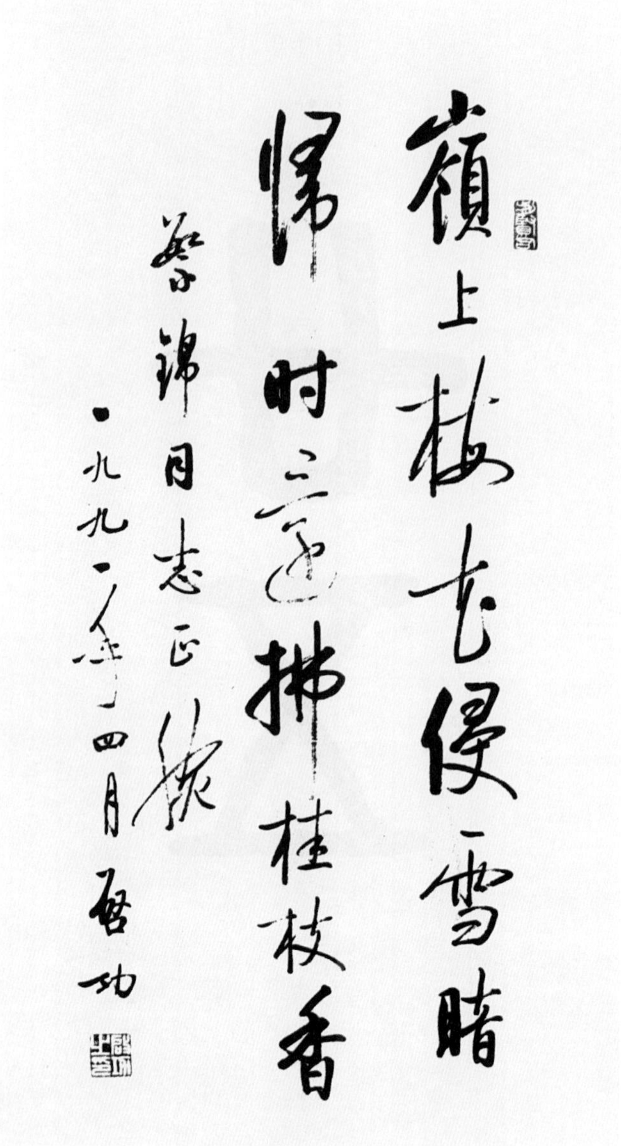

岭上梅花侵雪暗
归时还拂桂枝香

繁锦同志正腕
一九九一年四月
启功

五月二十六日

星期日
农历甲辰年
四月十九

2024
May
26
Sunday

皇象 作品

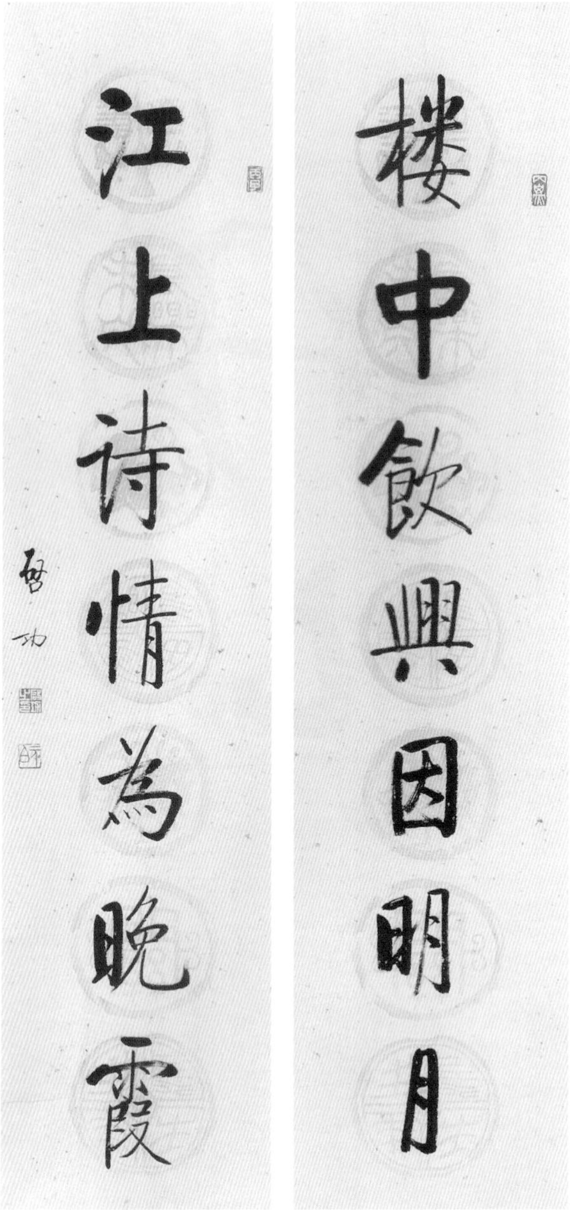

楼中饮兴因明月
江上诗情为晚霞

启功

五月二十七日

星期一
农历甲辰年
四月二十

2024
May
27
Monday

王羲之 作品

楼中饮兴因明月
江上诗情为晚霞
启功

五月二十八日

星期二
农历甲辰年
四月廿一

2024
May
28
Tuesday

董其昌 作品

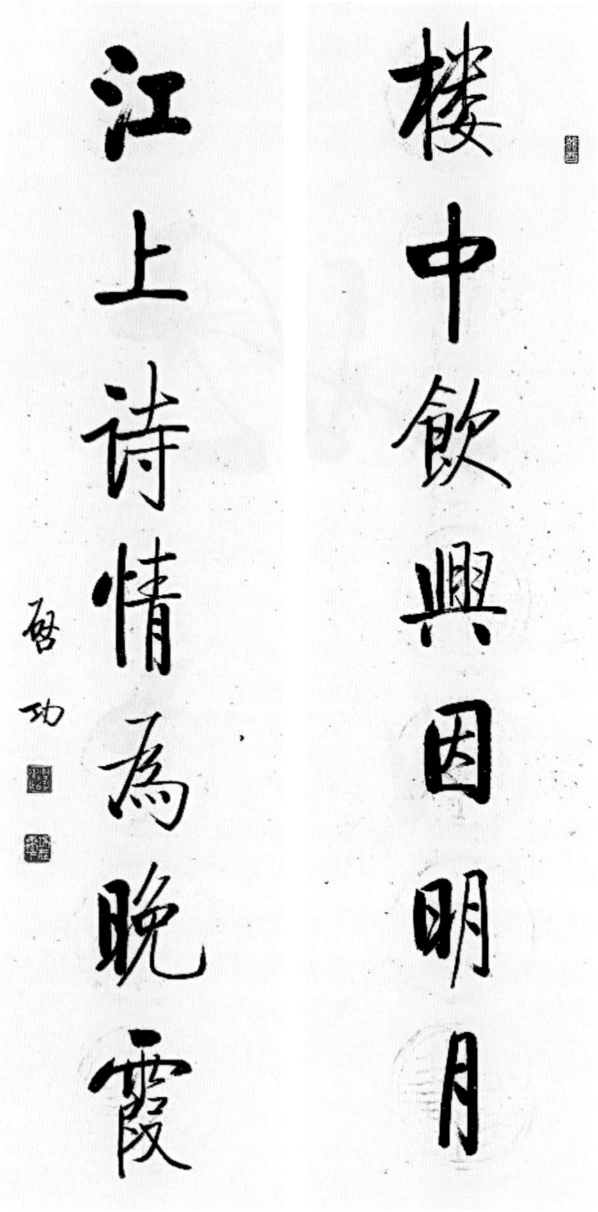

楼中饮兴因明月
江上诗情为晚霞

启功

五月二十九日

星期三
农历甲辰年
四月廿二

2024
May
29
Wednesday

苏轼作品

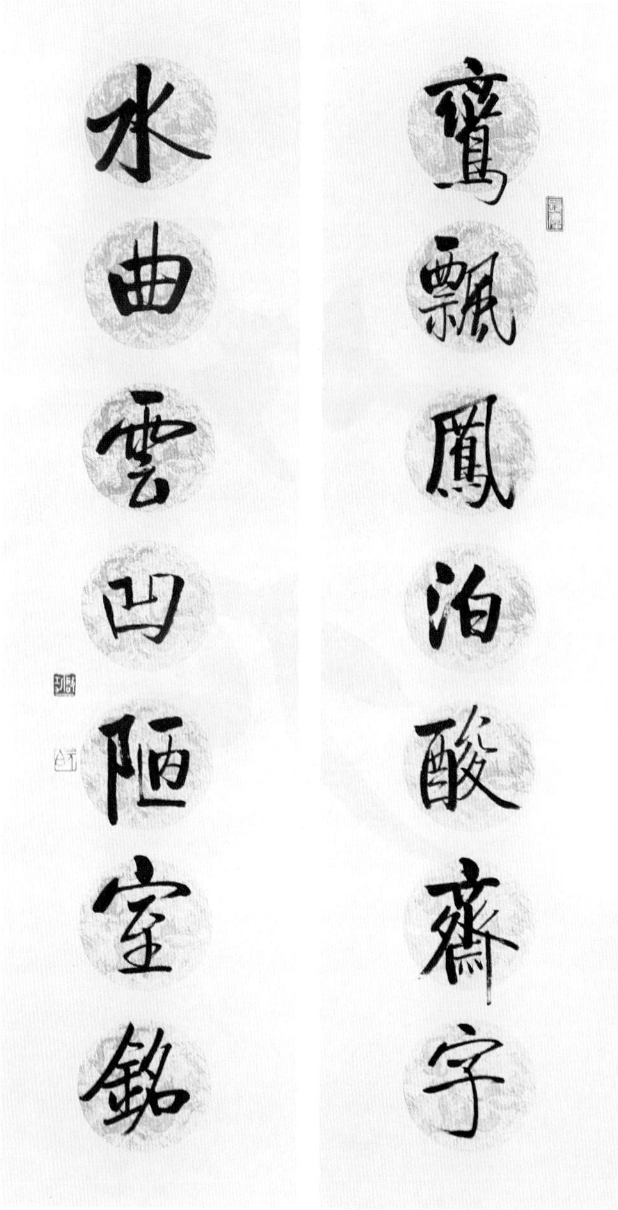

鸾飘凤泊酸斋字
水曲云凹陋室铭

五月三十日

星期四

农历甲辰年

四月廿三

2024
May
30
Thursday

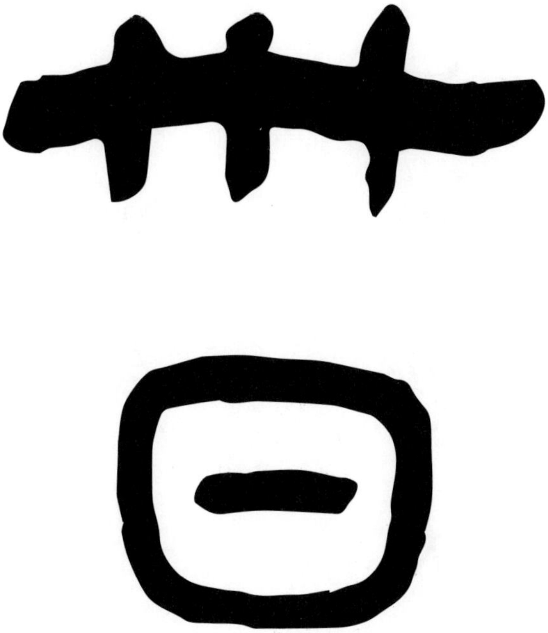

邓石如 作品

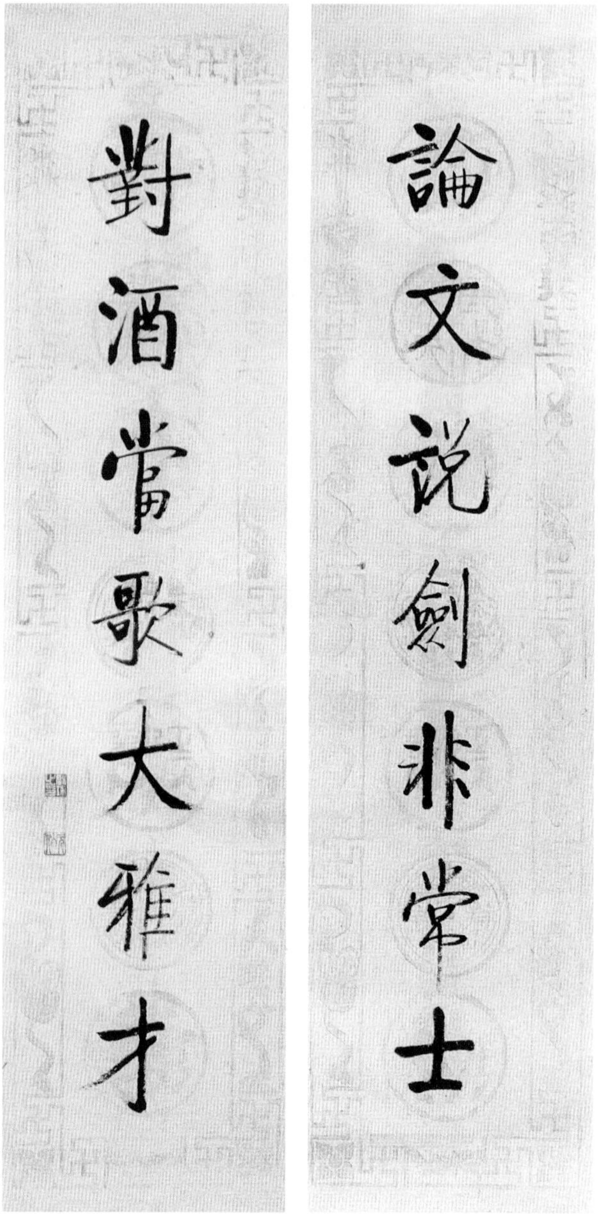
論文說劍非常士
對酒當歌大雅才

论文说剑非常士
对酒当歌大雅才

五月三十一日

星期五
农历甲辰年
四月廿四

2024
May
31
Friday

赵孟頫 作品

三叠凄凉渭城曲
数枝闲澹阊中花
放翁句
启功书

六月一日

星期六
儿童节
农历甲辰年
四月廿五

2024
June
1
Saturday

索靖作品

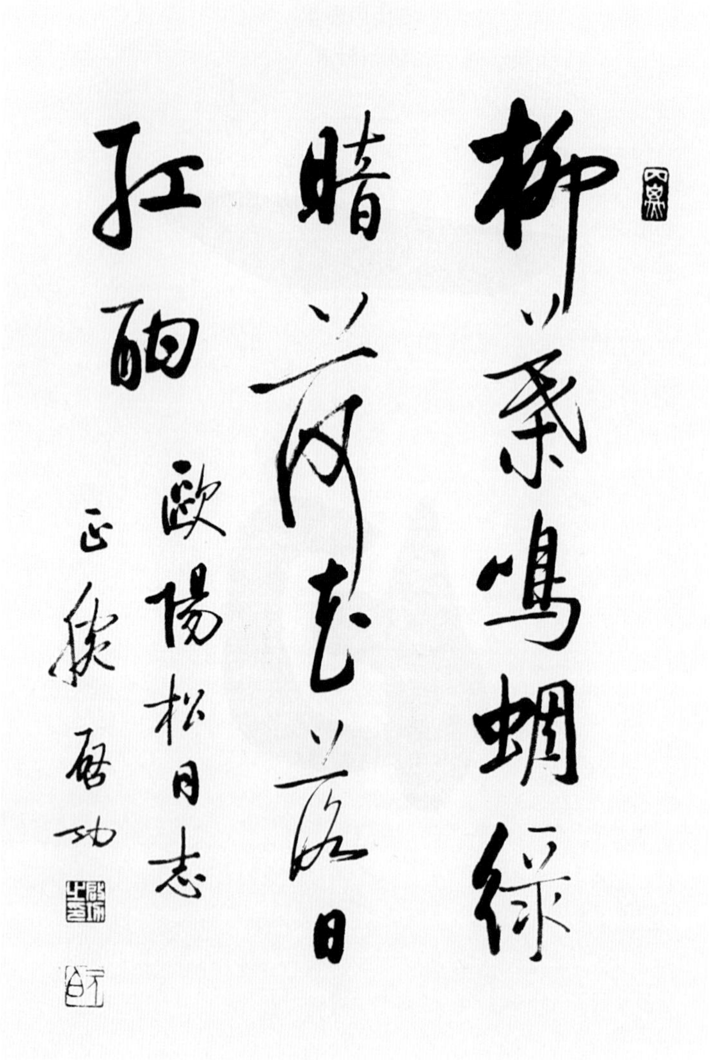

柳叶鸣蜩绿暗
荷花落日红酣
欧阳松同志正腕
启功

六月二日

星期日
农历甲辰年
四月廿六

2024
June
2
Sunday

褚遂良 作品

绿波杨叶三篙水
白雪梅花一笛风

启功

六月三日

星期一
农历甲辰年
四月廿七

2024
June
3
Monday

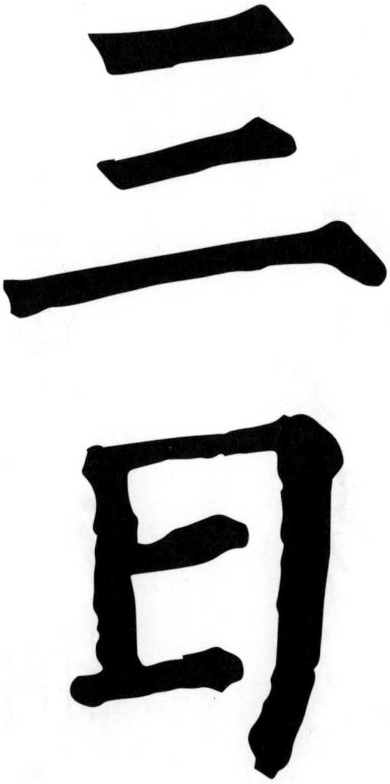

柳公权 作品

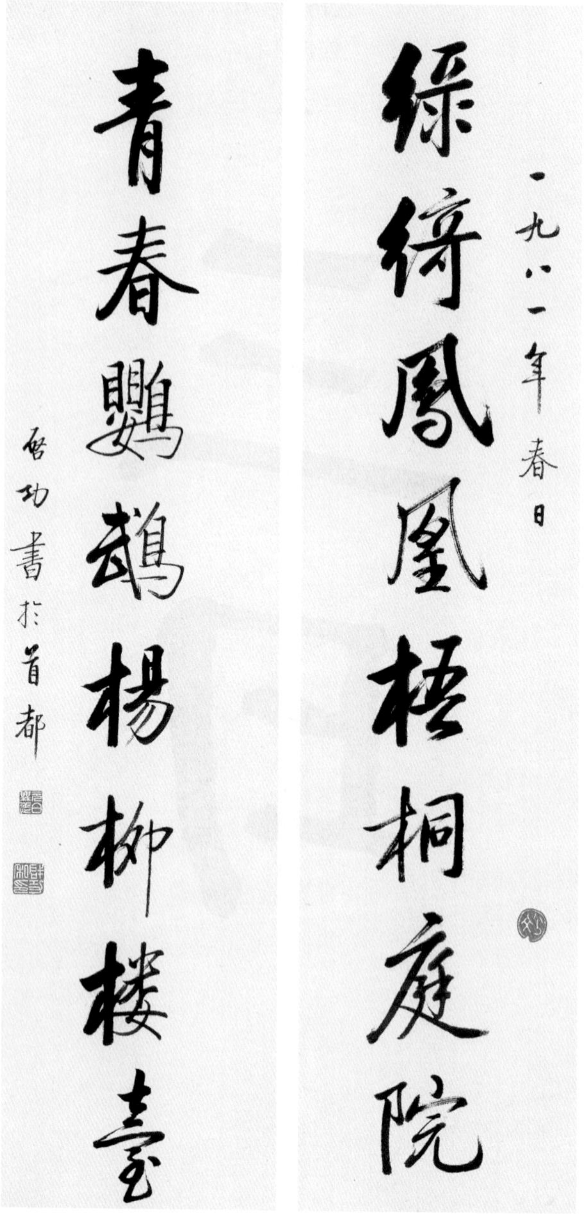

绿绮凤凰梧桐庭院
青春鹦鹉杨柳楼台
一九八一年春日
启功书于首都

六月四日

星期二
农历甲辰年
四月廿八

2024
June
4
Tuesday

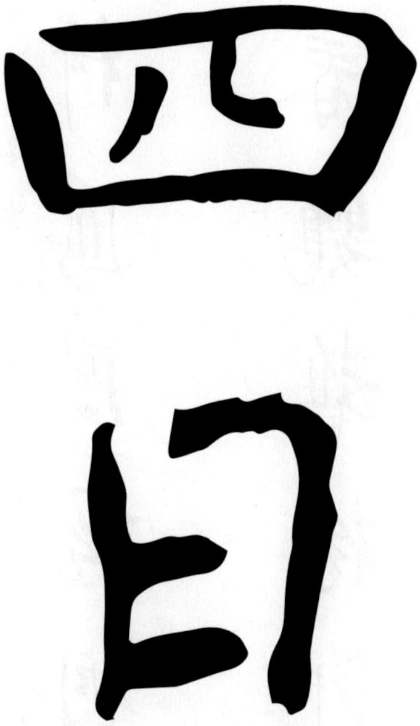

虞世南 作品

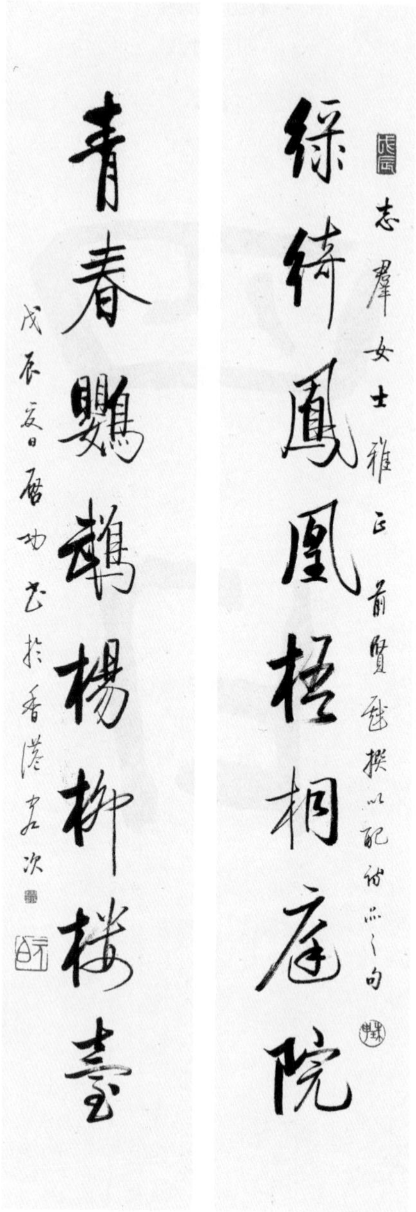

绿绮凤凰梧桐庭院
青春鹦鹉杨柳楼台

志群女士雅正　前贤戏撰
以配诗品之句
戊辰夏日　启功书于香港
客次

六月五日

星期三
农历甲辰年
四月廿九

2024
June
5
Wednesday

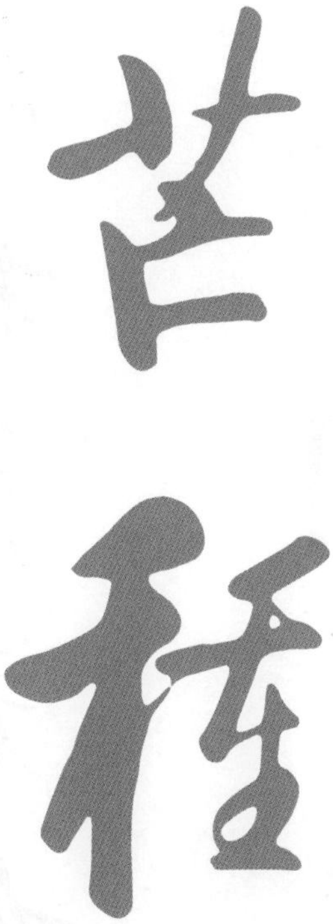

启功作品

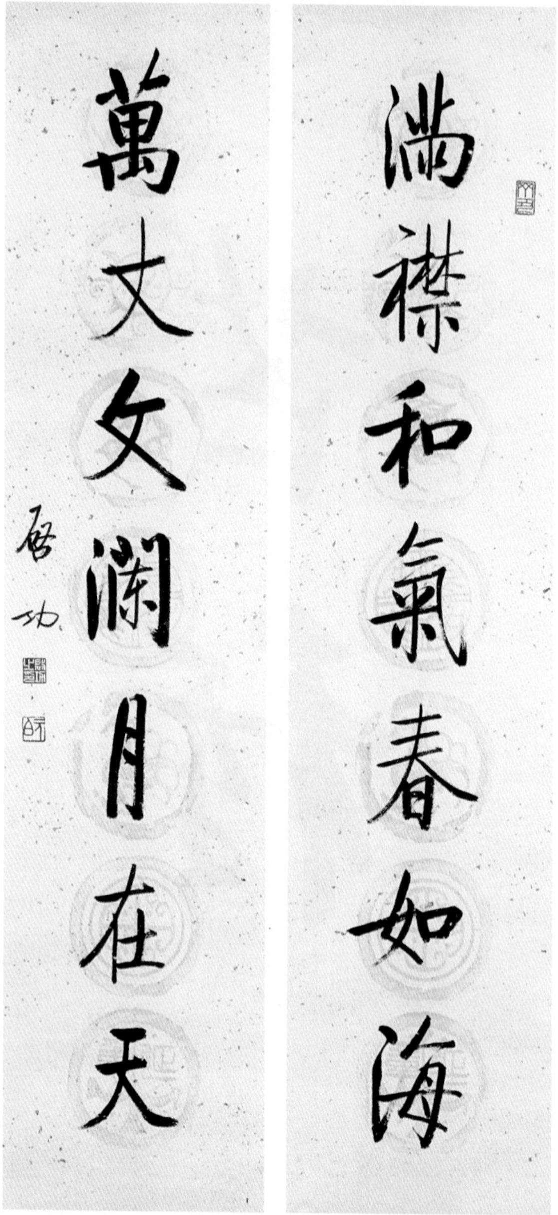

满襟和气春如海
万丈文澜月在天

启功

六月六日

星期四
农历甲辰年
五月初一

2024
June
6
Thursday

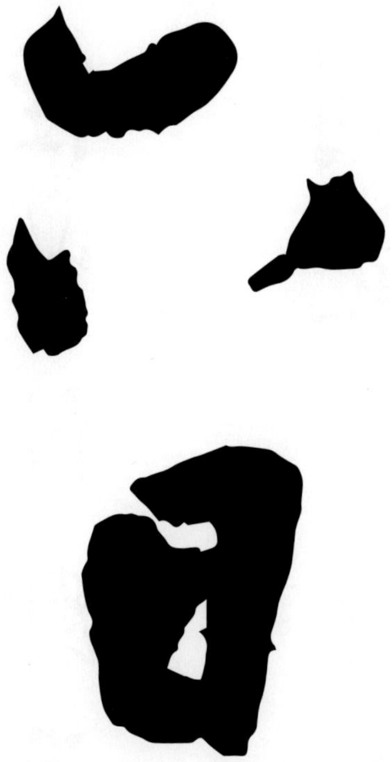

王铎作品

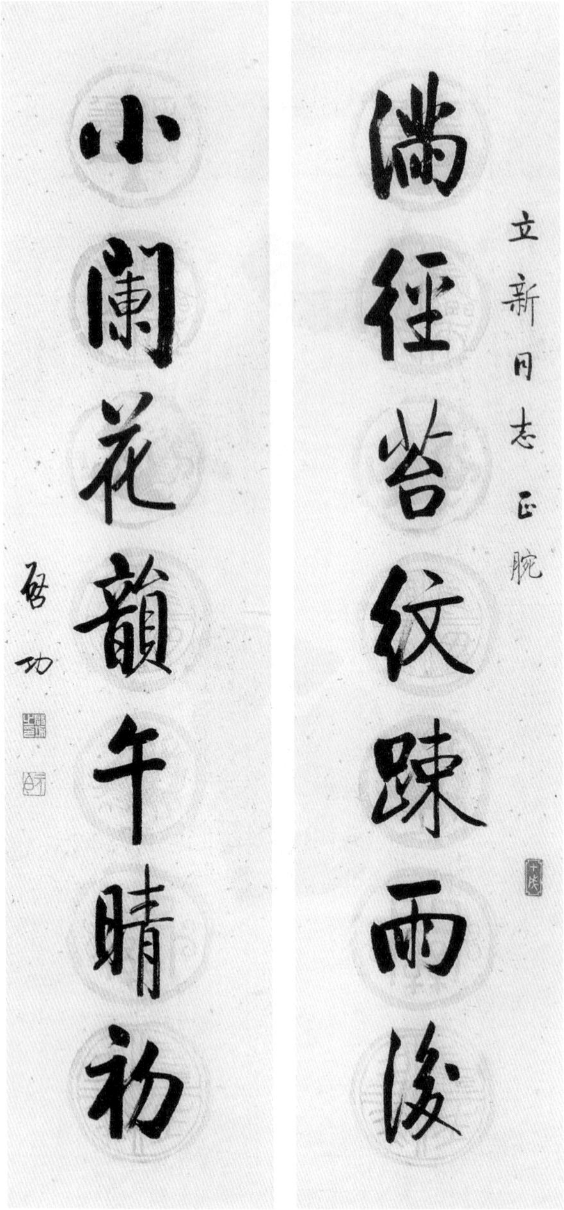

满径苔纹疏雨后
小阑花韵午晴初
立新同志正腕
启功

六月七日

星期五
农历甲辰年
五月初二

2024
June
7
Friday

智永作品

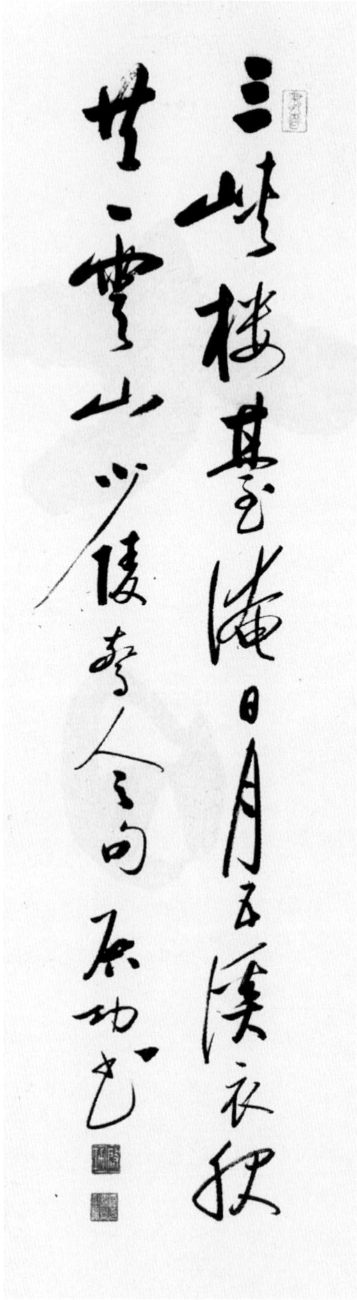

三峡楼台淹日月
五溪衣服共云山
少陵惊人之句
启功书

六月八日

星期六
农历甲辰年
五月初三

2024
June
8
Saturday

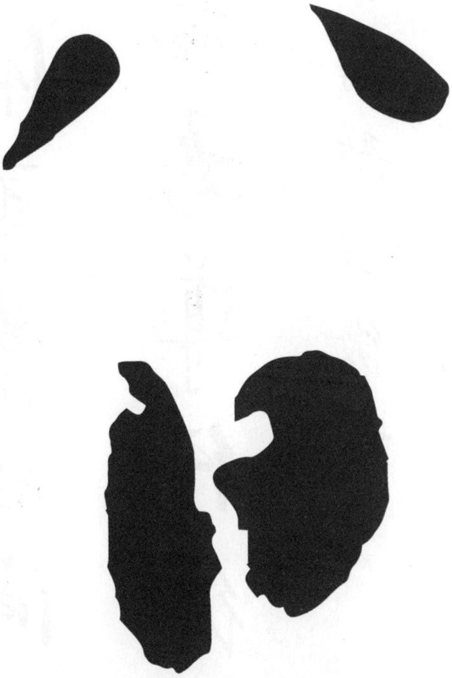

怀素作品

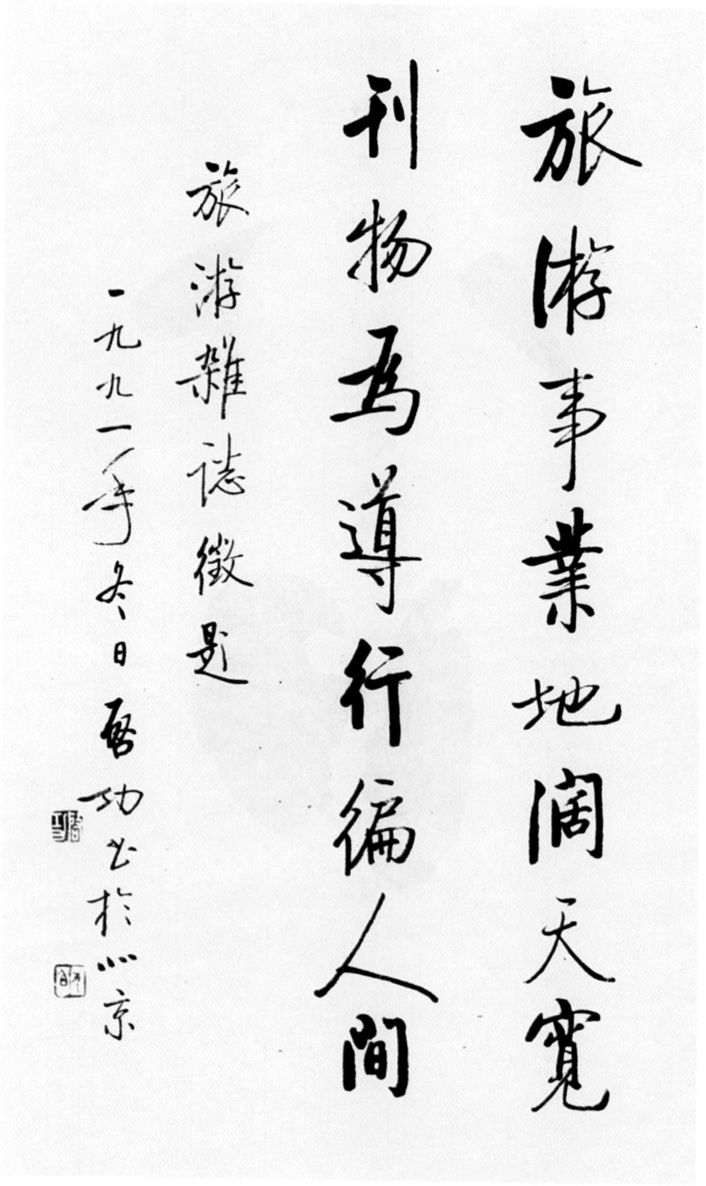

旅游事业地阔天宽
刊物为导行遍人间

旅游杂志征题
一九九一年冬日　启功书于
北京

六月九日

星期日
农历甲辰年
五月初四

2024
June
9
Sunday

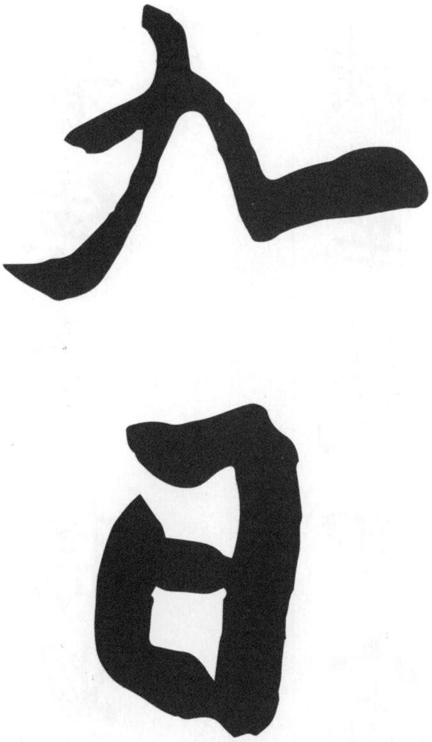

黄庭坚 作品

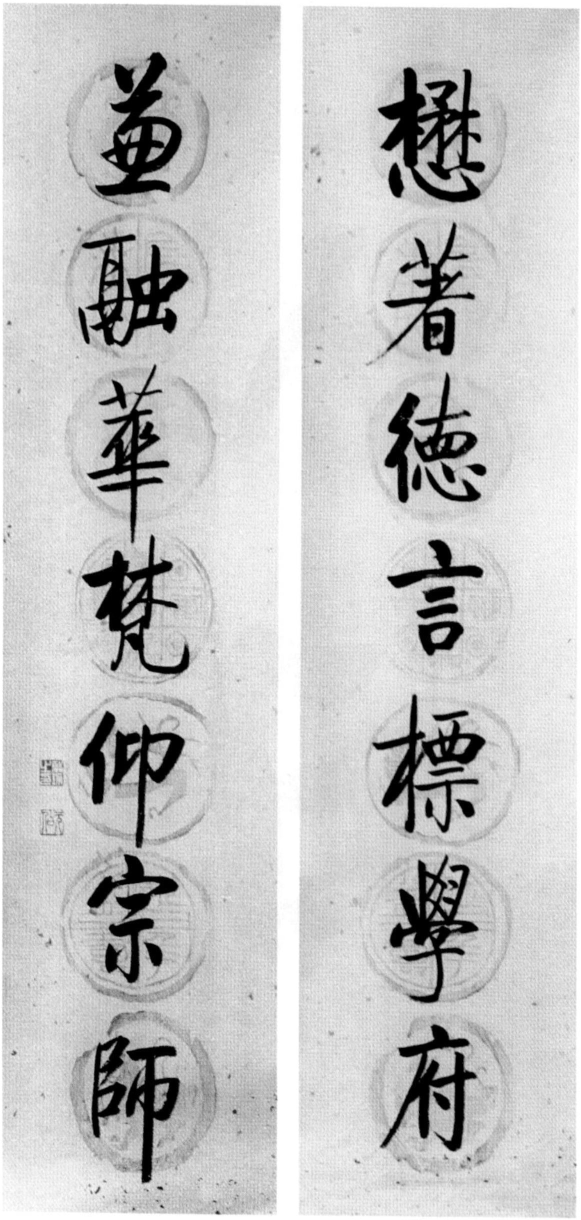
懋著德言標學府
兼融華梵仰宗師

懋著德言标学府
兼融华梵仰宗师

六月十日

星期一

农历甲辰年

五月初五

2024

June

10

Monday

端午

启功 作品

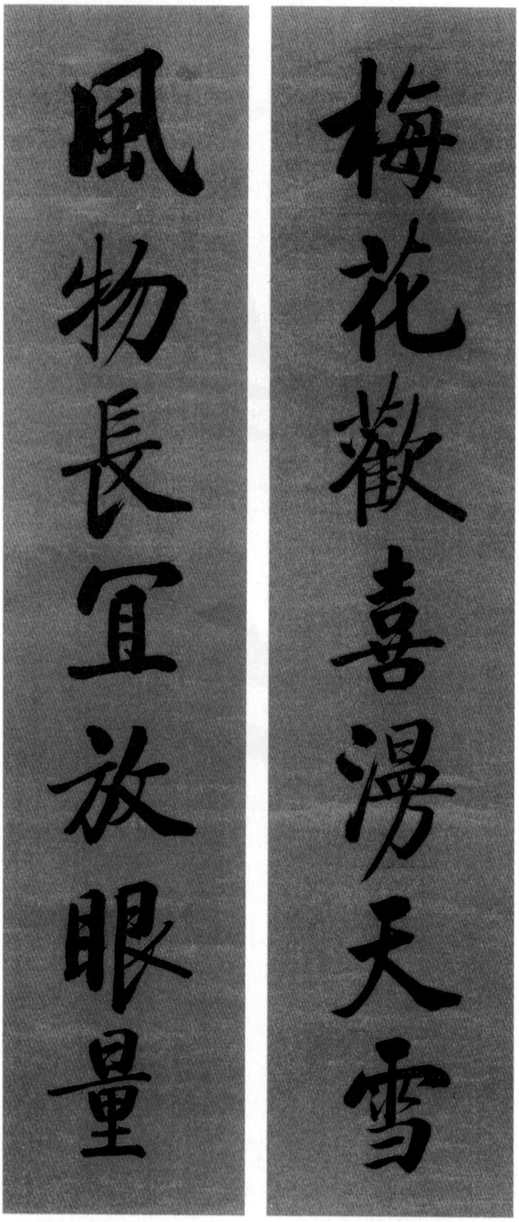

梅花欢喜漫天雪
风物长宜放眼量

六月十一日

星期二

农历甲辰年

五月初六

2024
June
11
Tuesday

王羲之 作品

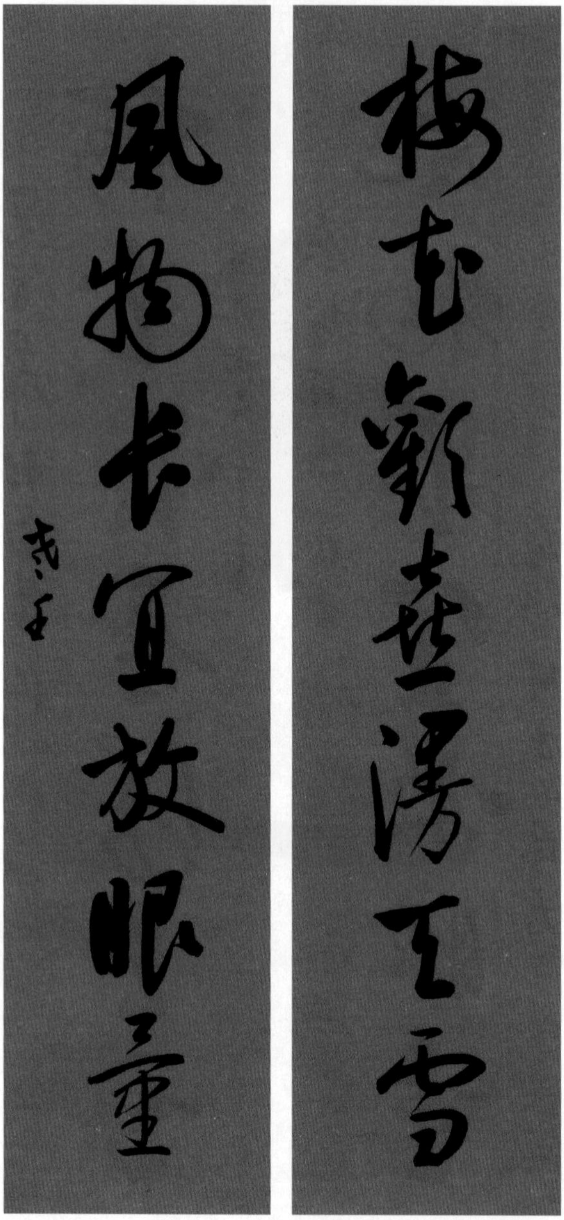

梅花欢喜漫天雪
风物长宜放眼量
老壬

六月十二日

星期三

农历甲辰年

五月初七

2024

June

12

Wednesday

赵孟頫 作品

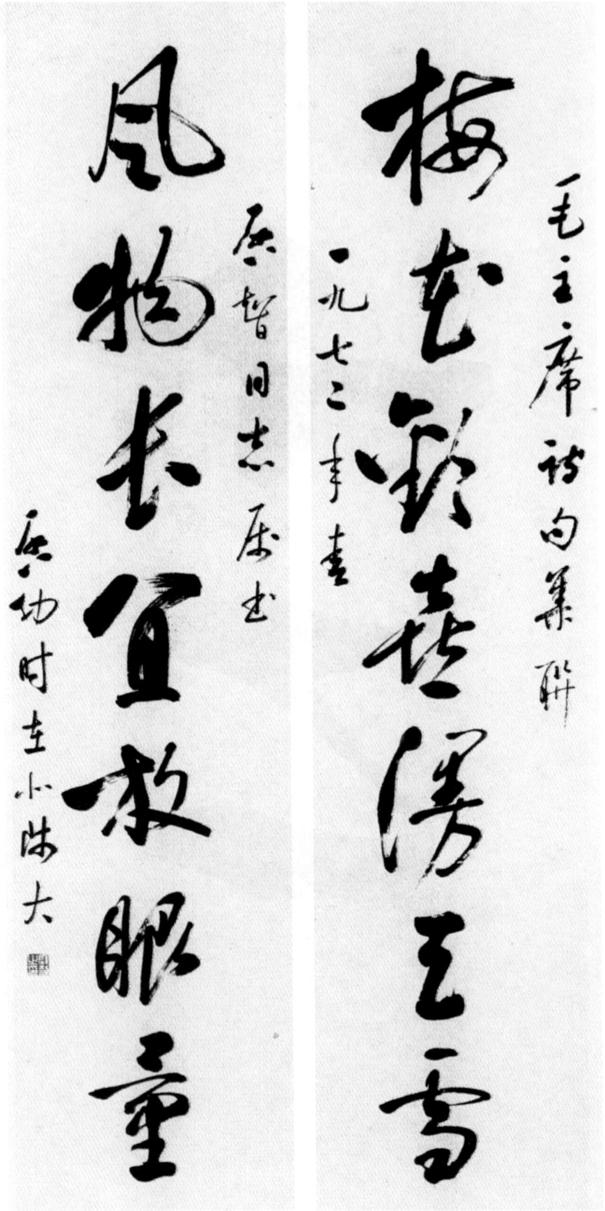

梅花欢喜漫天雪
风物长宜放眼量
毛主席诗句集联
一九七二年春
启智同志属书
启功时在北师大

六月十三日

星期四
农历甲辰年
五月初八

2024
June
13
Thursday

王献之 作品

名画要如诗句读
古琴兼作水声听
启功

六月十四日

星期五
农历甲辰年
五月初九

2024
June
14
Friday

十四

颜真卿 作品

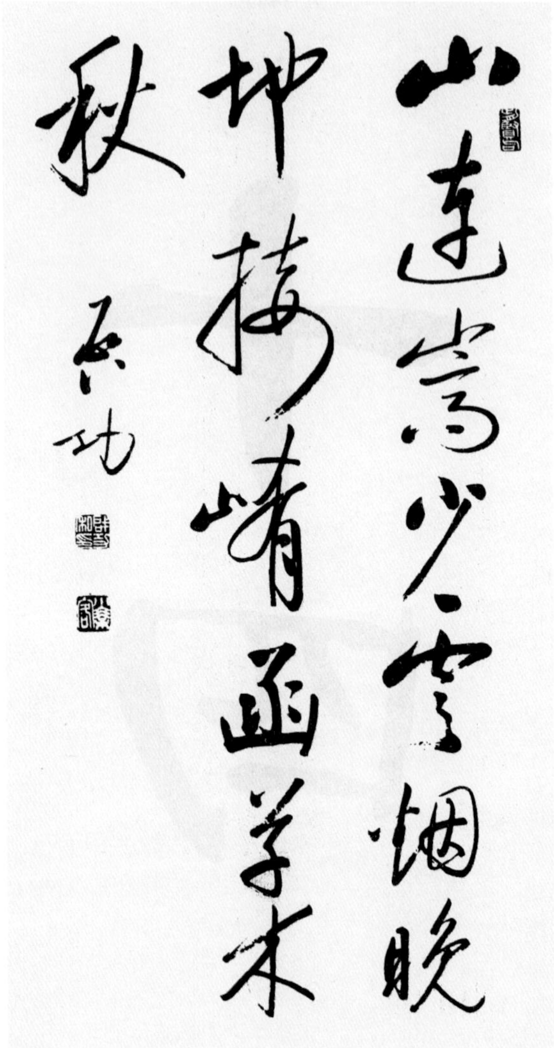

山连嵩少云烟晚
地接崤函草木秋
启功

六月十五日

星期六
农历甲辰年
五月初十

2024
June
15
Saturday

米芾作品

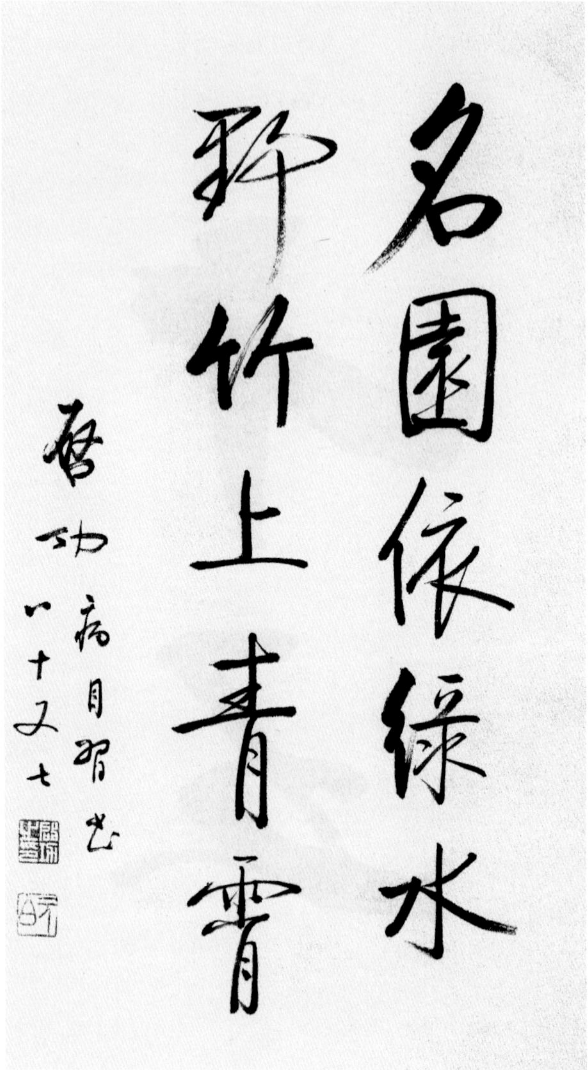

名园依绿水
野竹上青霄
启功　病目习书
八十又七

六月十六日

星期日
农历甲辰年
五月十一

2024
June
16
Sunday

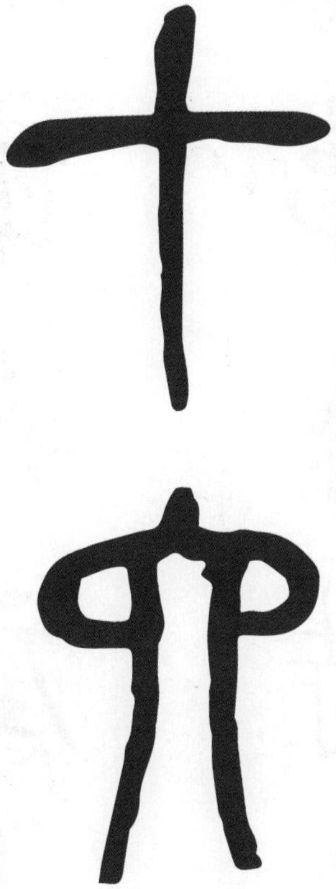

吴昌硕 作品

名下无虚士
余事作诗人

启功

六月十七日

星期一
农历甲辰年
五月十二

2024
June
17
Monday

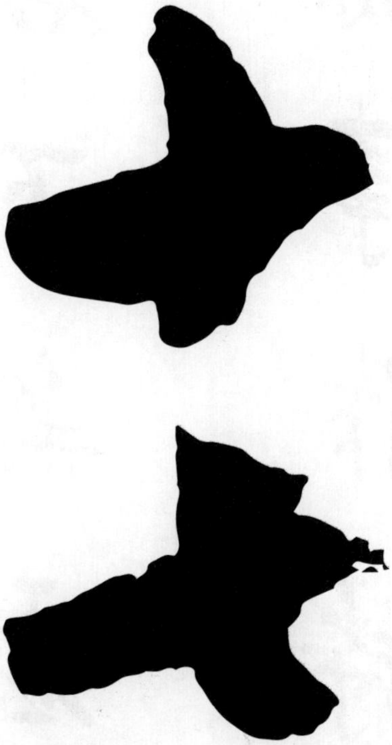

蔡襄作品

名下无虚士
余事作诗人
启功八十又六

六月十八日

星期二
农历甲辰年
五月十三

2024
June
18
Tuesday

张旭作品

名园绿水环修竹
古调清风入碧松

启功

六月十九日

星期三
农历甲辰年
五月十四

2024
June
19
Wednesday

欧阳询 作品

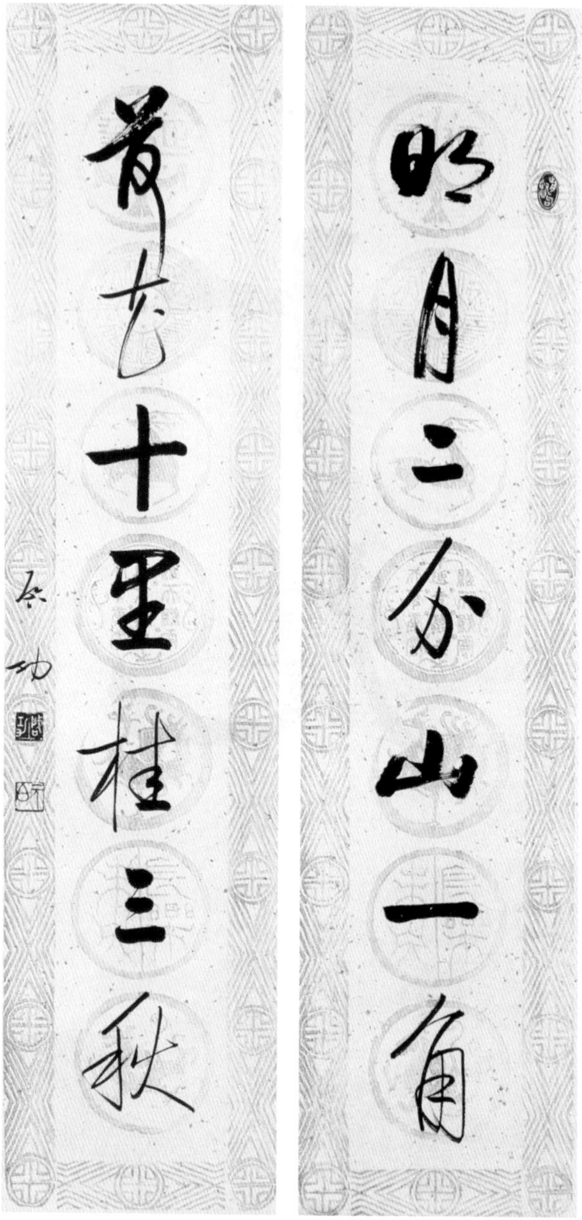

明月二分山一角
荷花十里桂三秋

启功

六月二十日

星期四
农历甲辰年
五月十五

2024
June
20
Thursday

陆柬之 作品

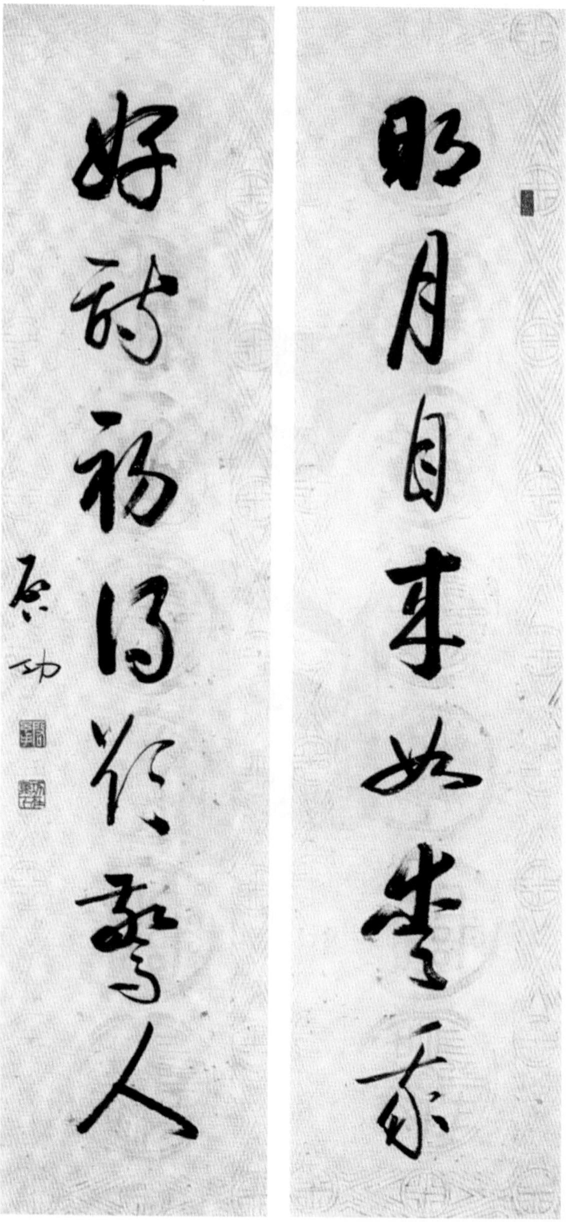

明月自来如爱我
好诗初得欲惊人

启功

六月二十一日

星期五
农历甲辰年
五月十六

2024
June
21
Friday

夏至

启功作品

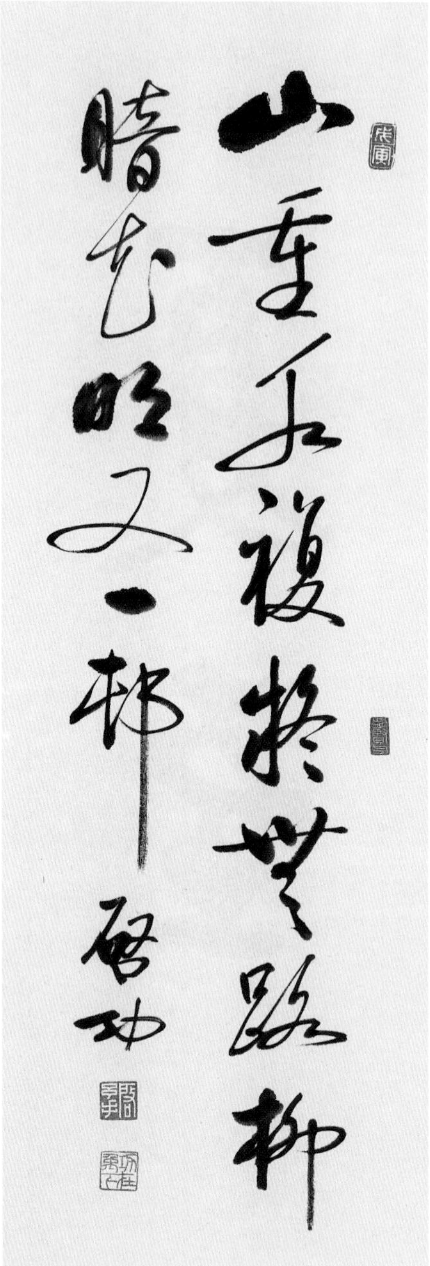

山重水复疑无路
柳暗花明又一村

启功

六月二十二日

星期六
农历甲辰年
五月十七

2024
June
22
Saturday

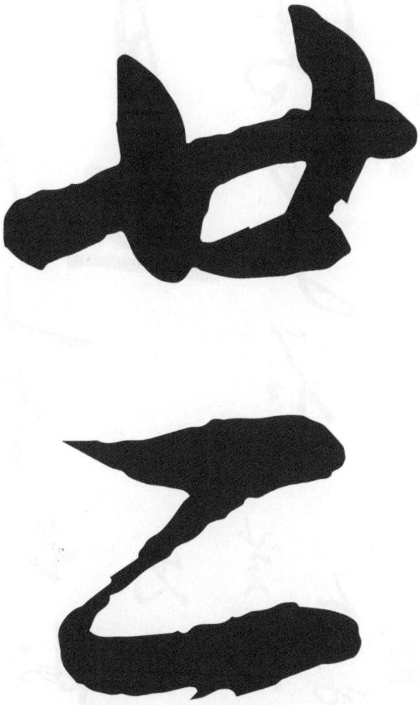

赵孟頫 作品

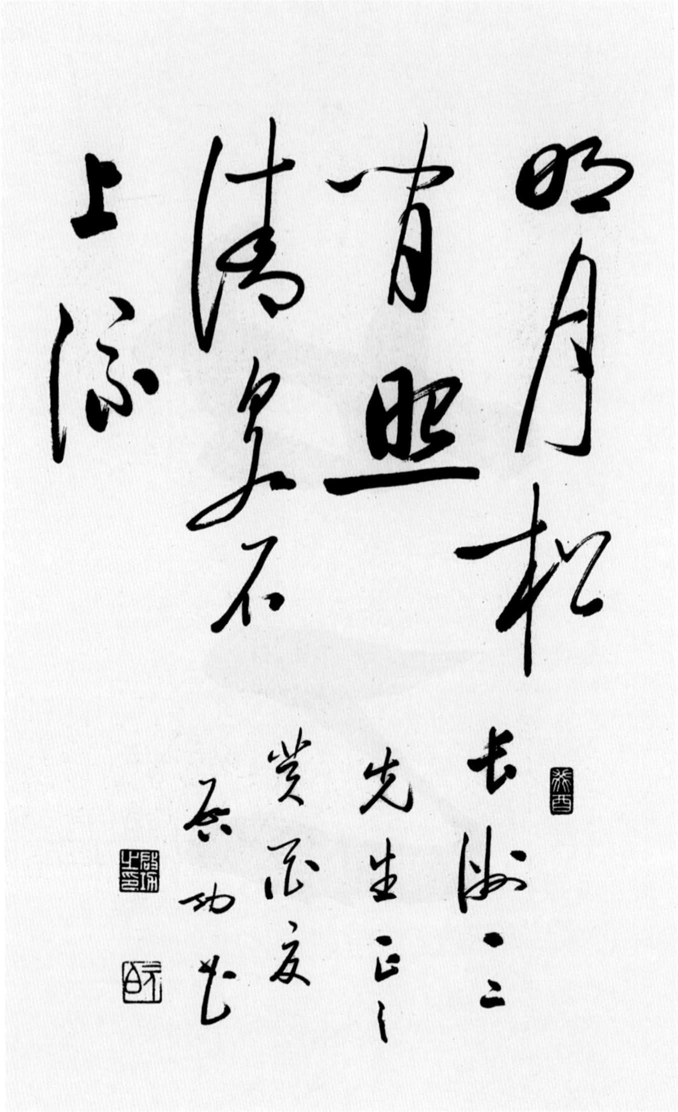

明月松间照
清泉石上流
长洲一二先生正之
癸酉夏
启功书

六月二十三日

星期日
农历甲辰年
五月十八

2024
June
23
Sunday

黄庭坚 作品

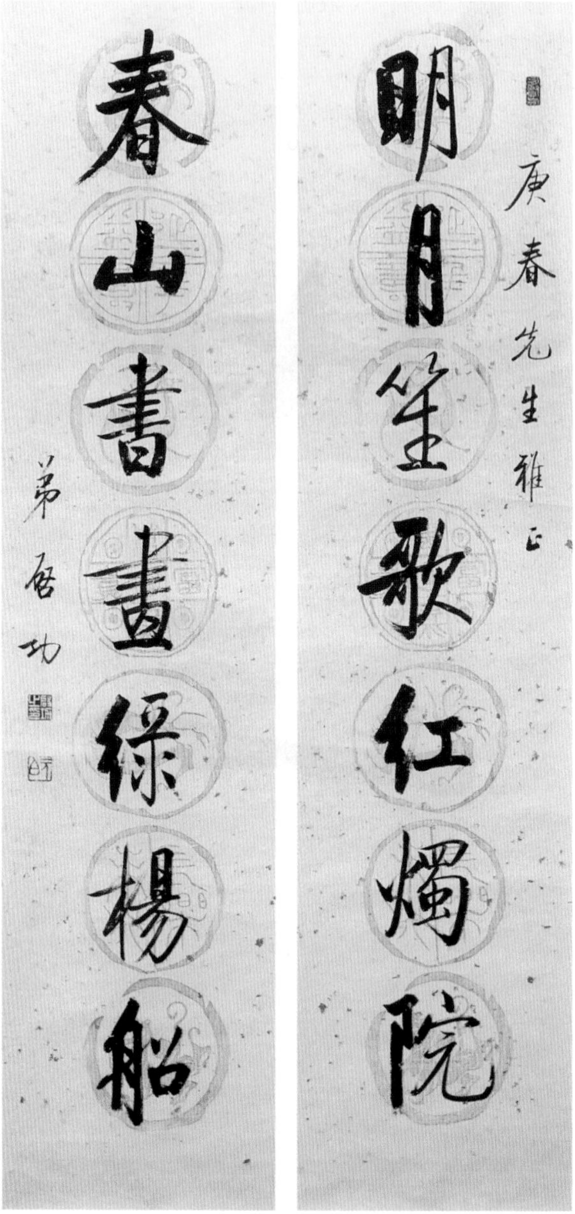

明月笙歌红烛院
春山书画绿杨船
庚春先生雅正
弟启功

六月二十四日

星期一
农历甲辰年
五月十九

2024
June
24
Monday

毛泽东 作品

明月松间照
春风柳上归
癸酉中秋
启功

六月二十五日

星期二
农历甲辰年
五月二十

2024
June
25
Tuesday

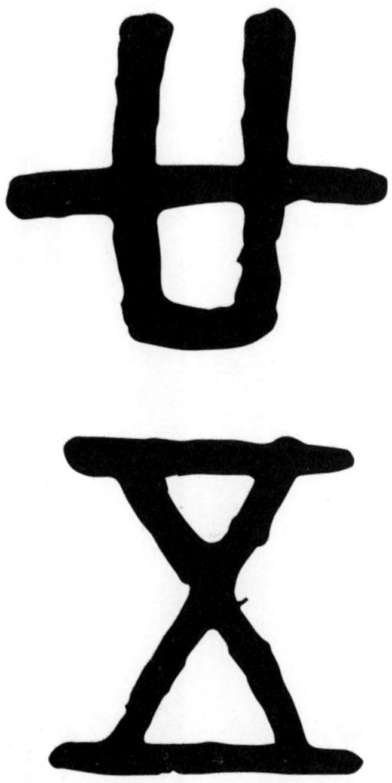

吴大澂 作品

明月照积雪
平畴交远风
启功

六月二十六日

星期三

农历甲辰年

五月廿一

2024

June

26

Wednesday

皇象 作品

莫名其妙从前事
聊胜于无现在身
启功

六月二十七日

星期四
农历甲辰年
五月廿二

2024
June
27
Thursday

王羲之 作品

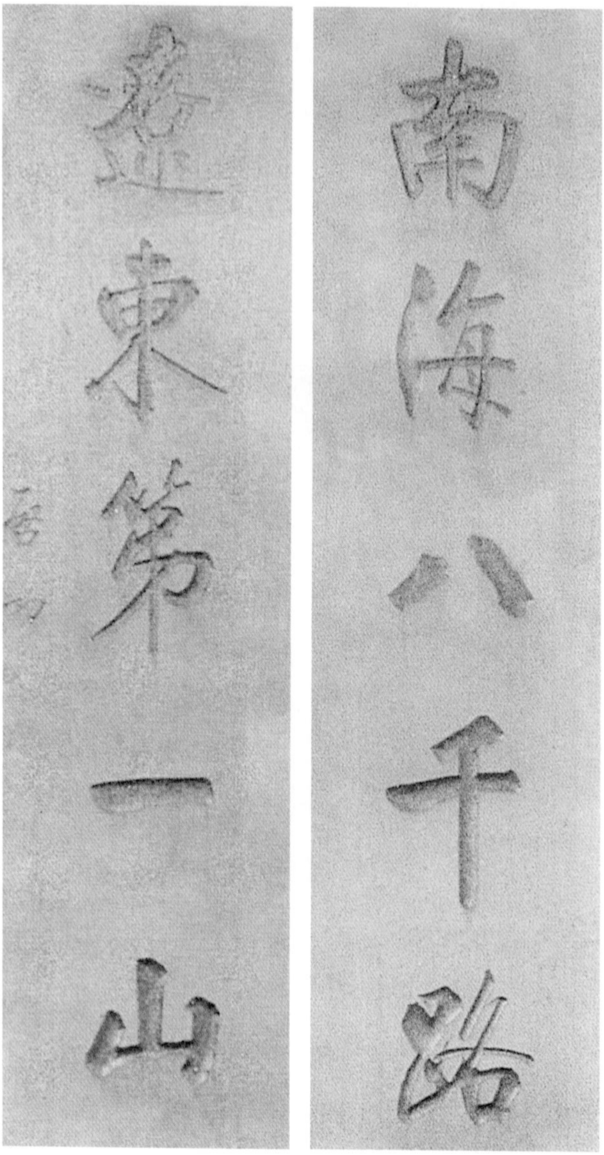

南海八千路
辽东第一山
启功

六月二十八日

星期五
农历甲辰年
五月廿三

2024
June
28
Friday

董其昌 作品

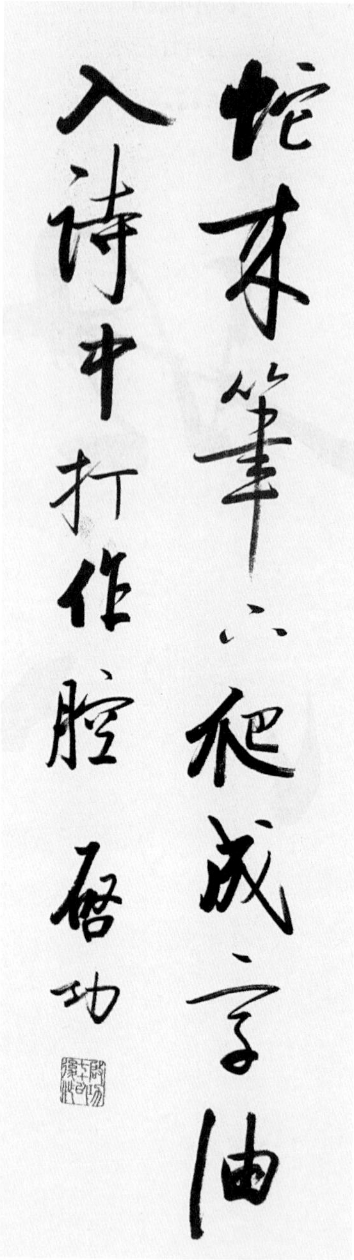

蛇来笔下爬成字
油入诗中打作腔

启功

六月二十九日

星期六
农历甲辰年
五月廿四

2024
June
29
Saturday

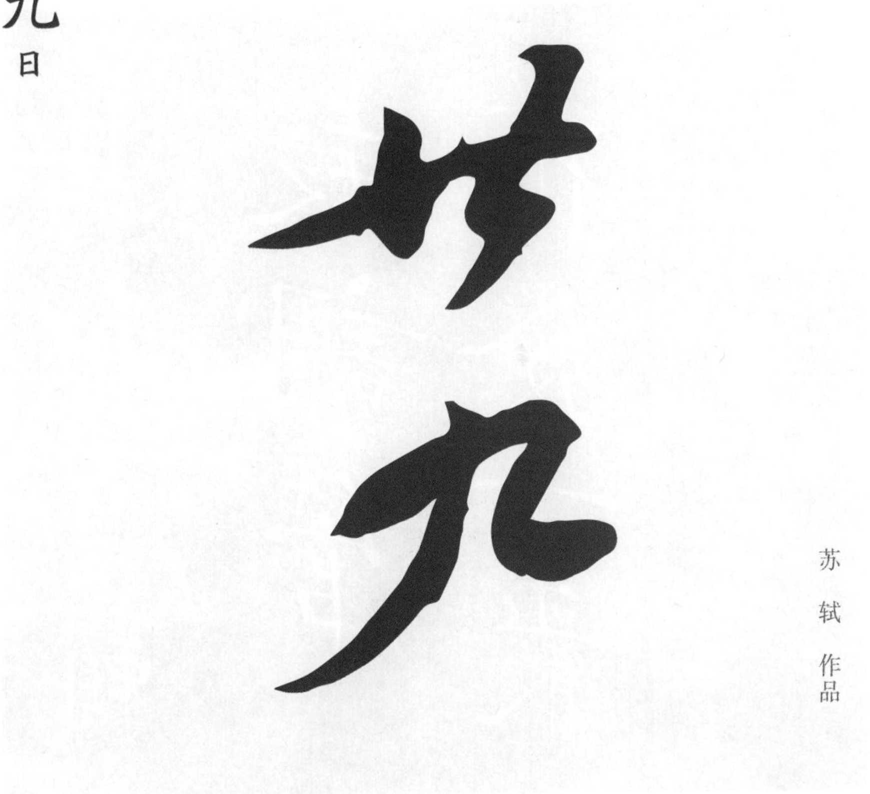

苏轼 作品

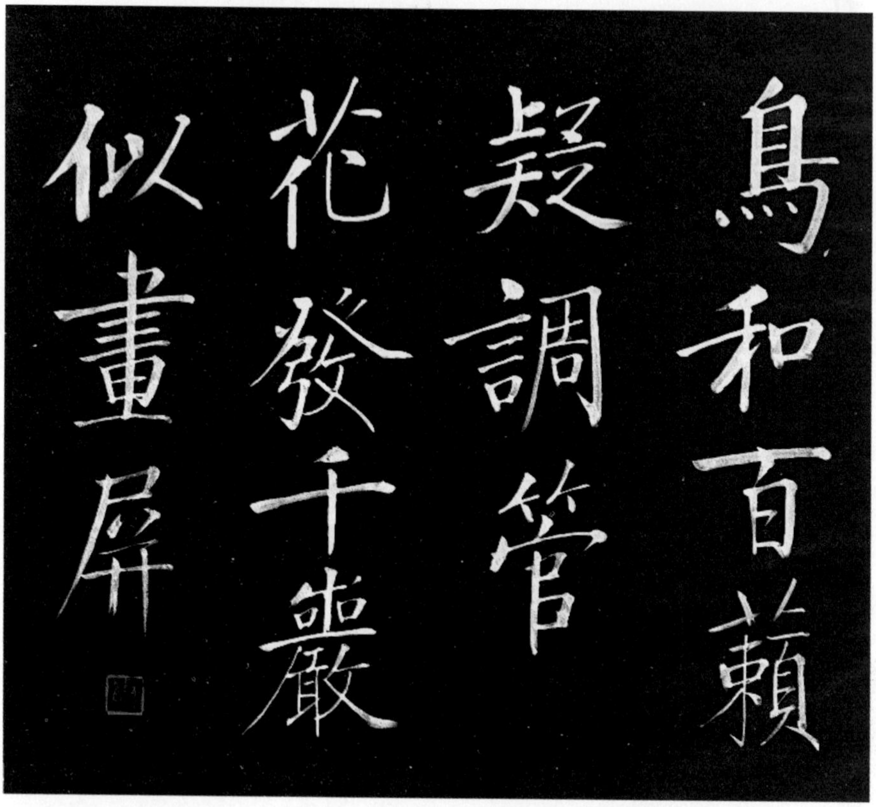
鳥和百籟
疑調管
花發千巖
似畫屏

鸟和百籁疑调管
花发千岩似画屏

六月三十日

星期日
农历甲辰年
五月廿五

2024
June
30
Sunday

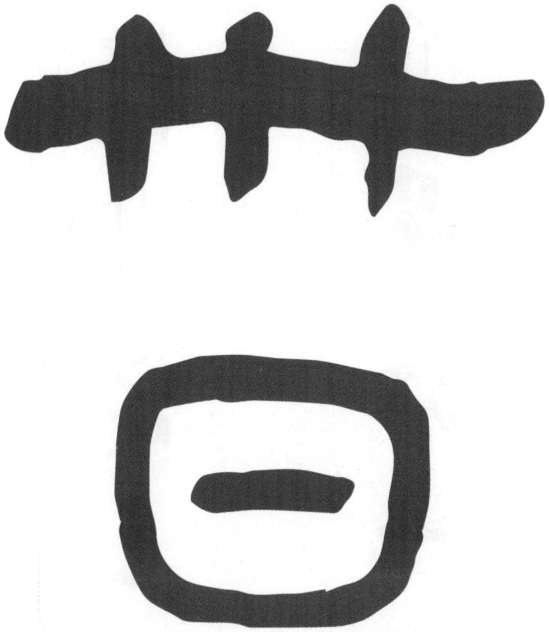

邓石如 作品

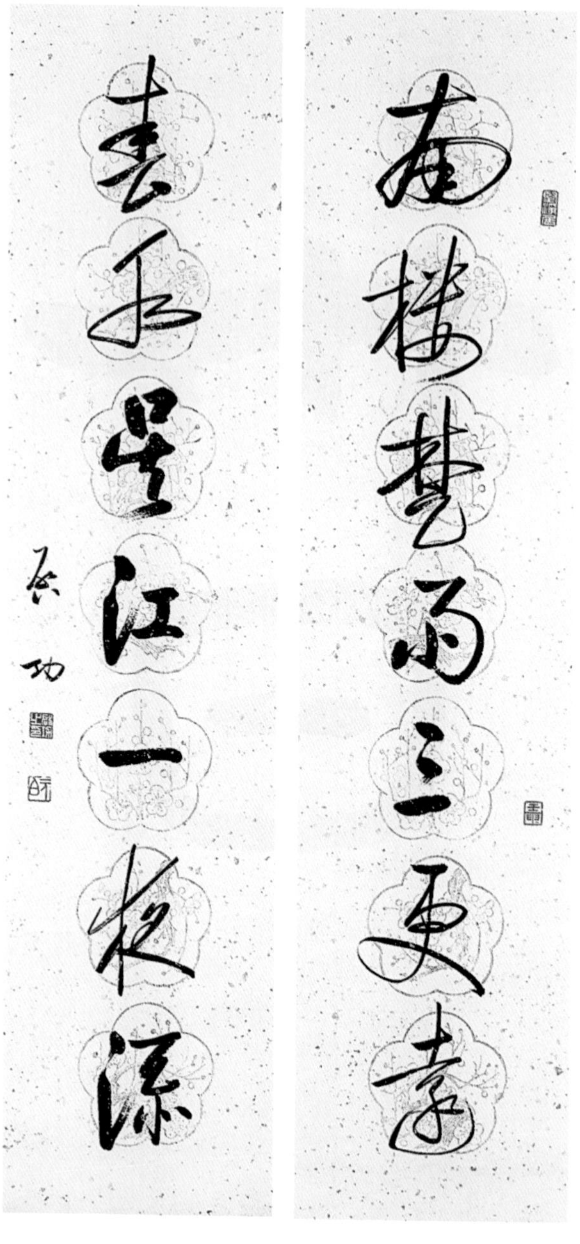

南楼楚雨三更远
春水吴江一夜添

启功

七月一日

星期一
建党节
农历甲辰年
五月廿六

2024
July
1
Monday

索靖作品

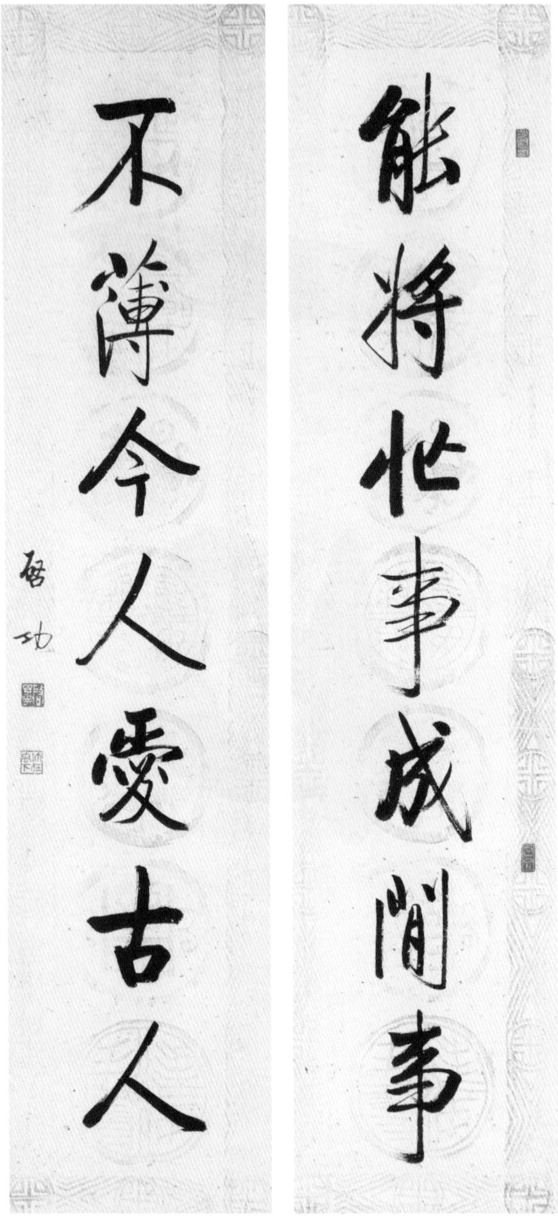

能将忙事成闲事
不薄今人爱古人

启功

七月二日

星期二
农历甲辰年
五月廿七

2024
July
2
Tuesday

褚遂良 作品

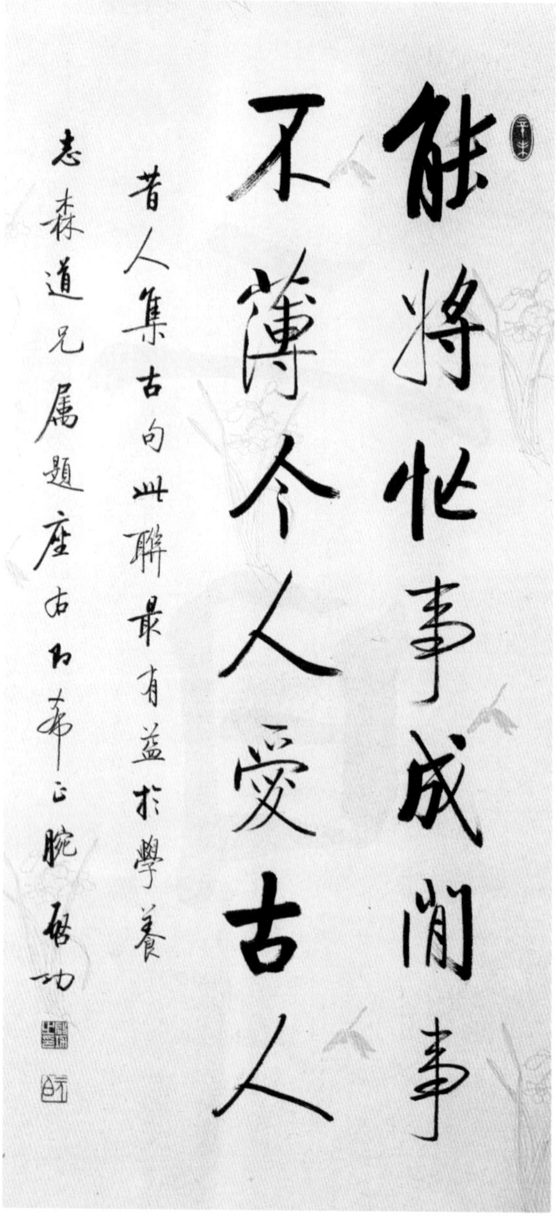

能将忙事成闲事
不薄今人爱古人

昔人集古句　此联最有益于学养
志森道兄属题座右　即希
正腕
启功

七月三日

星期三
农历甲辰年
五月廿八

2024
July
3
Wednesday

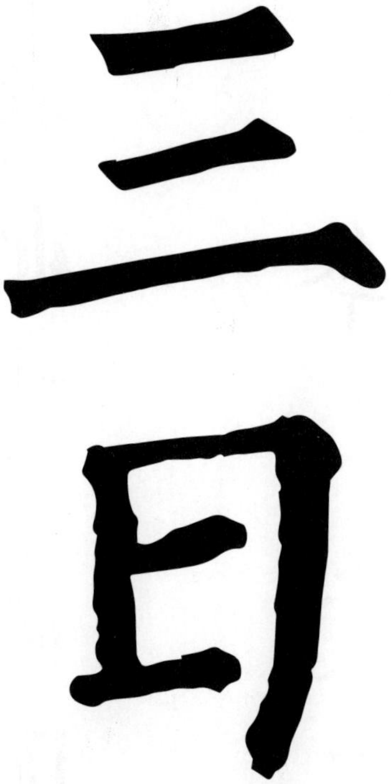

柳公权 作品

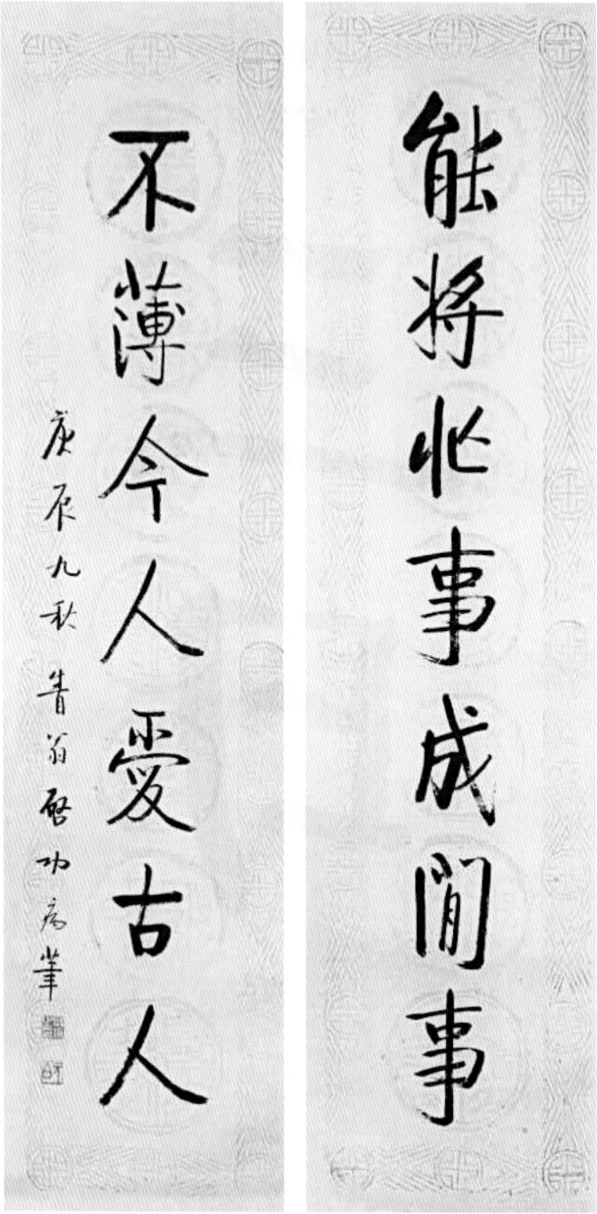

能将忙事成闲事
不薄今人爱古人
庚辰九秋　眚翁启功病笔

七月四日

星期四
农历甲辰年
五月廿九

2024
July
4
Thursday

四日

虞世南 作品

能与诸贤齐品目
不将世故系情怀

启功

七月五日

星期五
农历甲辰年
五月三十

2024
July
5
Friday

颜真卿 作品

石鼎夜联诗笔健
布囊春醉酒钱粗
启功

七月六日

星期六
农历甲辰年
六月初一

2024
July
6
Saturday

小暑

启功 作品

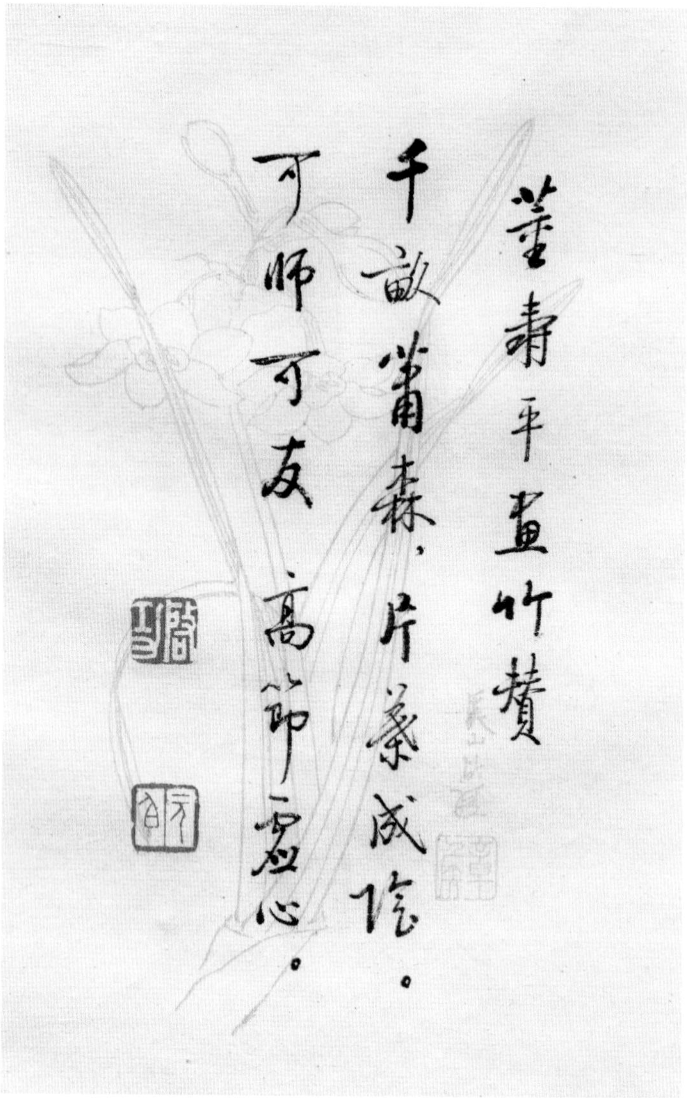

千亩萧森　片叶成阴
可师可友　高节虚心

董寿平画竹赞

七月七日

星期日

农历甲辰年

六月初二

2024

July

7

Sunday

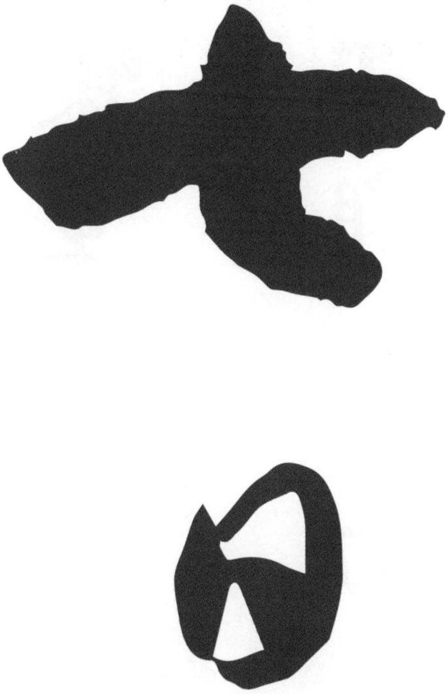

智永 作品

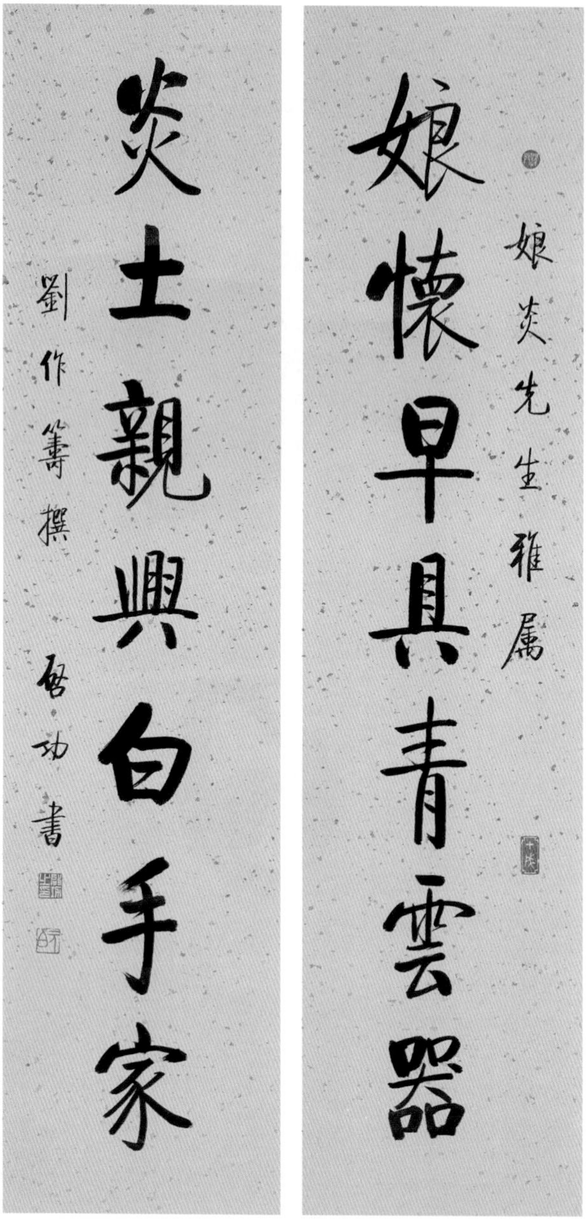

娘怀早具青云器
炎土亲兴白手家
娘炎先生雅属
刘作筹撰
启功书

七月八日

星期一

农历甲辰年

六月初三

2024
July
8
Monday

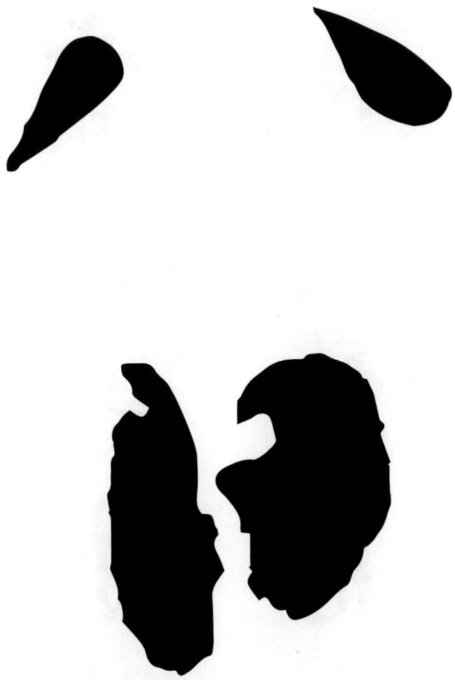

怀素作品

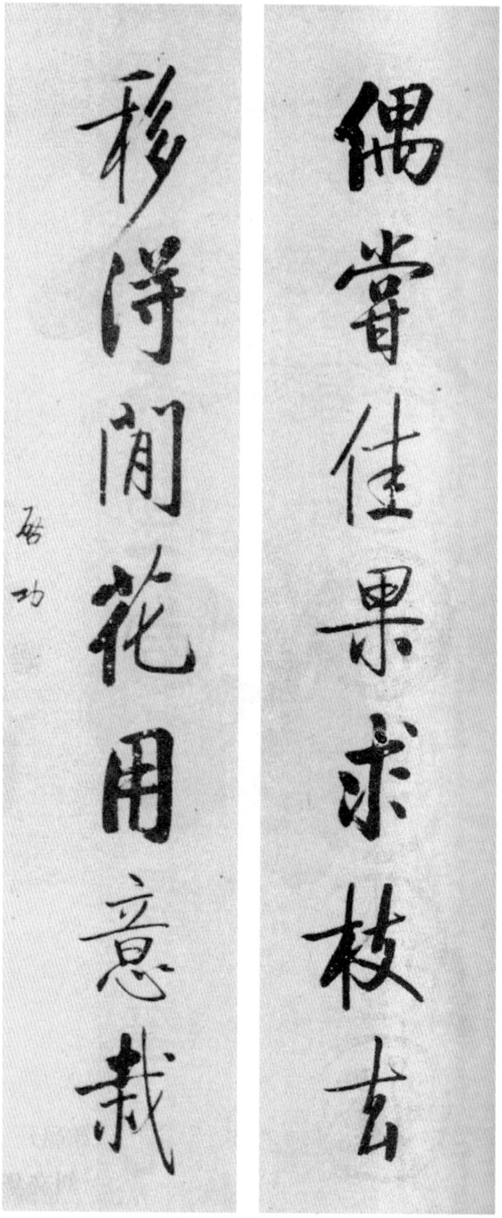

偶尝佳果求枝去
移得闲花用意栽
启功

七月九日

星期二
农历甲辰年
六月初四

2024
July
9
Tuesday

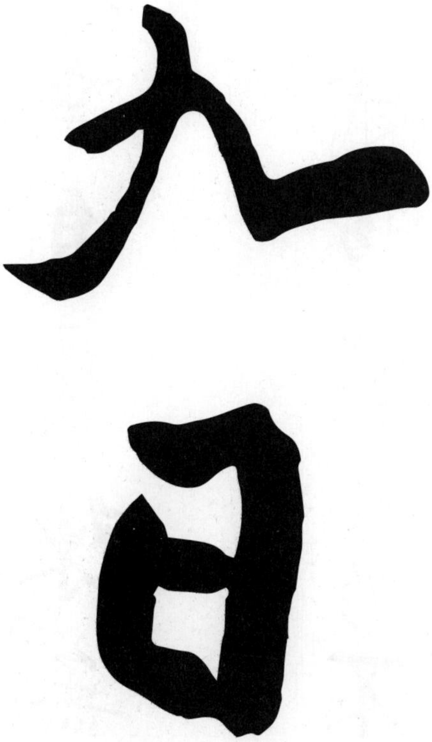

黄庭坚 作品

篇章自爱陈无已
经义多推隽不疑
万雄先生雅正
李侃赠　启功书

七月十日

星期三

农历甲辰年

六月初五

2024

July

10

Wednesday

文徵明 作品

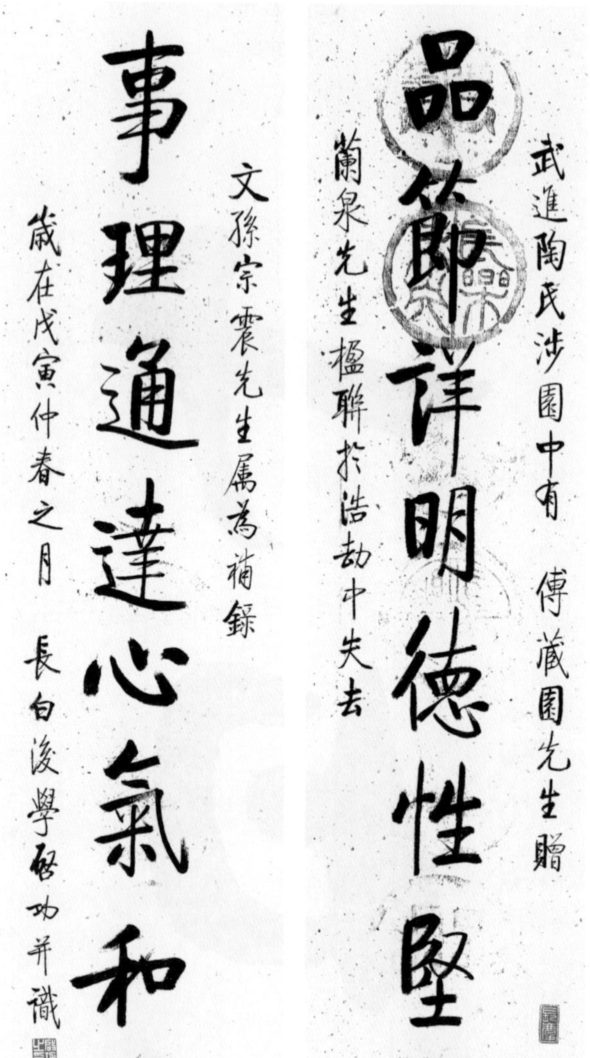
品節詳明德性堅定
武進陶氏涉園中有　傅藏園先生贈
蘭泉先生楹聯於浩劫中失去
事理通達心氣和平
文孫宗震先生屬為補錄
歲在戊寅仲春之月　長白後學啟功并識

品节详明德性坚定
事理通达心气和平

武进陶氏涉园中有　傅藏园先生赠
兰泉先生楹联于浩劫中失去
文孙宗震先生属为补录
岁在戊寅仲春之月　长白后学启功并识

七月十一日

星期四
农历甲辰年
六月初六

2024
July
11
Thursday

王羲之 作品

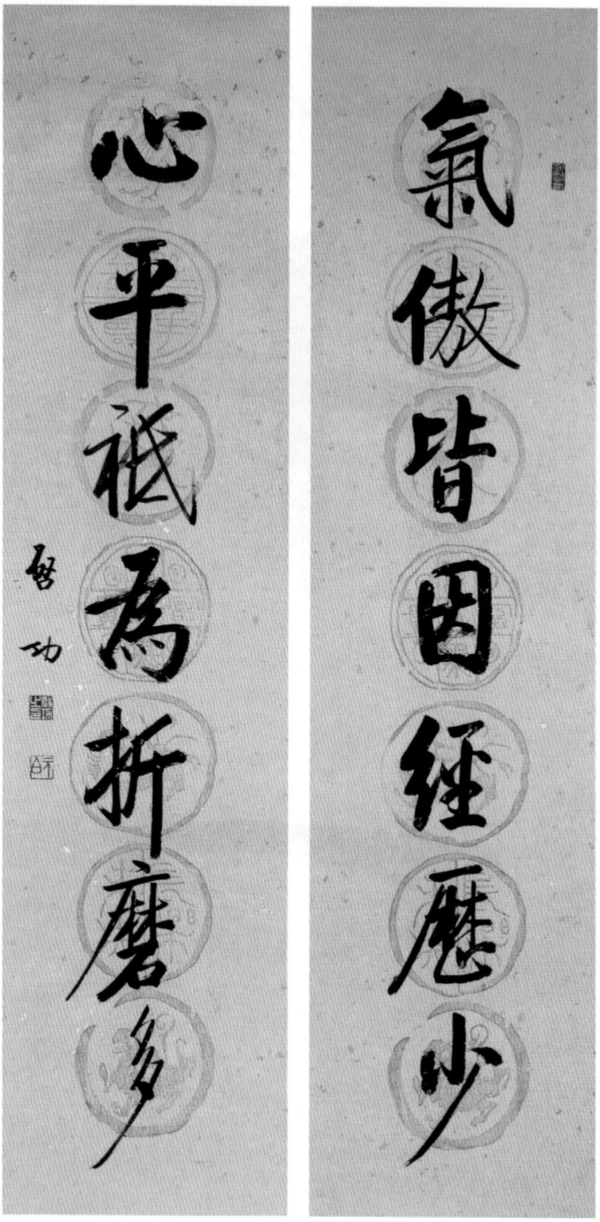

气傲皆因经历少
心平只为折磨多
启功

七月十二日

星期五
农历甲辰年
六月初七

2024
July
12
Friday

赵孟頫 作品

似兰斯馨
如松之盛
勉达先生留念
启功

七月十三日

星期六

农历甲辰年

六月初八

2024
July
13
Saturday

王献之 作品

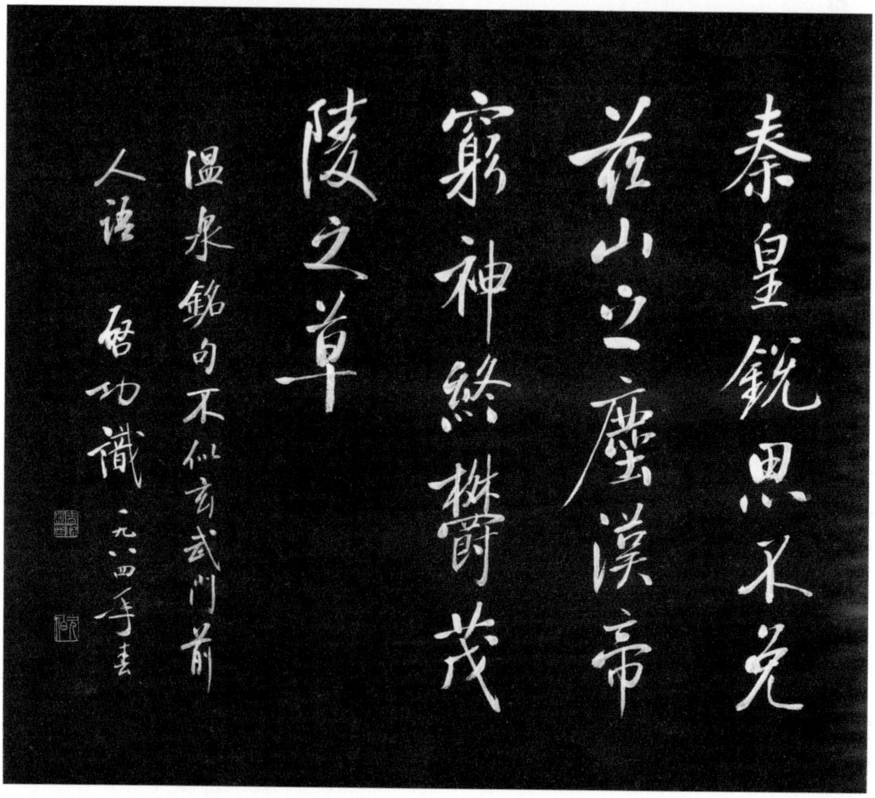

秦皇锐思　不免兹山之尘
汉帝穷神　终郁茂陵之草

温泉铭句　不似玄武门前人语
启功识　一九八四年春

七月十四日

星期日

农历甲辰年

六月初九

2024

July

14

Sunday

颜真卿 作品

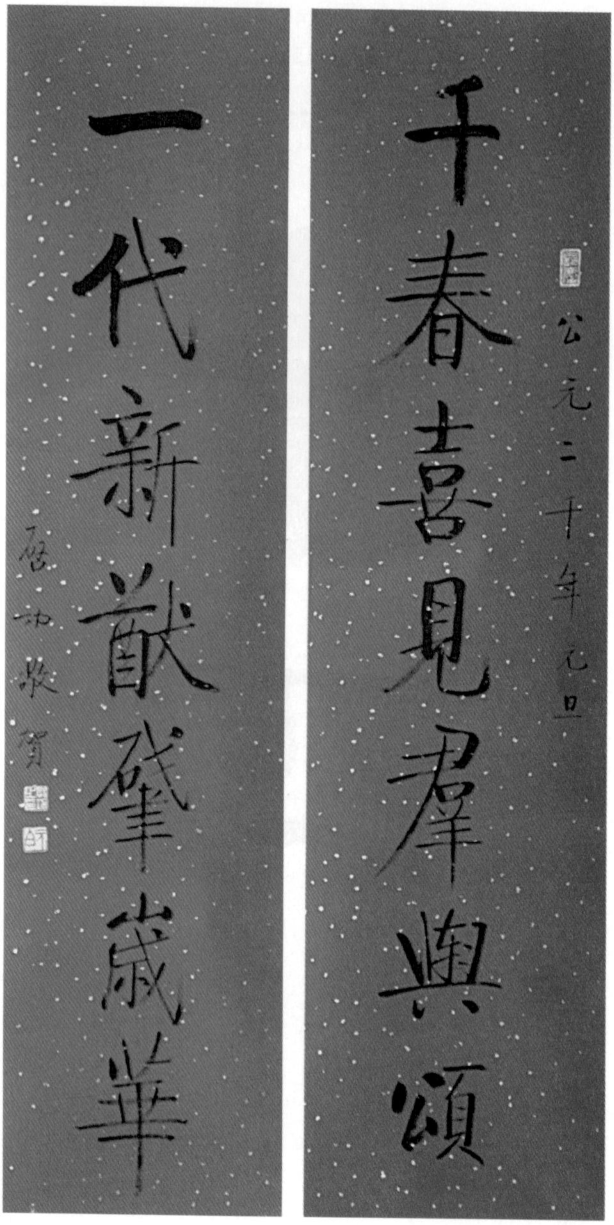

千春喜见群舆颂
一代新献肇岁华
公元二千年元旦
启功敬贺

七月十五日

星期一
农历甲辰年
六月初十

2024
July
15
Monday

米芾作品

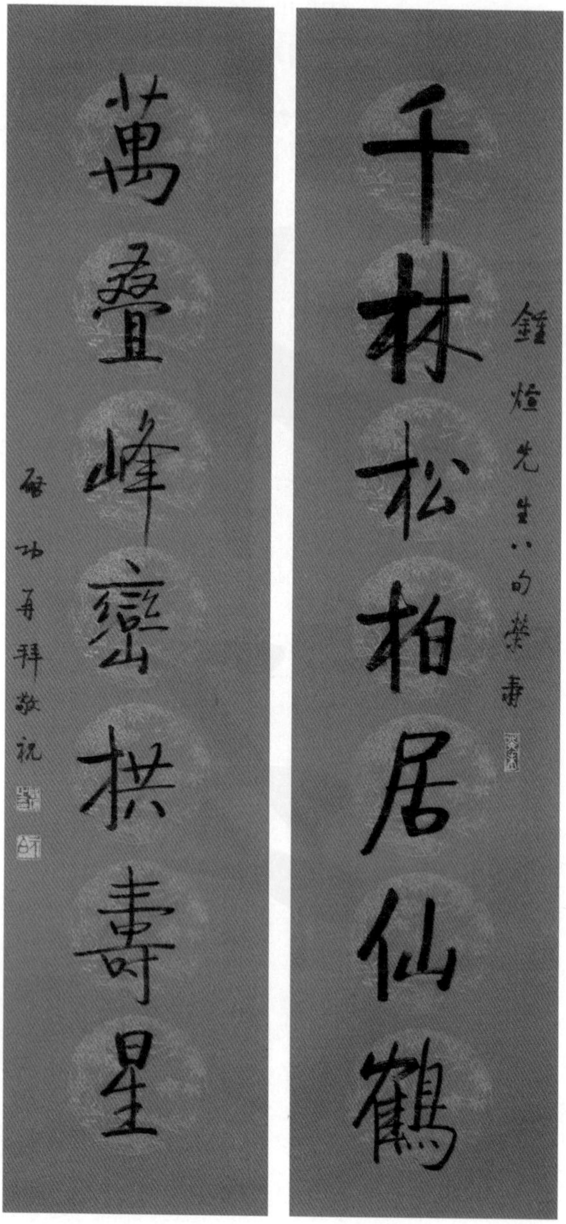

千林松柏居仙鹤
万叠峰峦拱寿星
钟煊先生八旬荣寿
启功再拜敬祝

七月十六日

星期二

农历甲辰年

六月十一

2024

July

16

Tuesday

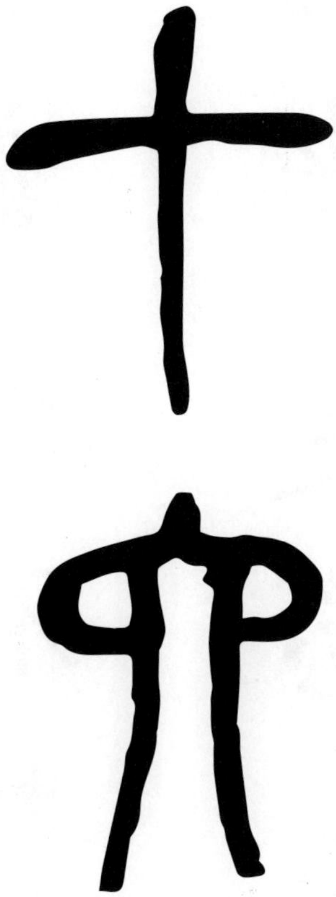

吴昌硕 作品

琴高缘不鼓
松老是忘年
启功　八十又七

七月十七日

星期三
农历甲辰年
六月十二

2024
July
17
Wednesday

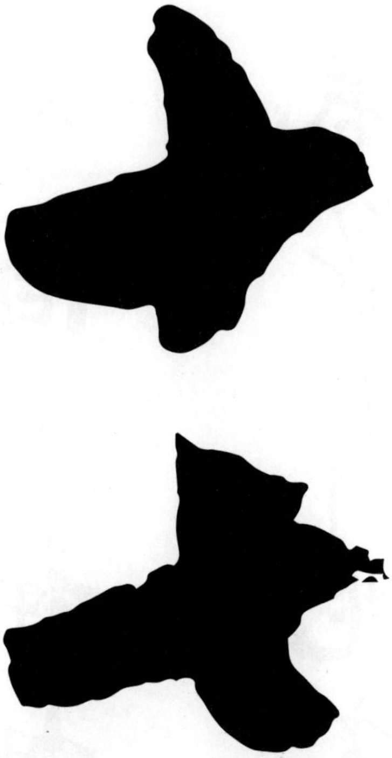

蔡襄作品

琴心酒趣神相会
和气欢声兆有年
思宗先生方家雅正
菊饮翁集宋句
启功

七月十八日

星期四
农历甲辰年
六月十三

2024
July
18
Thursday

张旭作品

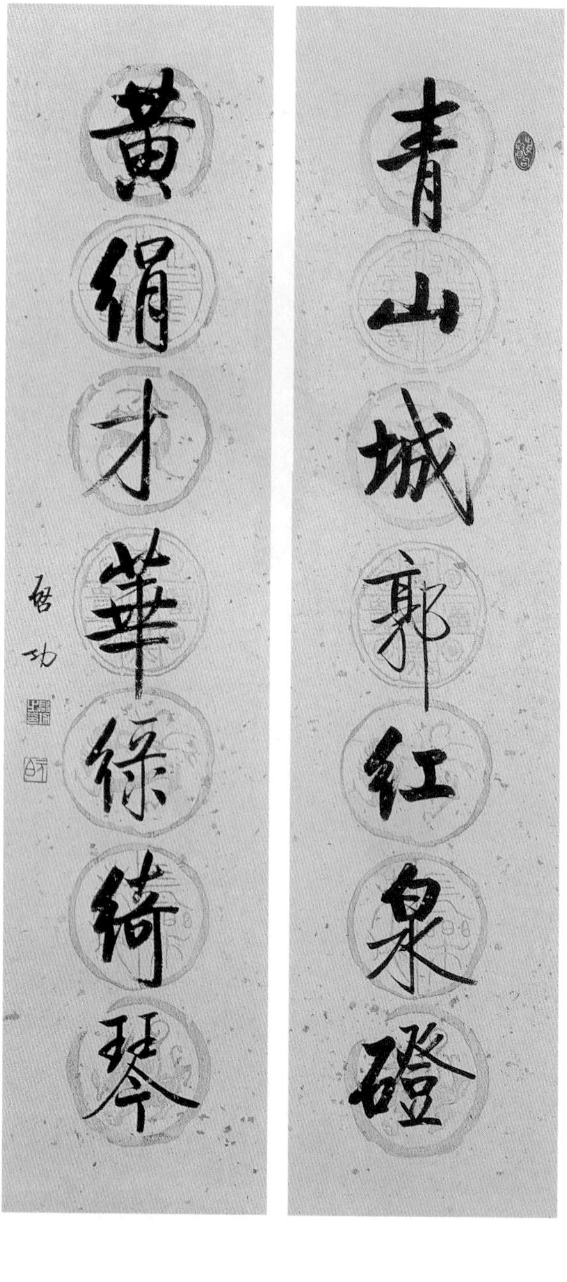

青山城郭红泉磴
黄绢才华绿绮琴

启功

七月十九日

星期五

农历甲辰年

六月十四

2024

July

19

Friday

十九

欧阳询 作品

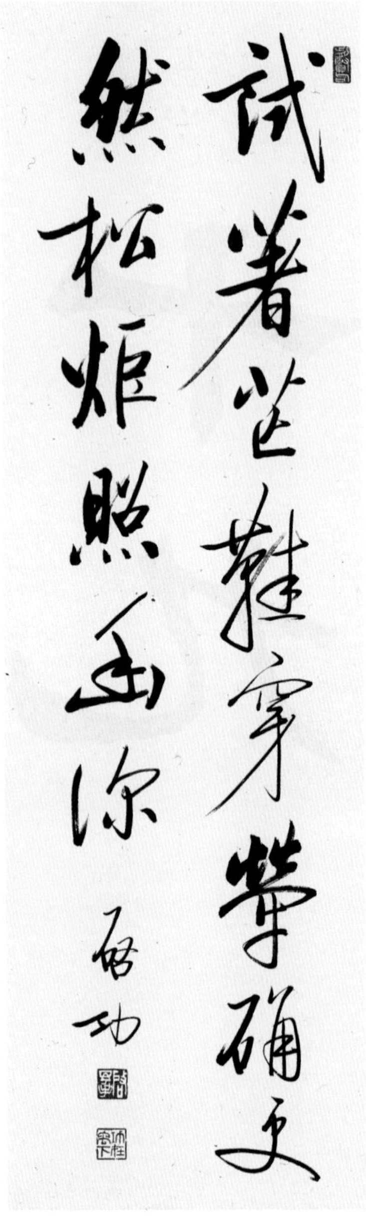

试著芒鞋穿荦确
更然松炬照幽深
启功

七月二十日

星期六

农历甲辰年

六月十五

2024

July

20

Saturday

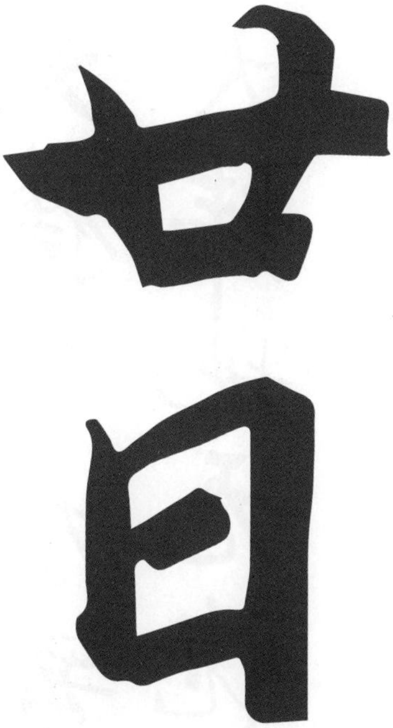

陆柬之 作品

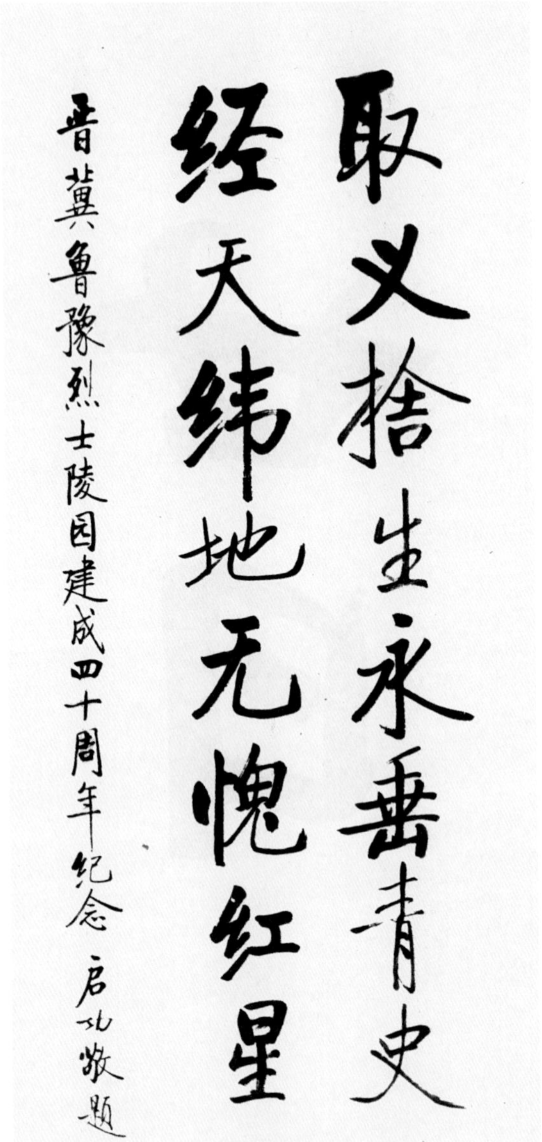
取义捨生永垂青史
经天纬地无愧红星
晋冀鲁豫烈士陵园建成四十周年纪念
启功敬题

取义舍生永垂青史
经天纬地无愧红星

晋冀鲁豫烈士陵园建成
四十周年纪念
启功敬题

七月二十一日

星期日
农历甲辰年
六月十六

2024
July
21
Sunday

王宠 作品

青山城郭红泉磴
黄绢才华绿绮琴
庆桐同志正腕
启功

七月二十二日

星期一
农历甲辰年
六月十七

2024
July
22
Monday

大暑

启功作品

清白为人
正直传家
戊辰夏日
启功

七月二十三日

星期二
农历甲辰年
六月十八

2024
July
23
Tuesday

廿三

黄庭坚 作品

琼楼玉树花长好
金镜珠囊鹤同春

启功

七月二十四日

星期三
农历甲辰年
六月十九

2024
July
24
Wednesday

毛泽东 作品

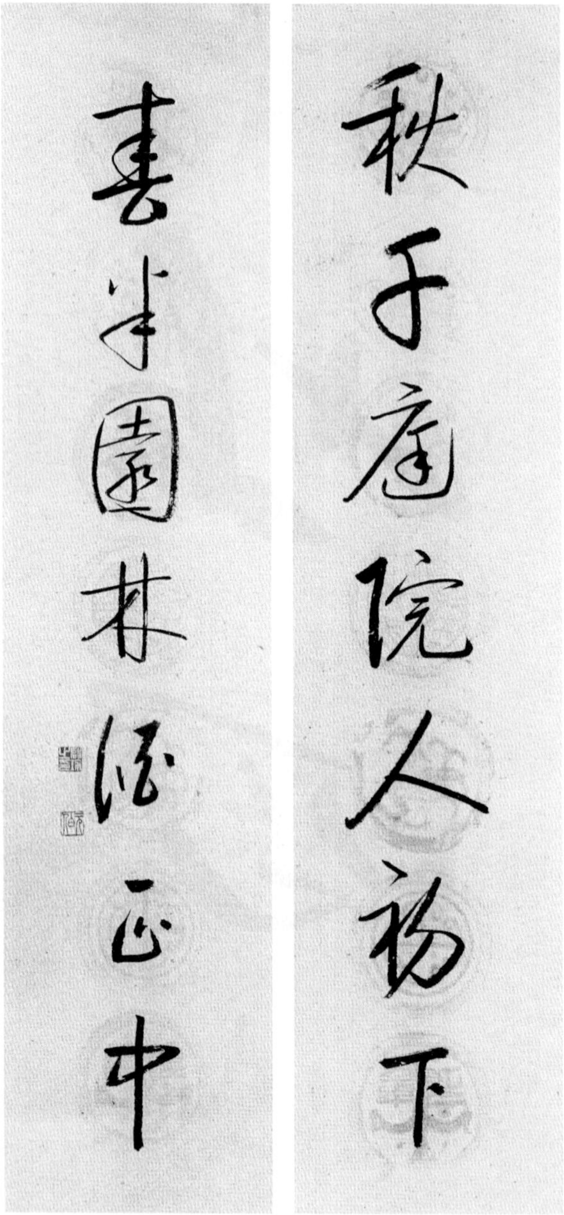

秋千庭院人初下
春半园林酒正中

七月二十五日

星期四

农历甲辰年

六月二十

2024
July
25
Thursday

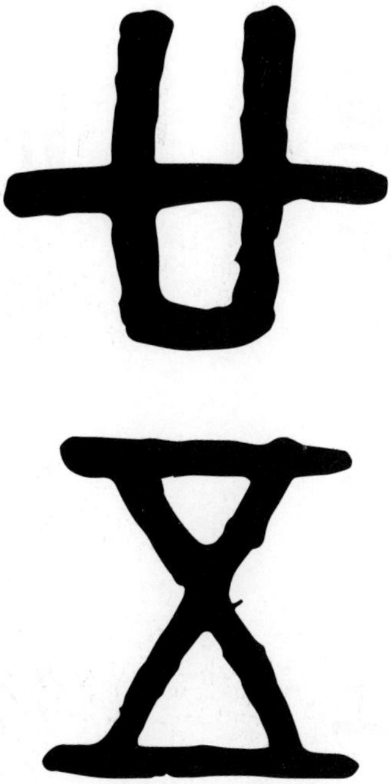

吴大澂 作品

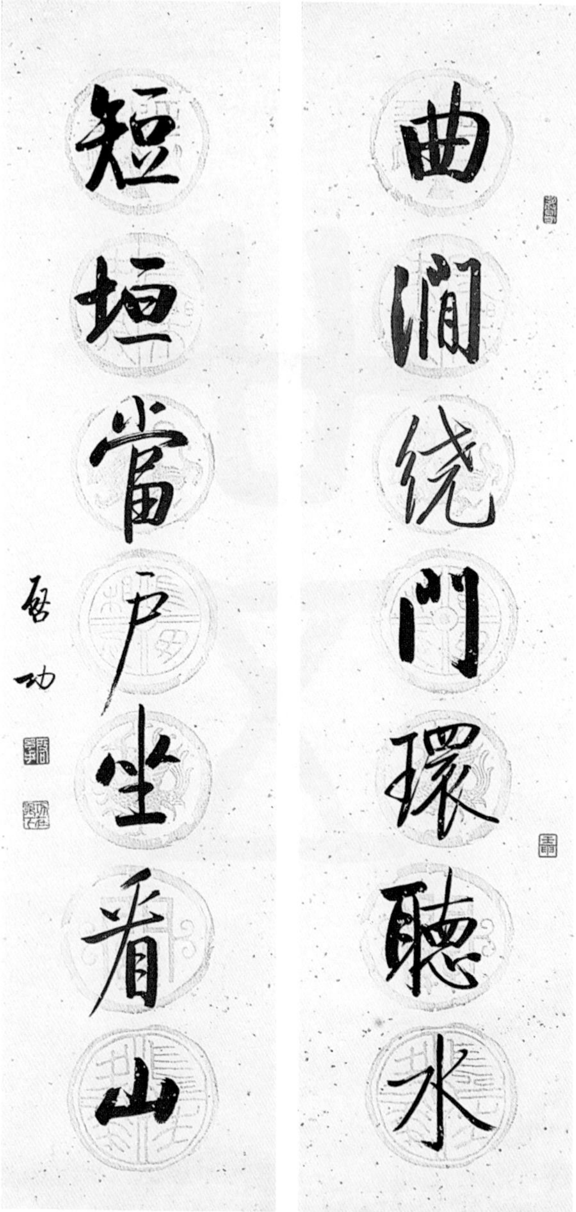

曲涧绕门环听水
短垣当户坐看山

启功

七月二十六日

星期五

农历甲辰年

六月廿一

2024

July

26

Friday

皇象作品

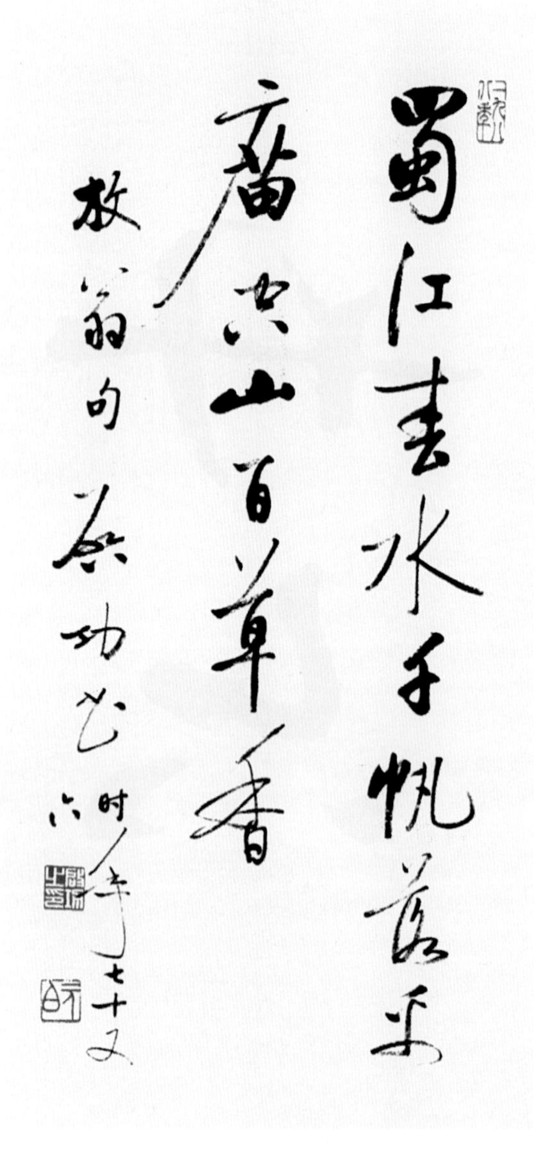

蜀江春水千帆落
禹庙空山百草香
放翁句　启功书　时年
七十又六

七月二十七日

星期六
农历甲辰年
六月廿二

2024
July
27
Saturday

王羲之 作品

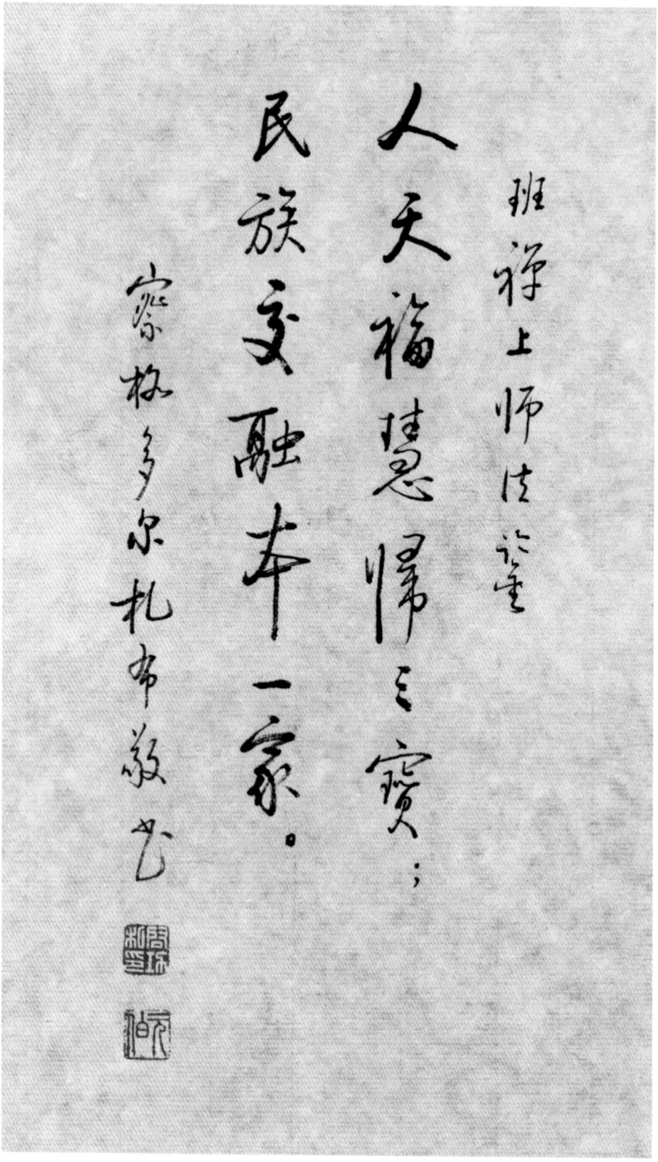

人天福慧归三宝
民族交融本一家

班禅上师法鉴
察格多尔札布敬书

七月二十八日

星期日

农历甲辰年

六月廿三

2024

July

28

Sunday

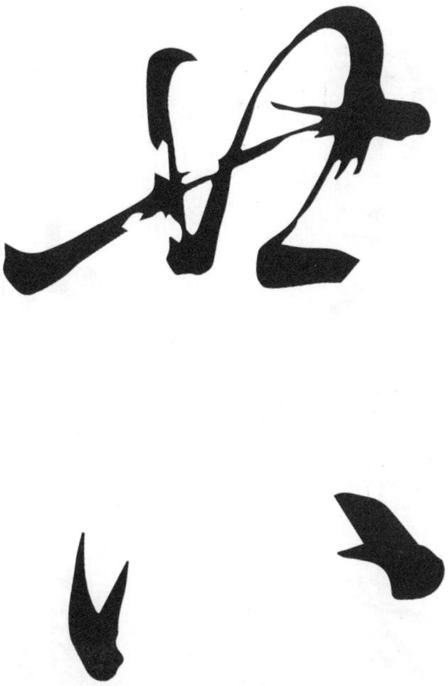

董其昌 作品

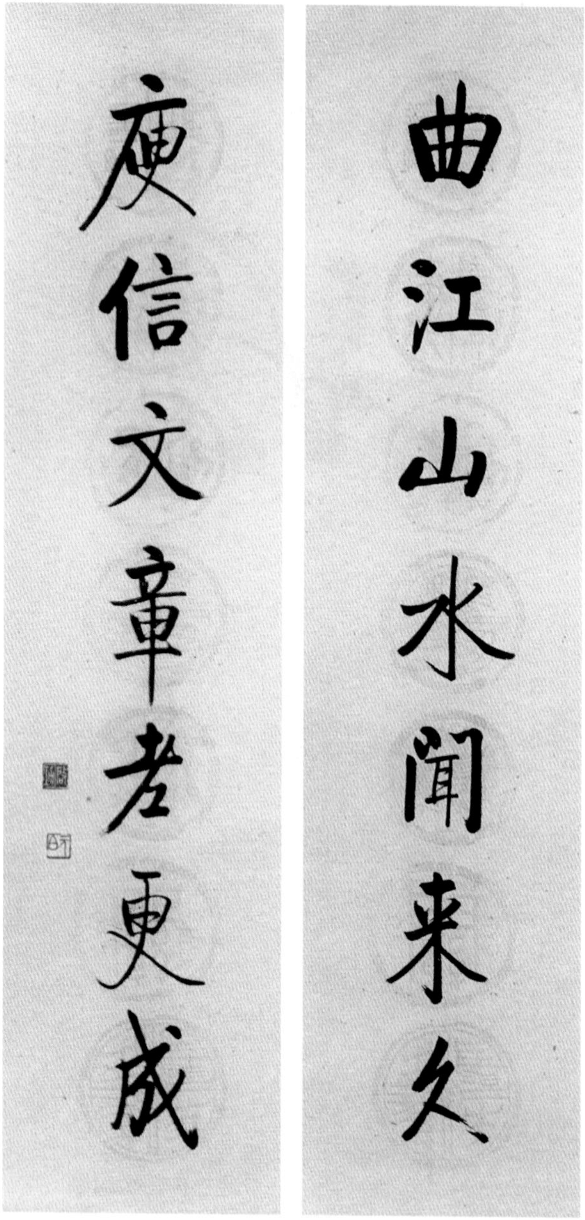

曲江山水闻来久
庾信文章老更成

七月二十九日

星期一
农历甲辰年
六月廿四

2024
July
29
Monday

苏轼作品

燃藜高阁传金薤
立雪名山勒石渠

振祎老兄世先生铁笔宗法秦汉　传薪于刘博琴先生　惠治数石　具见法乳　书此奉贻　即希正腕　时在一九八七年初冬　漱阴题雪秉烛拈此　老壬启功并识于坚净居

七月三十日

星期二

农历甲辰年

六月廿五

2024
July
30
Tuesday

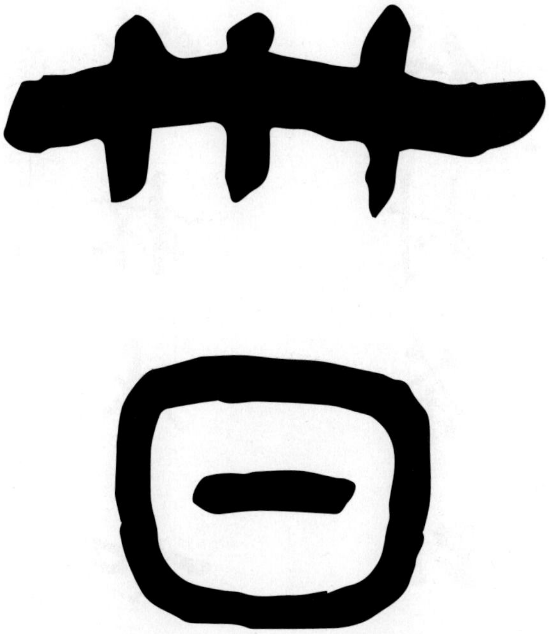

邓石如 作品

若能杯水如名淡
应信村茶比酒香
湜华我兄属书鬓翁句
一九七六年冬
启功

七月三十一日

星期三
农历甲辰年
六月廿六

2024
July
31
Wednesday

赵孟頫 作品

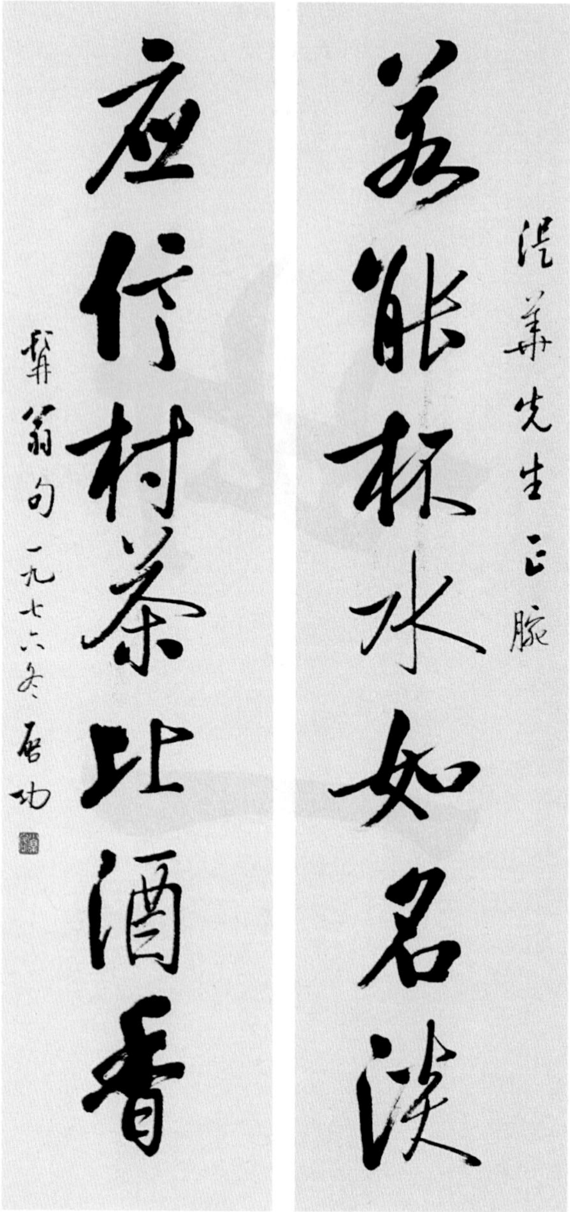

若能杯水如名淡
应信村茶比酒香

湜华先生正腕
髯翁句　一九七六冬
启功

八月一日

星期四
建军节
农历甲辰年
六月廿七

2024
August
1
Thursday

索靖作品

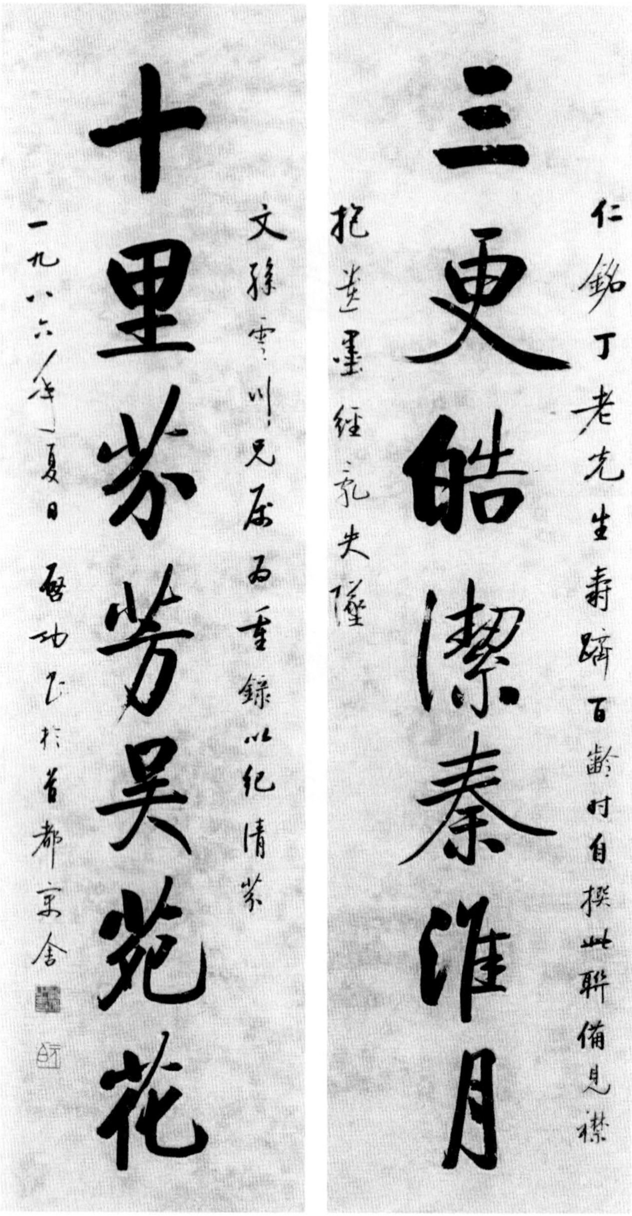

三更皓洁秦淮月
十里芬芳吴苑花

仁铭丁老先生寿跻百龄时自撰此联 备见襟抱 遗墨经乱失坠 文孙云川兄属为重录 以纪清芬
一九八六年夏日 启功书于首都寓舍

八月二日

星期五
农历甲辰年
六月廿八

2024
August
2
Friday

褚遂良 作品

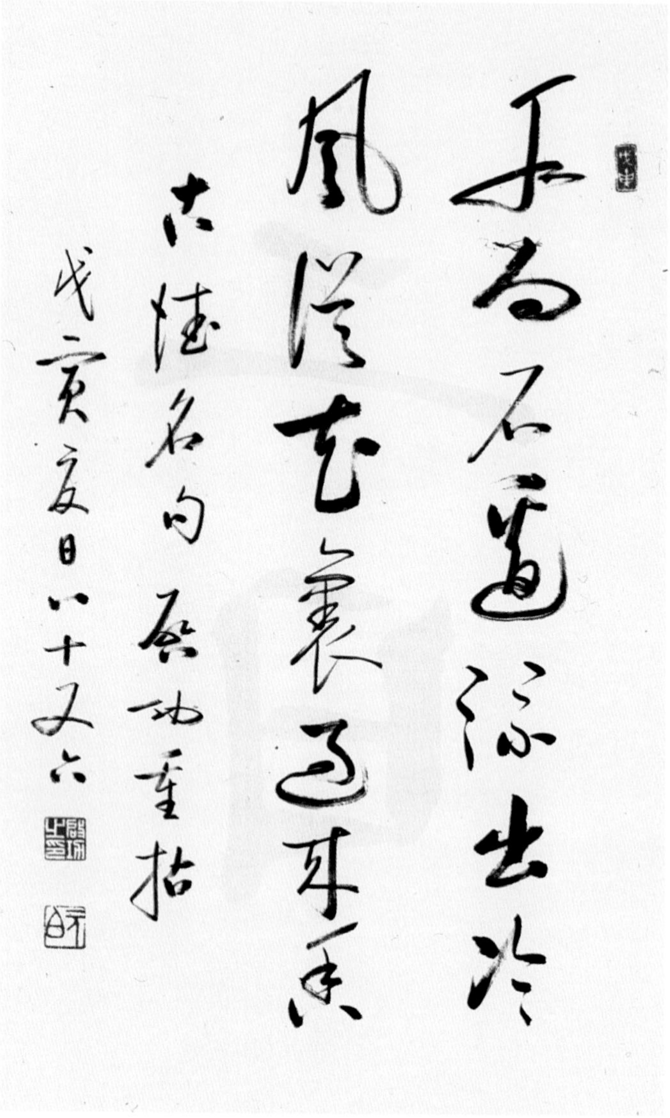

水向石边流出冷
风从花里过来香
古德名句　启功重拈
戊寅夏日八十又六

八月三日

星期六
农历甲辰年
六月廿九

2024
August
3
Saturday

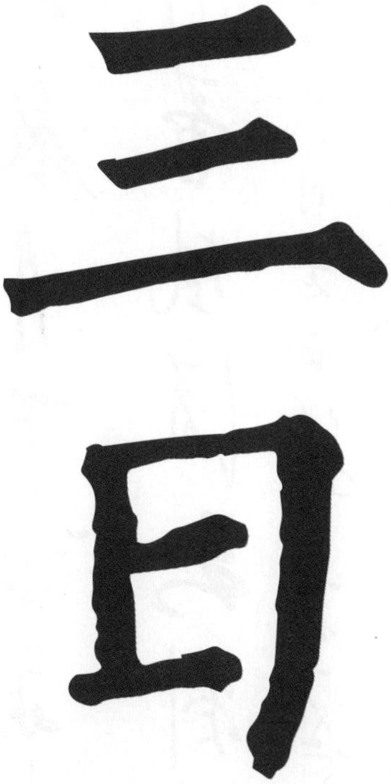

柳公权 作品

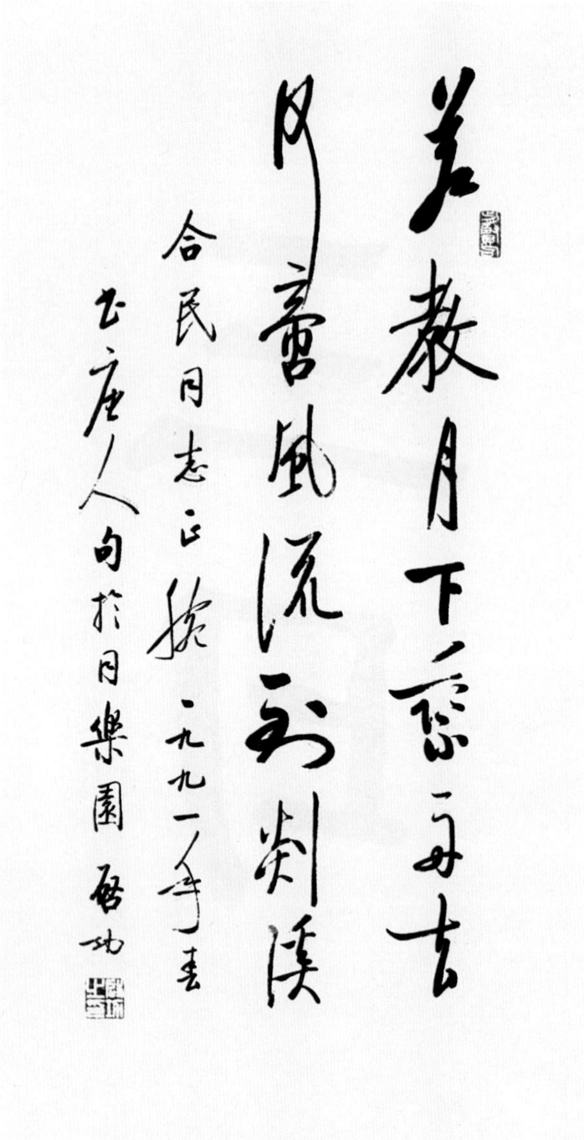

若教月下乘舟去
何啻风流到剡溪

合民同志正腕　一九九一年春
书唐人句于同乐园
启功

八月四日

星期日
农历甲辰年
七月初一

2024
August
4
Sunday

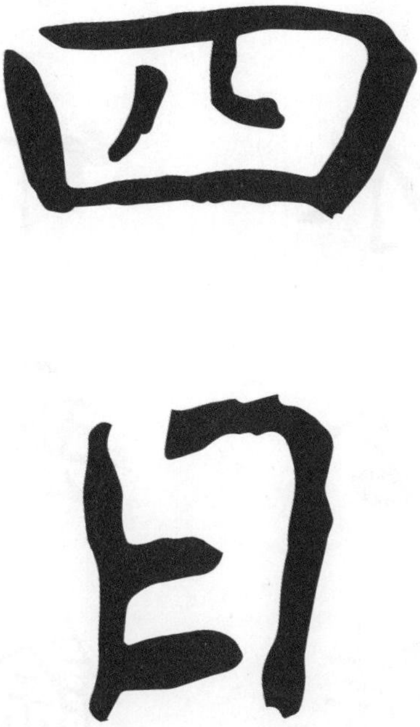

虞世南 作品

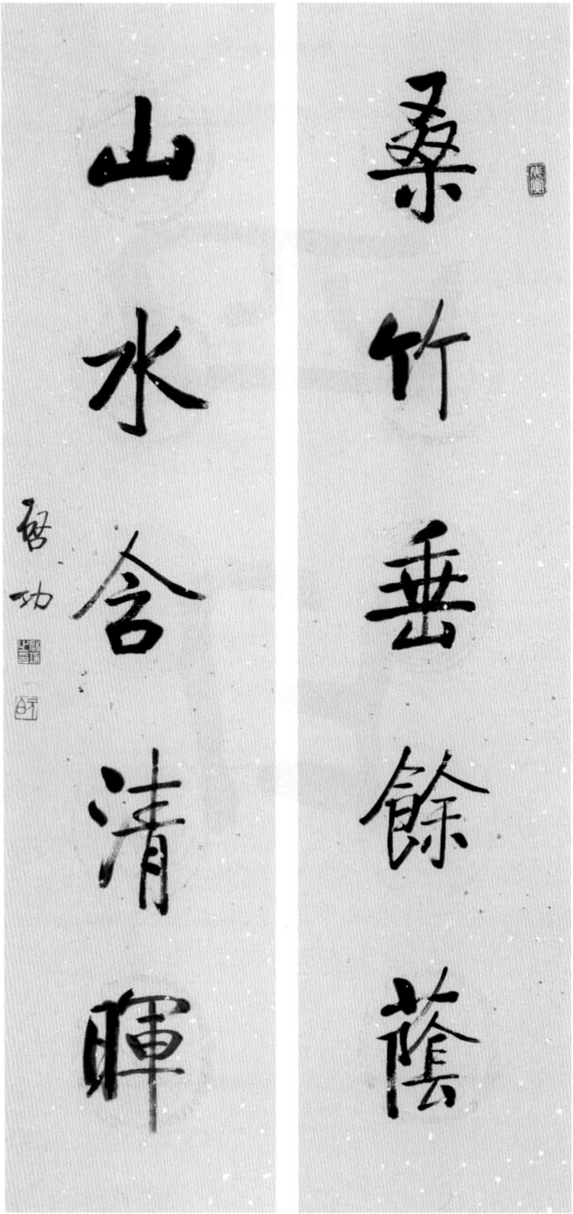

桑竹垂余荫
山水含清晖
启功

八月五日

星期一
农历甲辰年
七月初二

2024
August
5
Monday

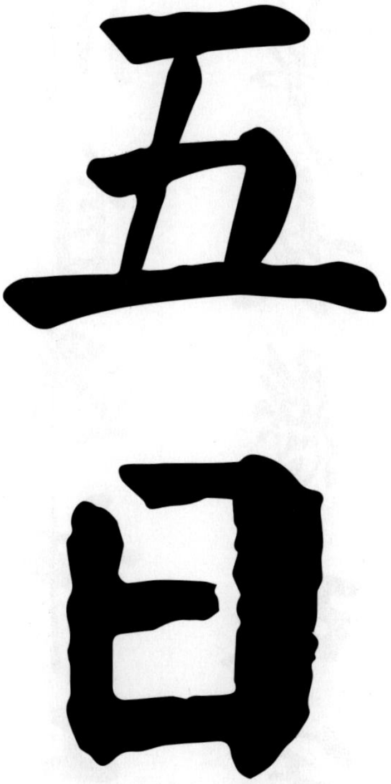

颜真卿 作品

山川自遜神工筆
魂夢長懸故宅心
内江張大千先生纪念館
珠申啓功拜撰并書

山川自逊神工笔
魂梦长悬故宅心
内江张大千先生纪念馆
珠申启功拜撰并书

八月六日

星期二
农历甲辰年
七月初三

2024
August
6
Tuesday

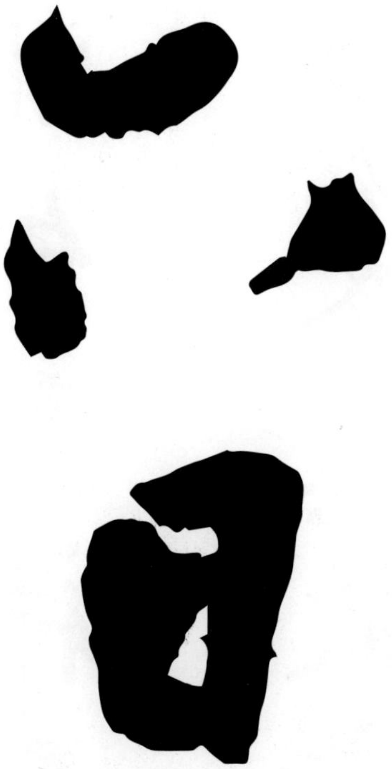

王铎作品

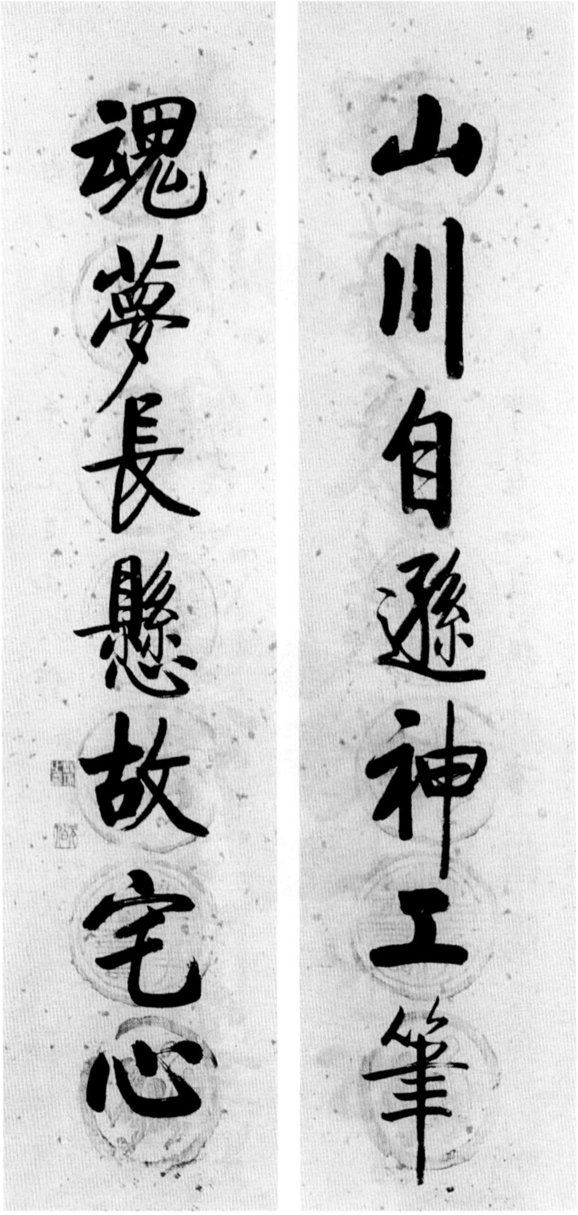
山川自遜神工筆
魂夢長懸故宅心

山川自逊神工笔
魂梦长悬故宅心

八月七日

星期三
农历甲辰年
七月初四

2024
August
7
Wednesday

立秋

启功作品

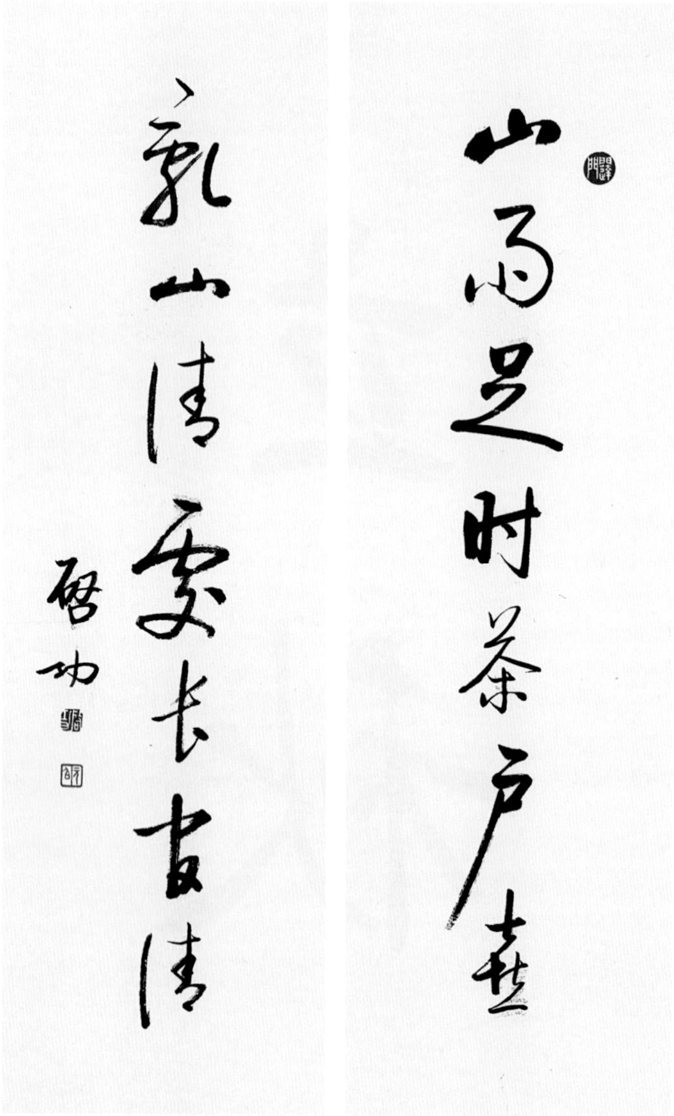

山雨足时茶户喜
乱山清处长官清

启功

八月八日

星期四
农历甲辰年
七月初五

2024
August
8
Thursday

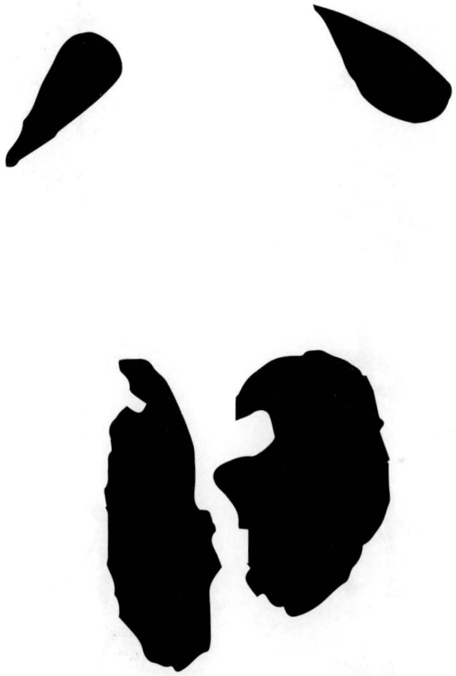

怀素作品

蛇来笔下爬成字
油入诗中打作腔

启功

八月九日

星期五

农历甲辰年

七月初六

2024

August

9

Friday

黄庭坚 作品

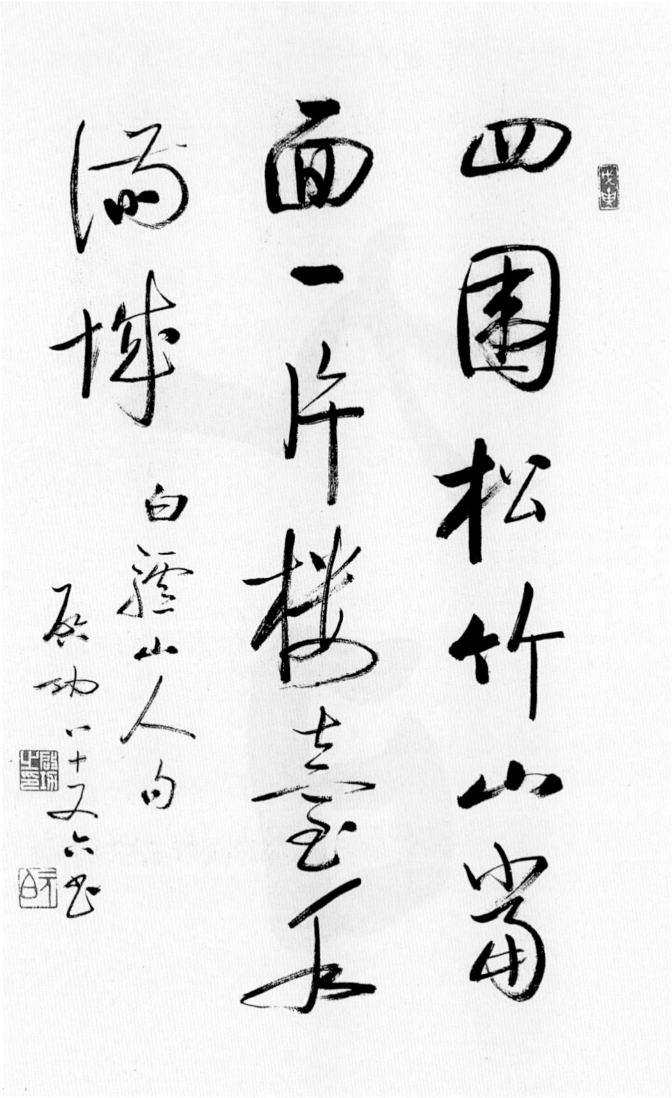

四围松竹山当面
一片楼台水满城
白驴山人句
启功　八十又六书

八月十日

星期六
农历甲辰年
七月初七

2024
August
10
Saturday

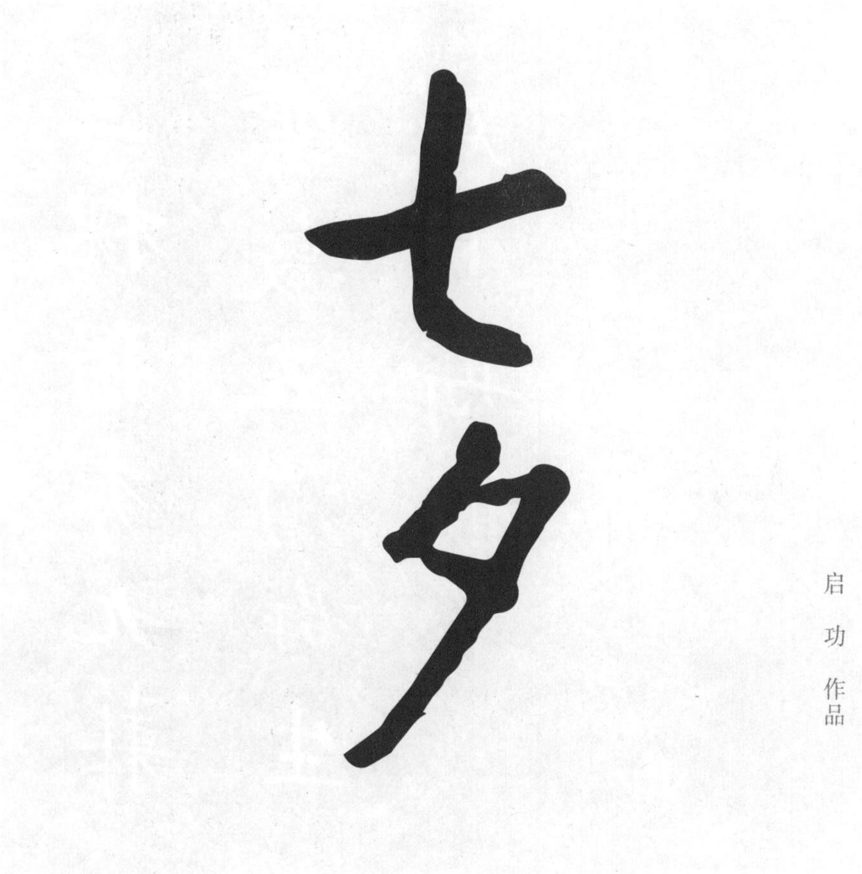

启功作品

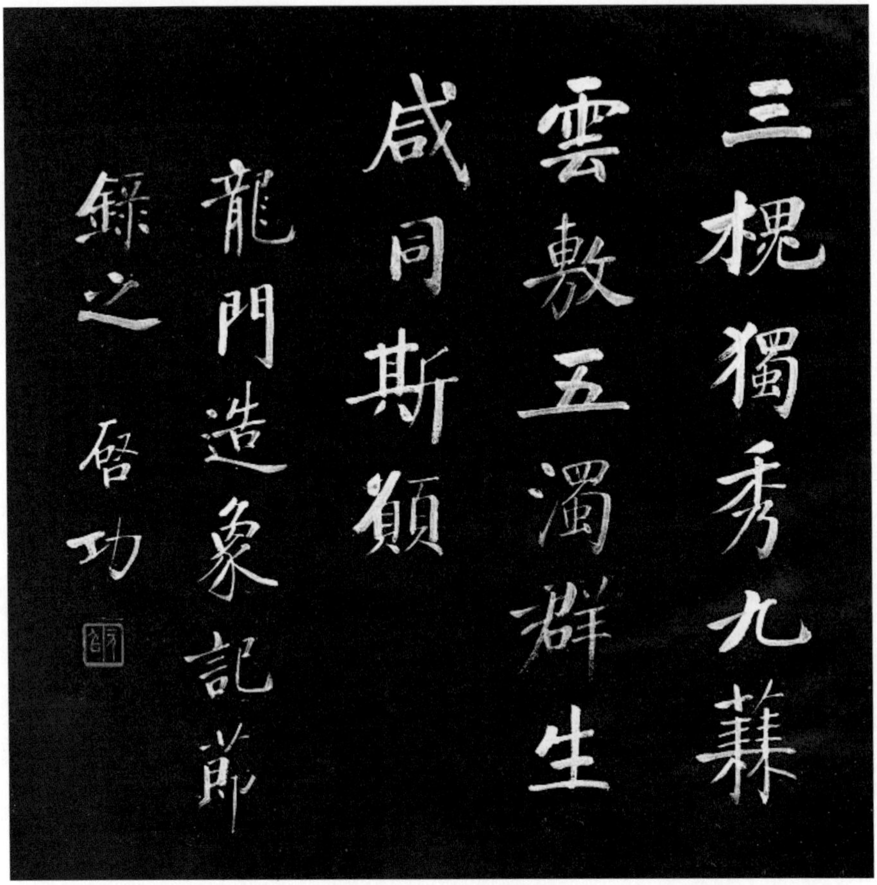

三槐独秀
九蕤云敷
五浊群生
咸同斯愿
龙门造象记节
录之
启功

八月十一日

星期日
农历甲辰年
七月初八

2024
August
11
Sunday

王羲之 作品

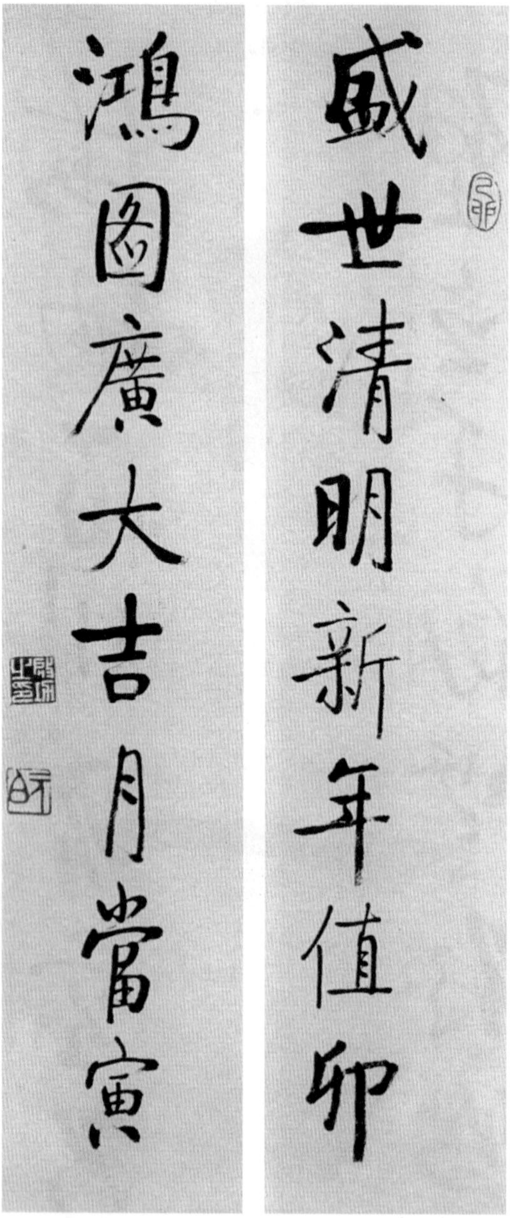

盛世清明新年值卯
鸿图广大吉月当寅

八月十二日

星期一
农历甲辰年
七月初九

2024
August
12
Monday

赵孟頫 作品

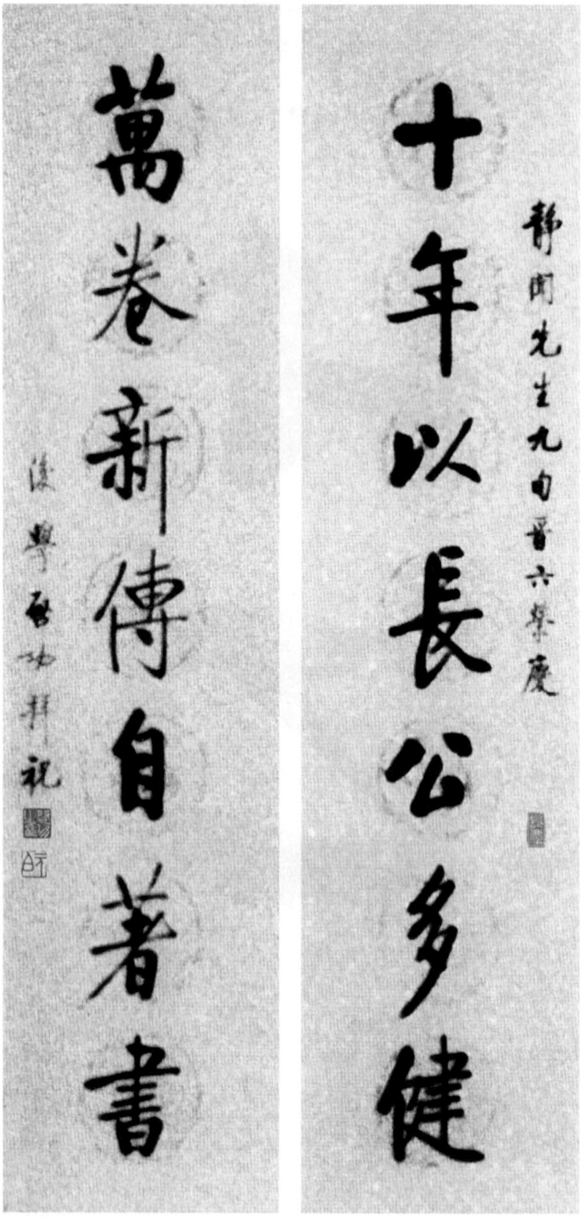

十年以长公多健
万卷新传自著书
静闻先生九旬晋六荣庆
后学启功拜祝

八月十三日

星期二

农历甲辰年

七月初十

2024

August

13

Tuesday

王献之 作品

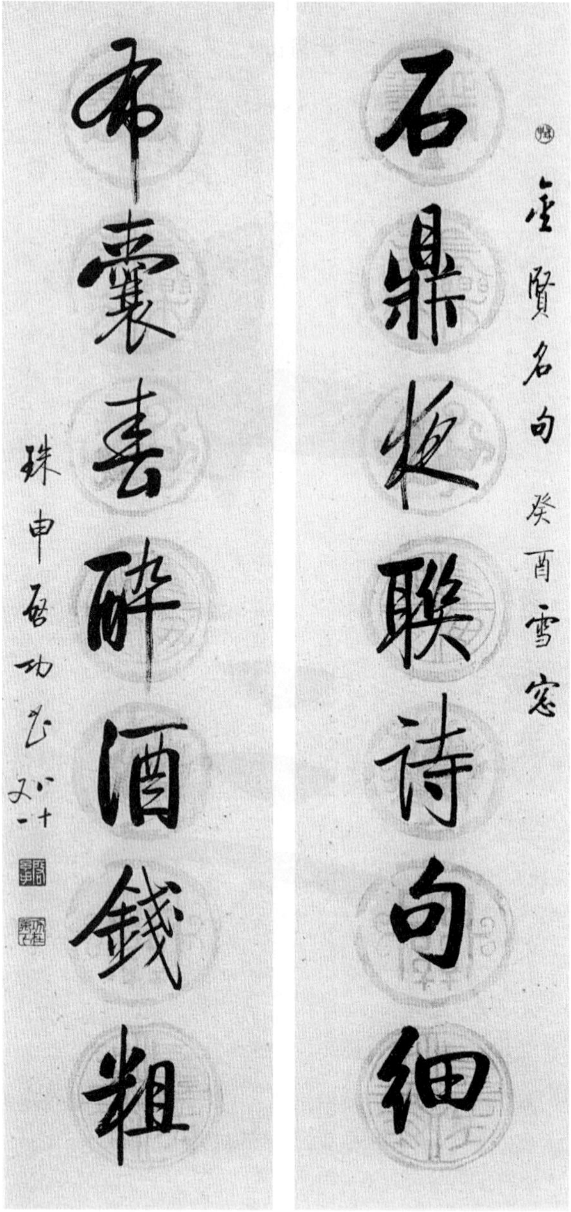
石鼎夜聯詩句細
布囊春醉酒錢粗

石鼎夜联诗句细
布囊春醉酒钱粗
金贤名句　癸酉雪窗
珠申启功书　八十又一

八月十四日

星期三
农历甲辰年
七月十一

2024
August
14
Wednesday

十四

颜真卿 作品

石间坐久春云起
花底吟成夕照收

启功

八月十五日

星期四
农历甲辰年
七月十二

2024
August
15
Thursday

米芾作品

时和始见陶钧力
风便那知道路长
启功

八月十六日

星期五
农历甲辰年
七月十三

2024
August
16
Friday

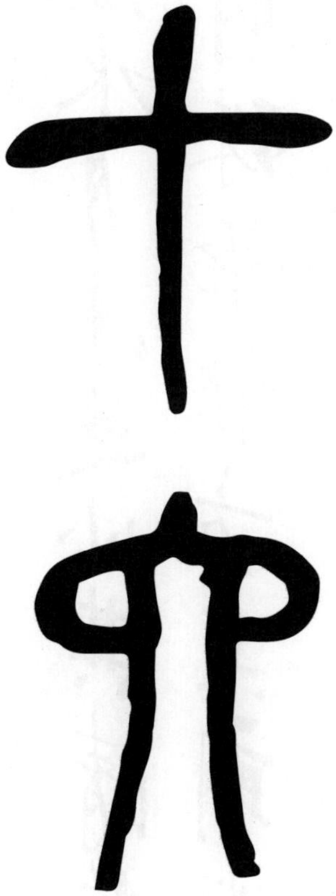

吴昌硕 作品

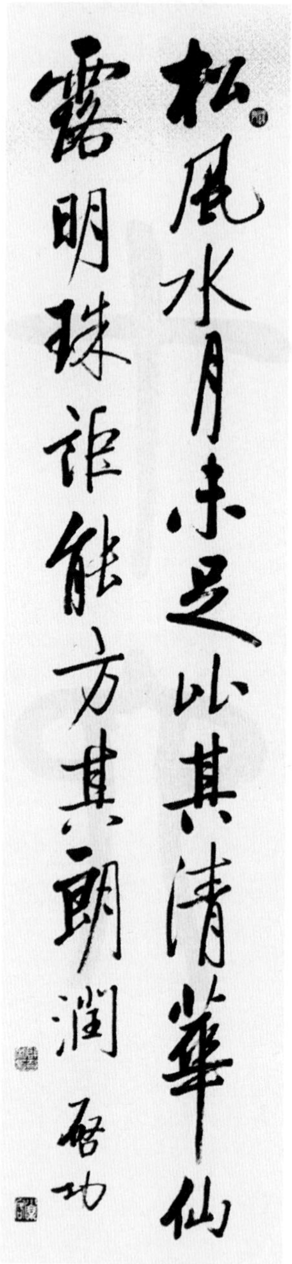

松风水月　未足比其清华
仙露明珠　讵能方其朗润

启功

八月十七日

星期六
农历甲辰年
七月十四

2024
August
17
Saturday

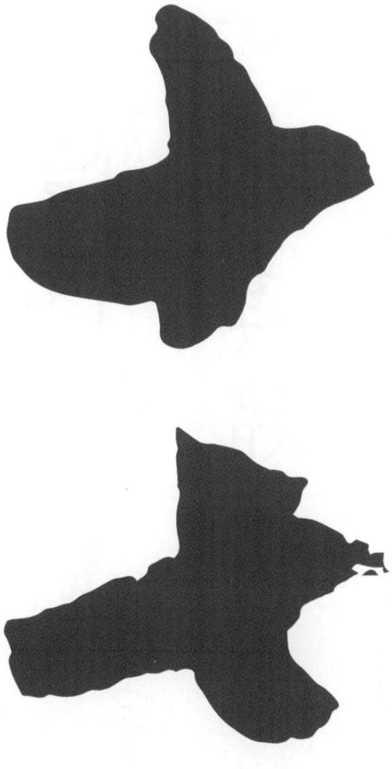

蔡襄作品

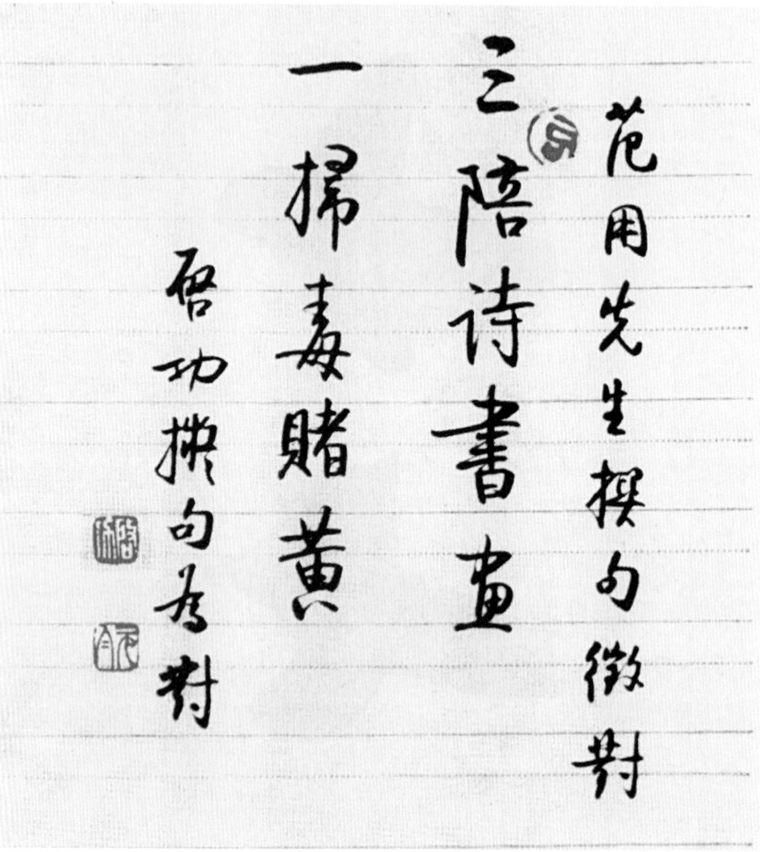

三陪诗书画
一扫毒赌黄
范用先生撰句征对
启功拟句为对

八月十八日

星期日

农历甲辰年

七月十五

2024
August
18
Sunday

中元

启功作品

事冗书将零碎读
时来花自整齐开

启功

八月十九日

星期一
农历甲辰年
七月十六

2024
August
19
Monday

十九

欧阳询 作品

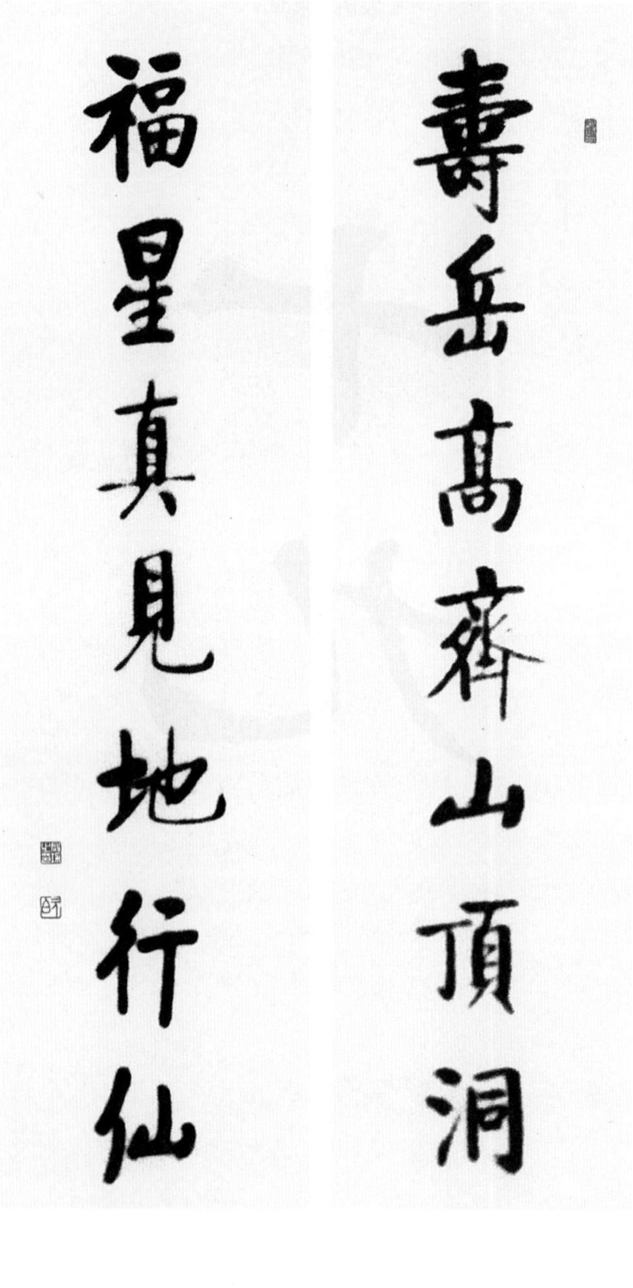
壽岳高齊山頂洞
福星真見地行仙

寿岳高齐山顶洞
福星真见地行仙

八月二十日

星期二

农历甲辰年

七月十七

2024
August
20
Tuesday

陆柬之 作品

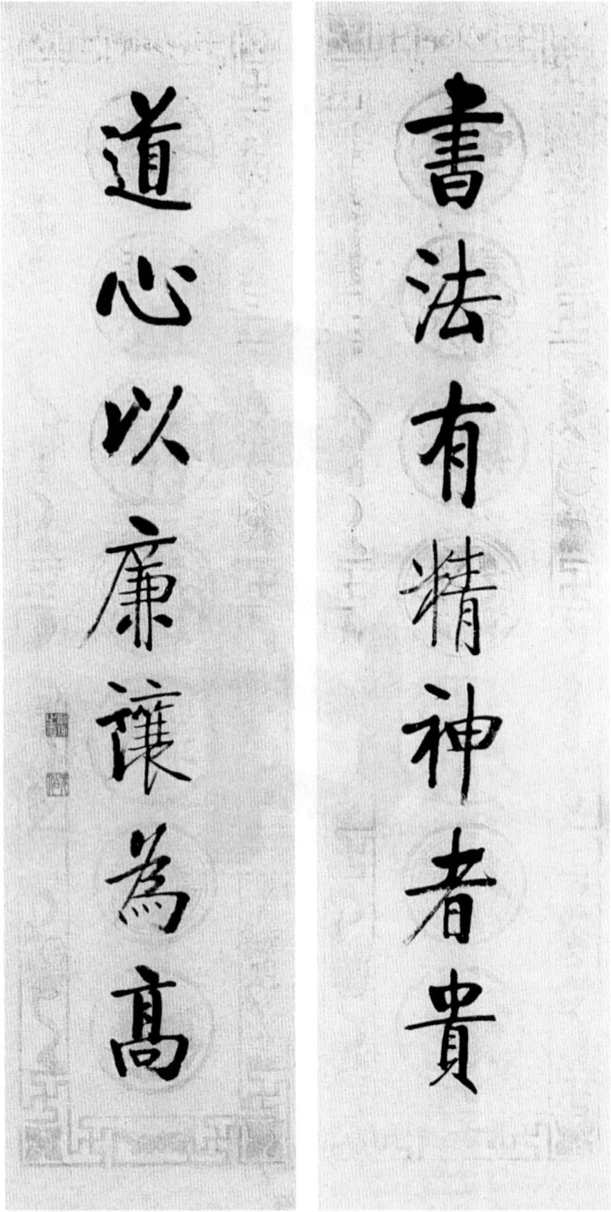

书法有精神者贵
道心以廉让为高

八月二十一日

星期三

农历甲辰年

七月十八

2024
August
21
Wednesday

王宠 作品

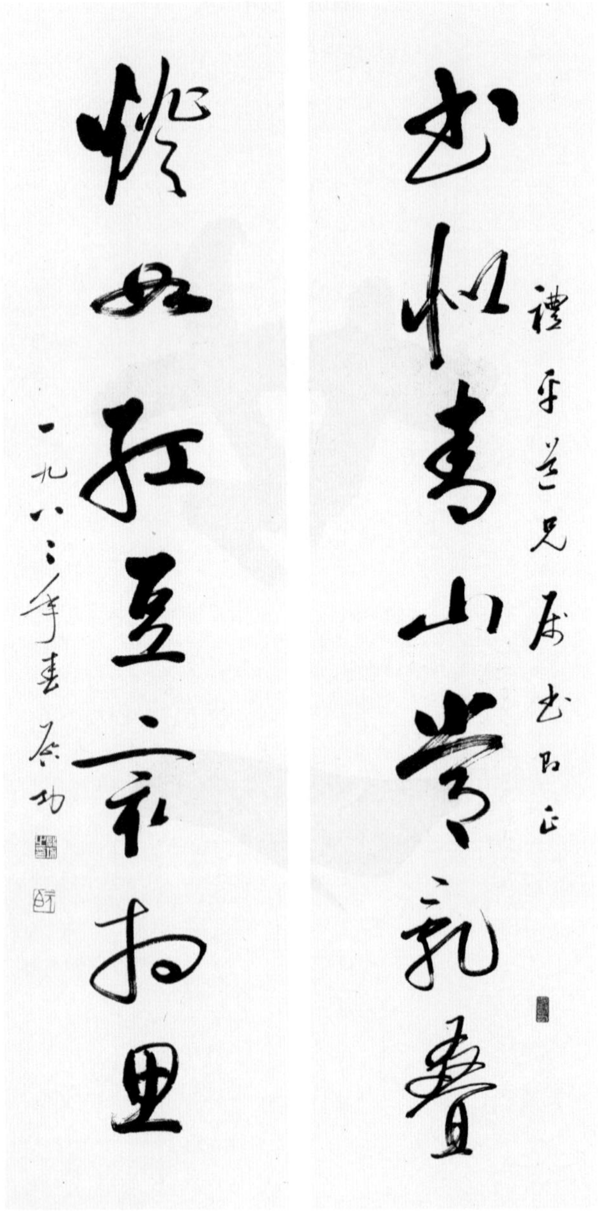

书似青山常乱叠
灯如红豆最相思
礼平道兄属书即正
一九八二年春
启功

八月二十二日

星期四

农历甲辰年

七月十九

2024

August

22

Thursday

启功作品

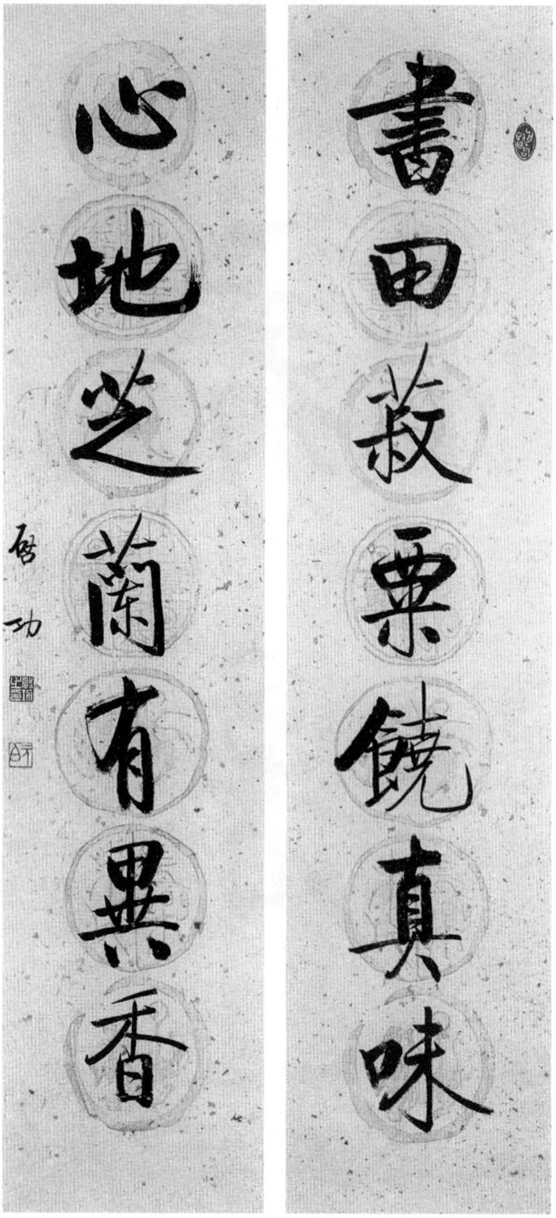

书田菽粟饶真味
心地芝兰有异香
启功

八月二十三日

星期五
农历甲辰年
七月二十

2024
August
23
Friday

黄庭坚 作品

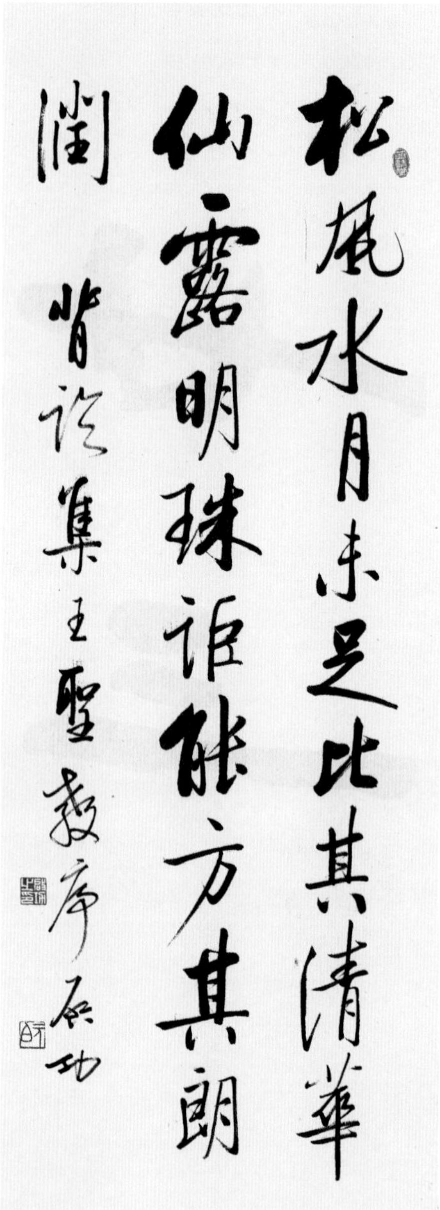

松风水月　未足比其清华
仙露明珠　讵能方其朗润

背临集王圣教序
启功

八月二十四日

星期六
农历甲辰年
七月廿一

2024
August
24
Saturday

毛泽东 作品

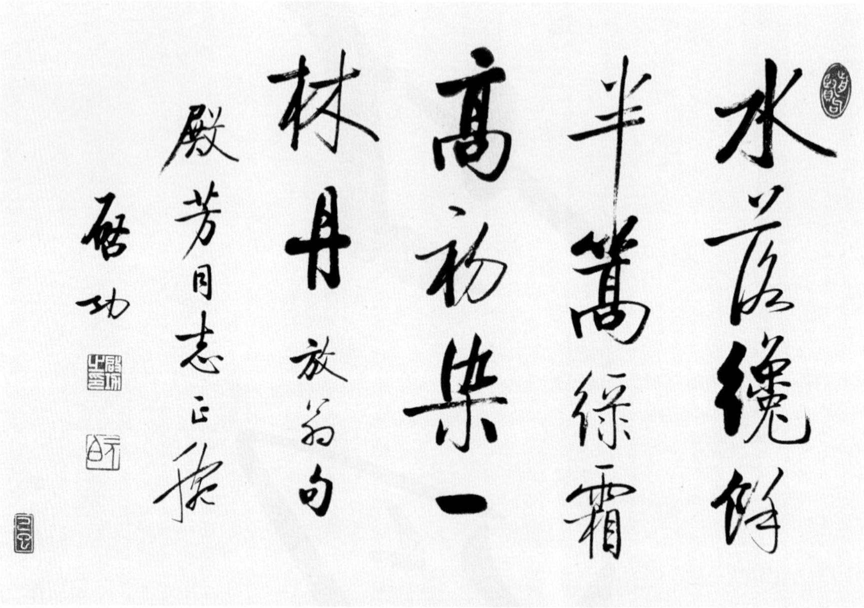

水落才余半篙绿
霜高初染一林丹
放翁句
殿芳同志正腕
启功

八月二十五日

星期日
农历甲辰年
七月廿二

2024
August
25
Sunday

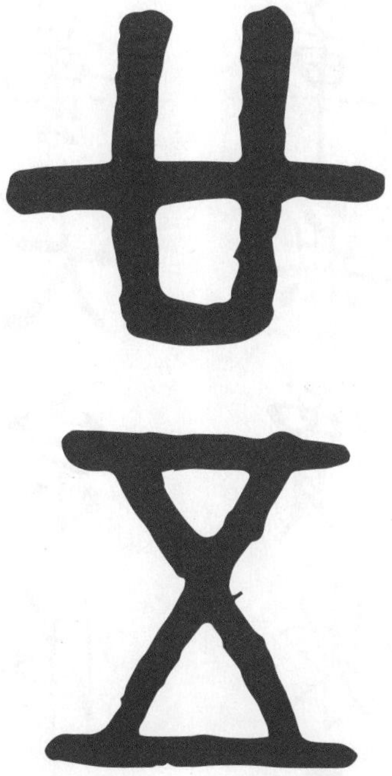

吴大澂 作品

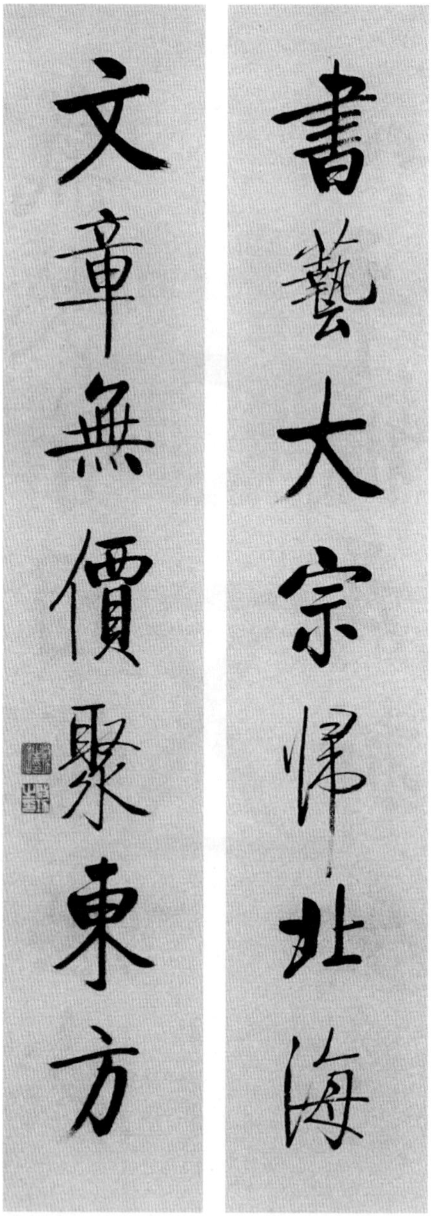
書藝大宗歸北海
文章無價聚東方

书艺大宗归北海
文章无价聚东方

八月二十六日

星期一

农历甲辰年

七月廿三

2024
August

26

Monday

皇象作品

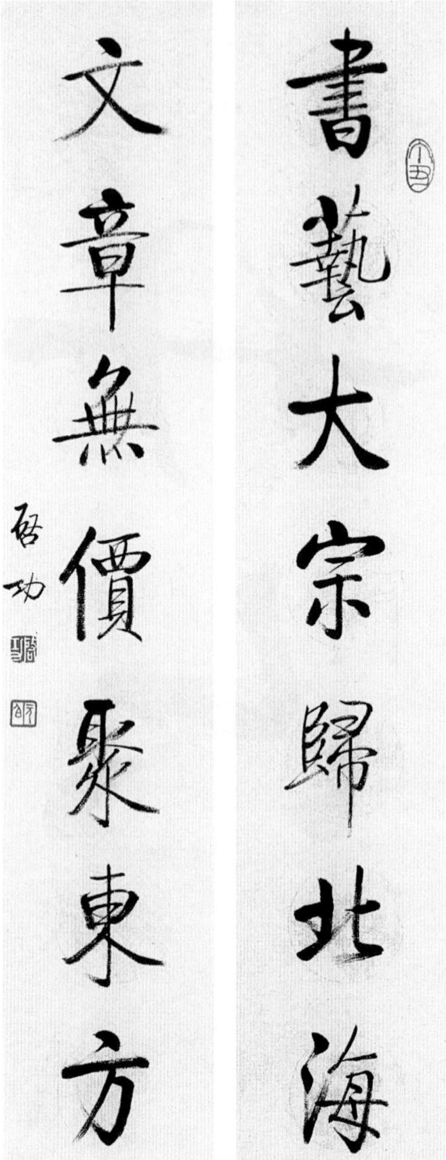
書藝大宗歸北海
文章無價聚東方
啓功

书艺大宗归北海
文章无价聚东方
启功

八月二十七日

星期二
农历甲辰年
七月廿四

2024
August
27
Tuesday

王羲之 作品

谁欤图者元真子
歌以侑之菩萨蛮

启功

八月二十八日

星期三
农历甲辰年
七月廿五

2024
August
28
Wednesday

董其昌 作品

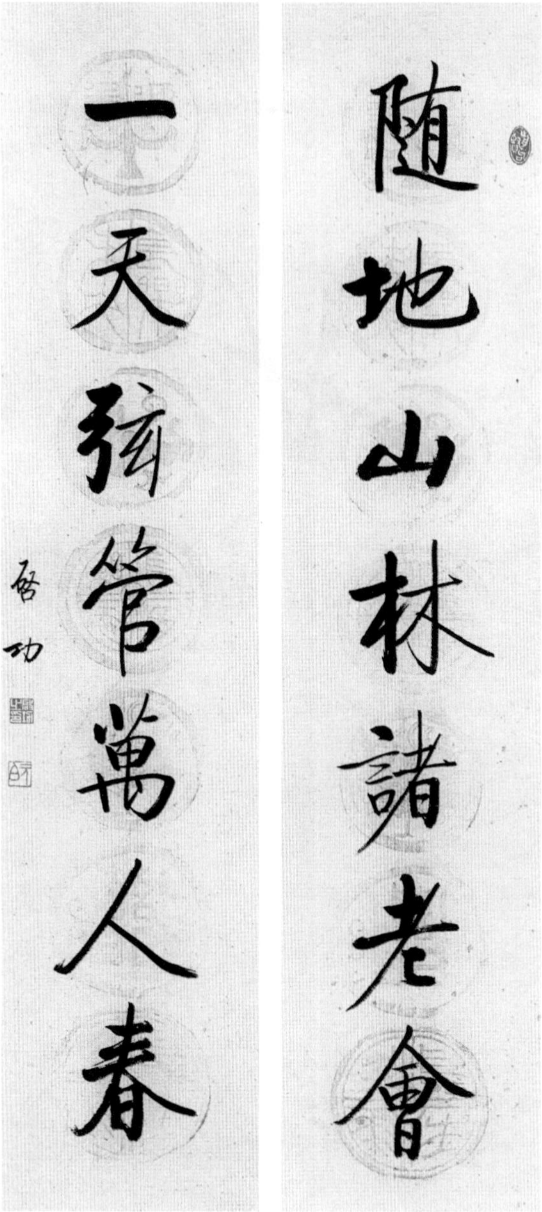

随地山林诸老会
一天弦管万人春

启功

八月二十九日

星期四
农历甲辰年
七月廿六

2024
August
29
Thursday

廿九

苏轼作品

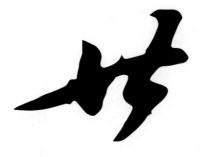

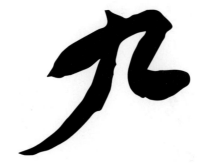

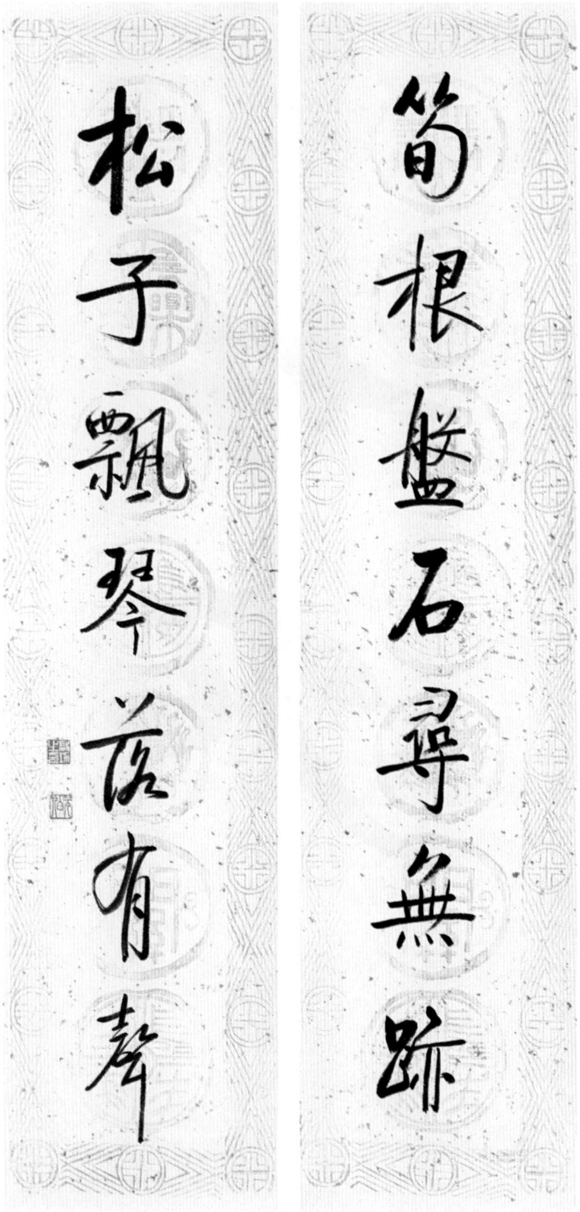
筍根盤石尋無跡
松子飄琴落有聲

笋根盘石寻无迹
松子飘琴落有声

八月三十日

星期五

农历甲辰年

七月廿七

2024

August

30

Friday

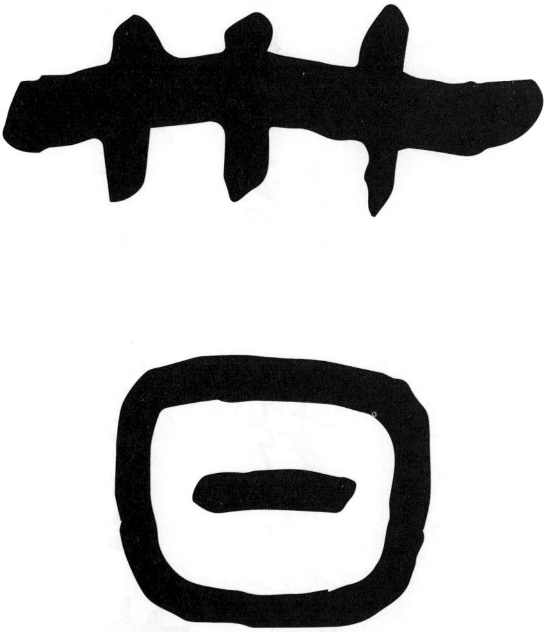

邓石如 作品

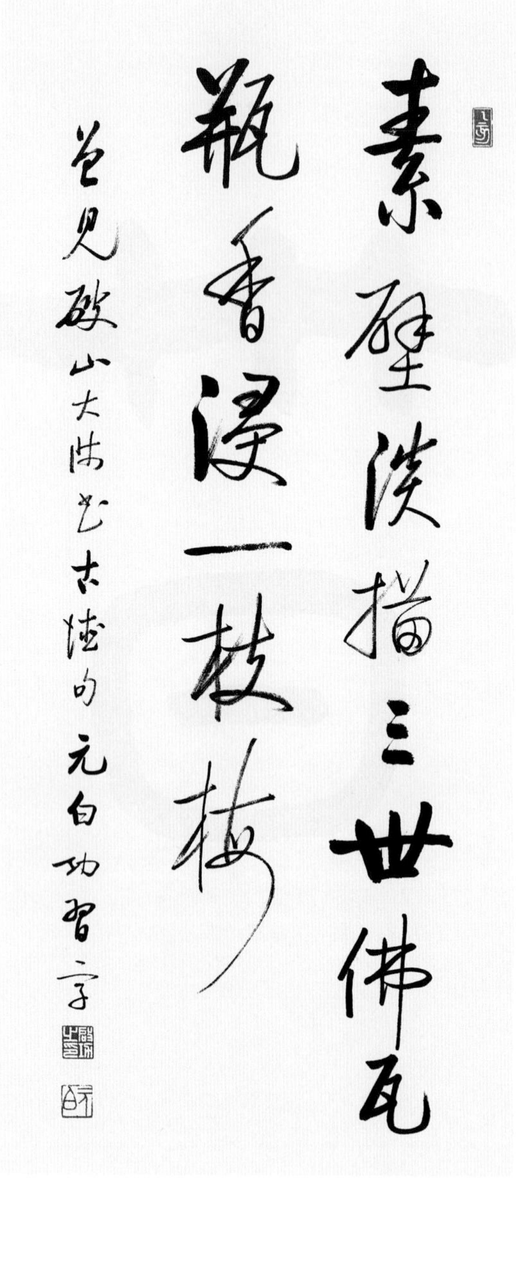

素壁淡描三世佛
瓦瓶香浸一枝梅
曾见破山大师书古德句
元白功习字

八月三十一日

星期六
农历甲辰年
七月廿八

2024
August
31
Saturday

赵孟頫 作品

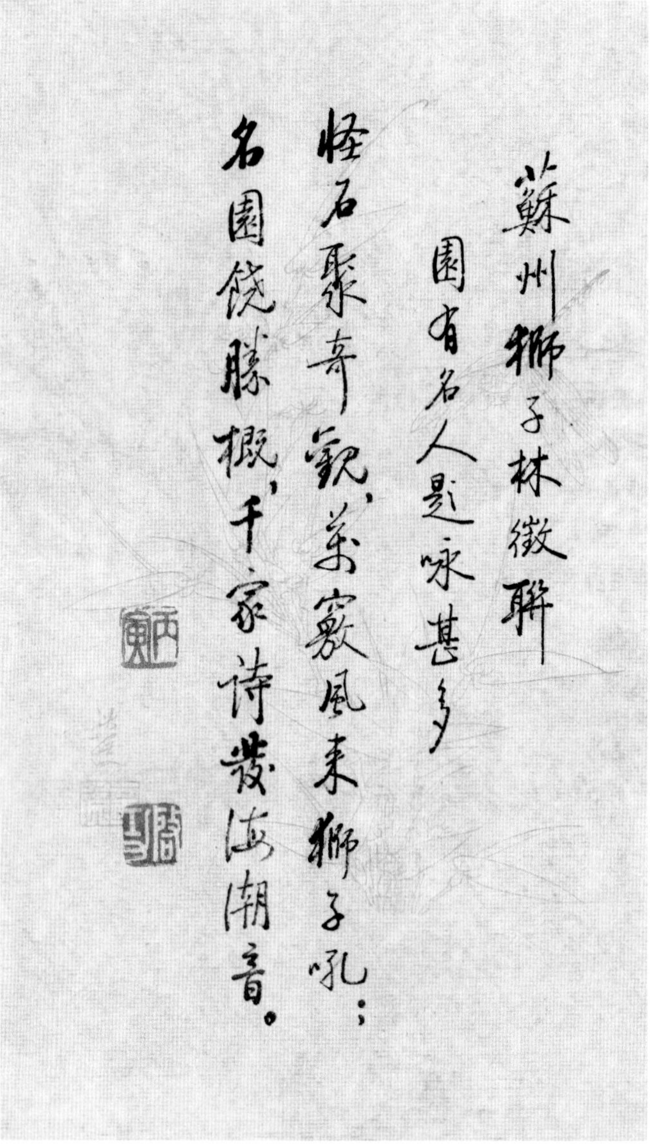

怪石聚奇观
万窍风来狮子吼
名园饶胜概
千家诗发海潮音

苏州狮子林征联
园有名人题咏甚多

九月一日

星期日
农历甲辰年
七月廿九

2024
September
1
Sunday

索靖作品

桃花细逐杨花落
山色初明水色新

启功

九月二日

星期一
农历甲辰年
七月三十

2024
September
2
Monday

褚遂良 作品

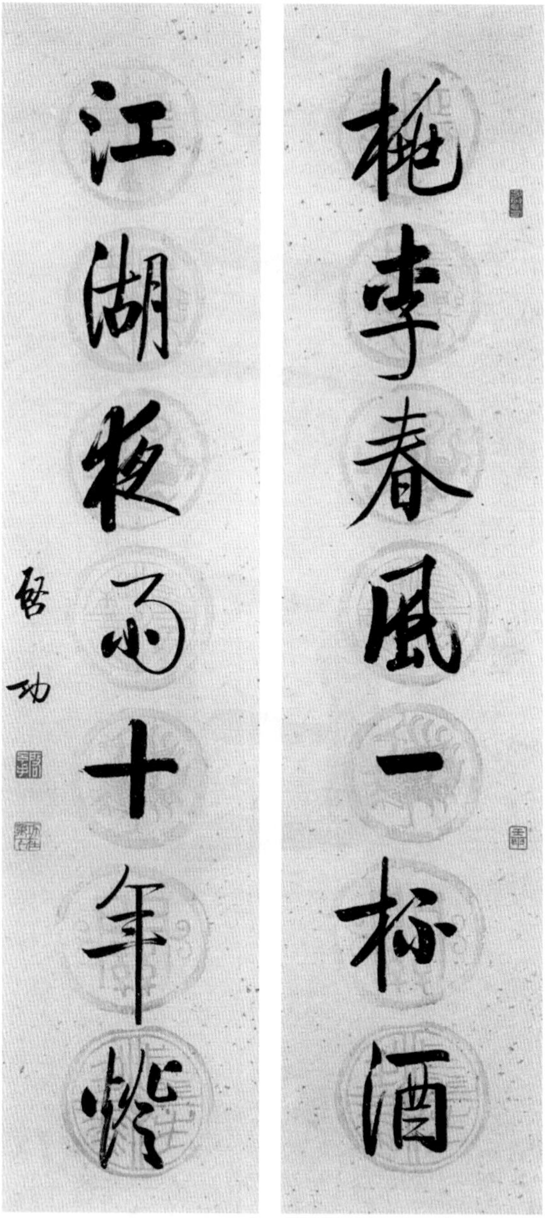

桃李春风一杯酒
江湖夜雨十年灯

启功

九月三日

星期二
农历甲辰年
八月初一

2024
September
3
Tuesday

三日

柳公权 作品

腾霄定有龙虎气
掷地当为金石声
启功

九月四日

星期三
农历甲辰年
八月初二

2024
September
4
Wednesday

四日

虞世南 作品

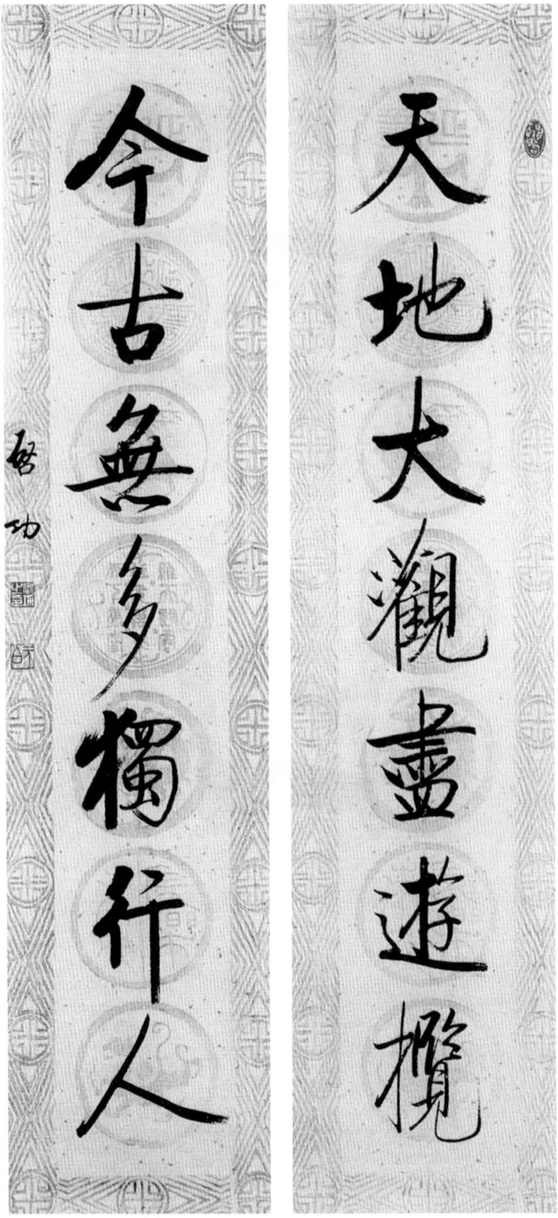

天地大观尽游揽
金古无多独行人

启功

九月五日

星期四
农历甲辰年
八月初三

2024
September
5
Thursday

颜真卿 作品

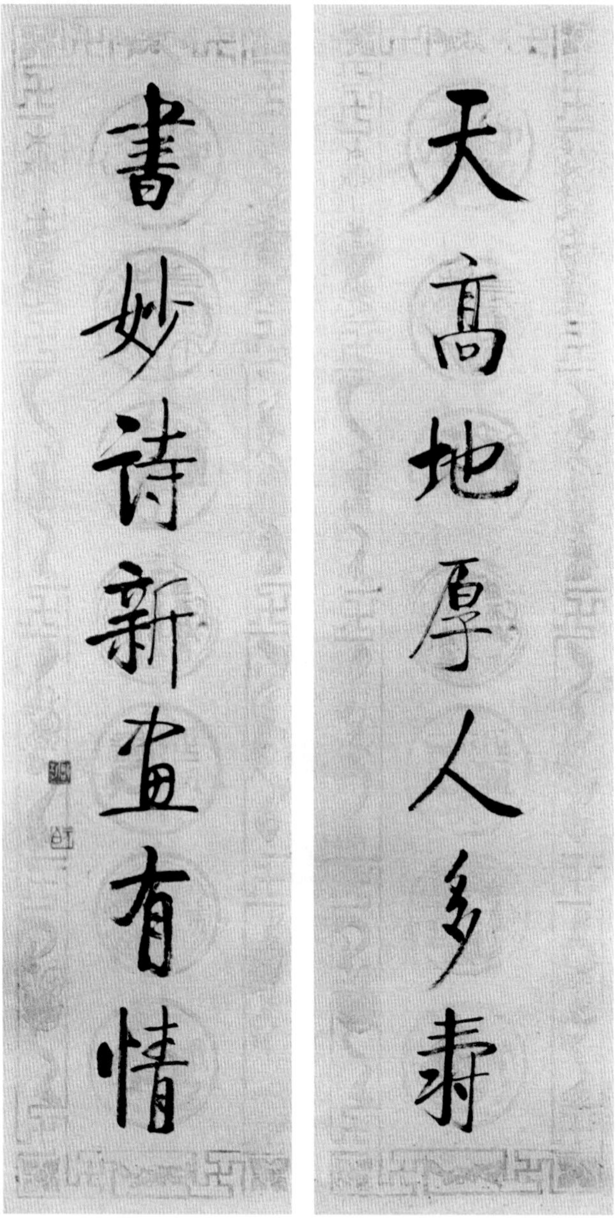

天高地厚人多寿
书妙诗新画有情

九月六日

星期五
农历甲辰年
八月初四

2024
September
6
Friday

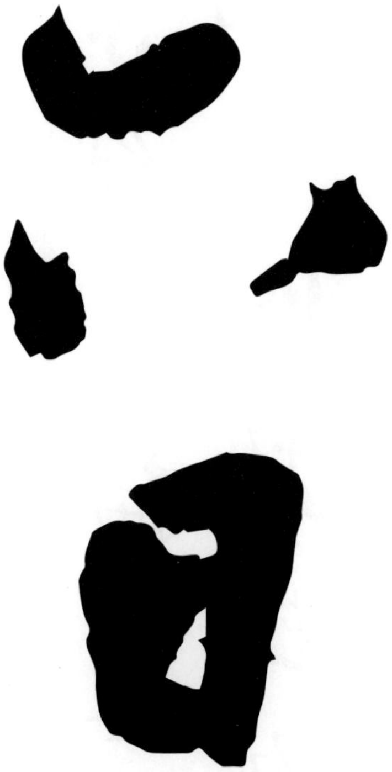

王铎作品

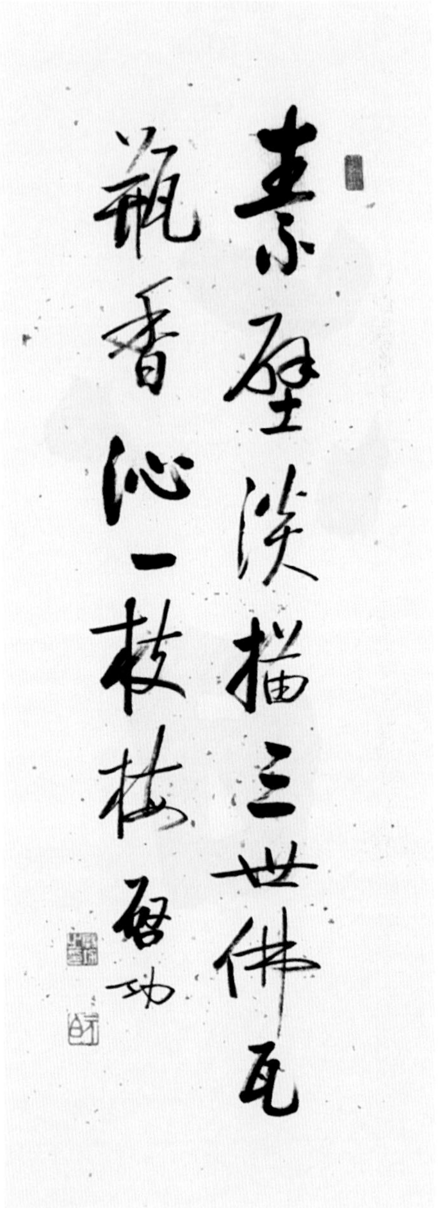

素壁淡描三世佛
瓦瓶香沁一枝梅

启功

九月七日

星期六
农历甲辰年
八月初五

2024
September
7
Saturday

启功作品

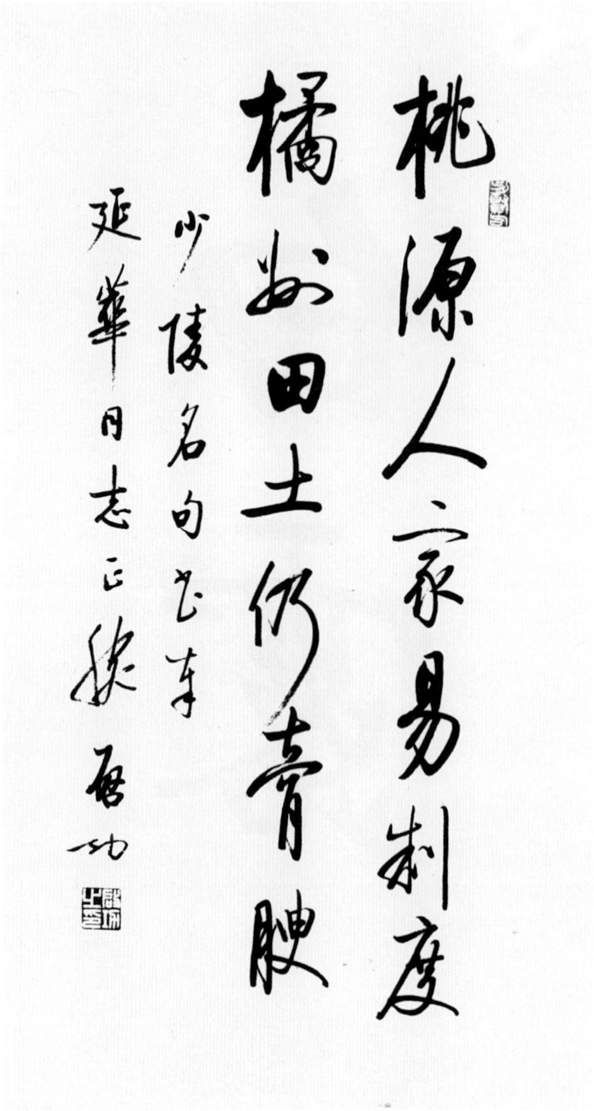

桃源人家易制度
橘州田土仍膏腴
少陵名句书奉　延华同志正腕
启功

九月八日

星期日
农历甲辰年
八月初六

2024
September
8
Sunday

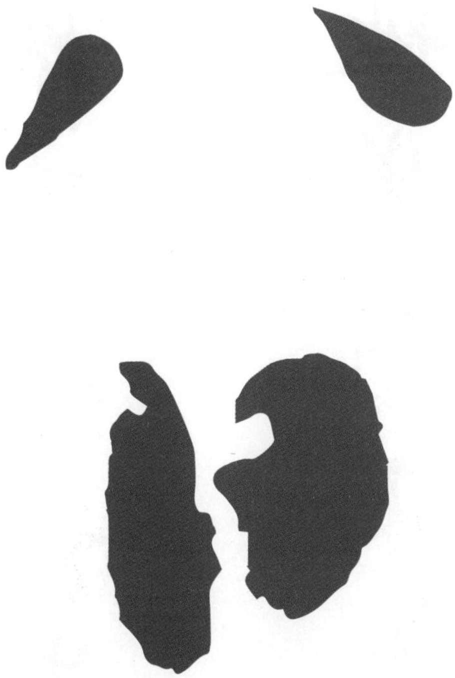

怀素作品

天机清旷长生海
心地光明不夜珠

启功

九月九日

星期一
农历甲辰年
八月初七

2024
September
9
Monday

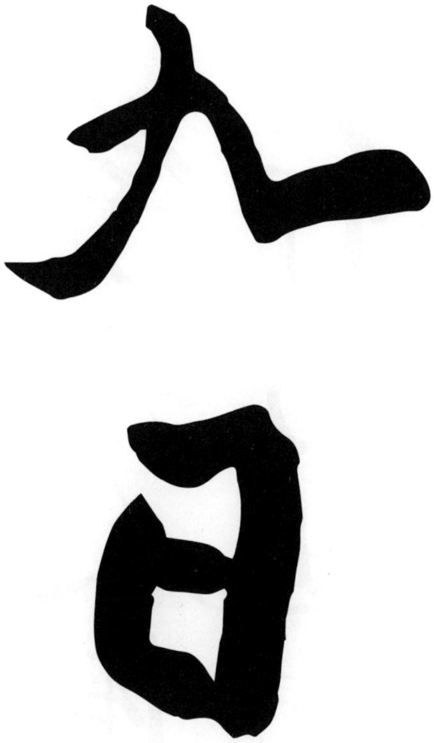

黄庭坚 作品

北京师范大学校训
学为人师
行为世范
一九九七年夏日　启功敬书

学为人师
行为世范
北京师范大学校训
一九九七年夏日　启功敬书

九月十日

星期二
教师节
农历甲辰年
八月初八

2024
September
10
Tuesday

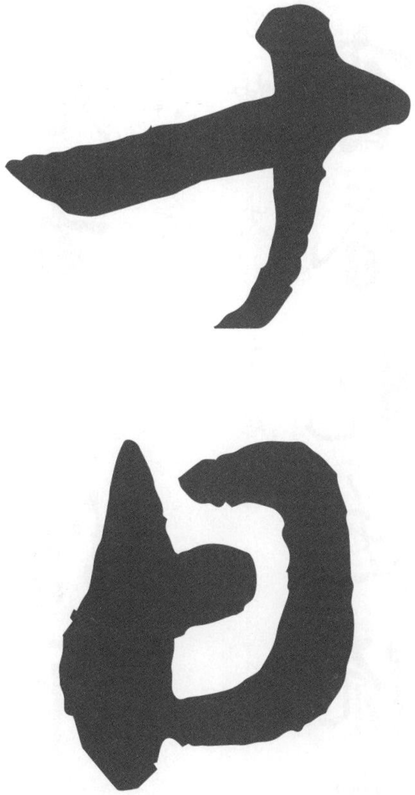

文徵明 作品

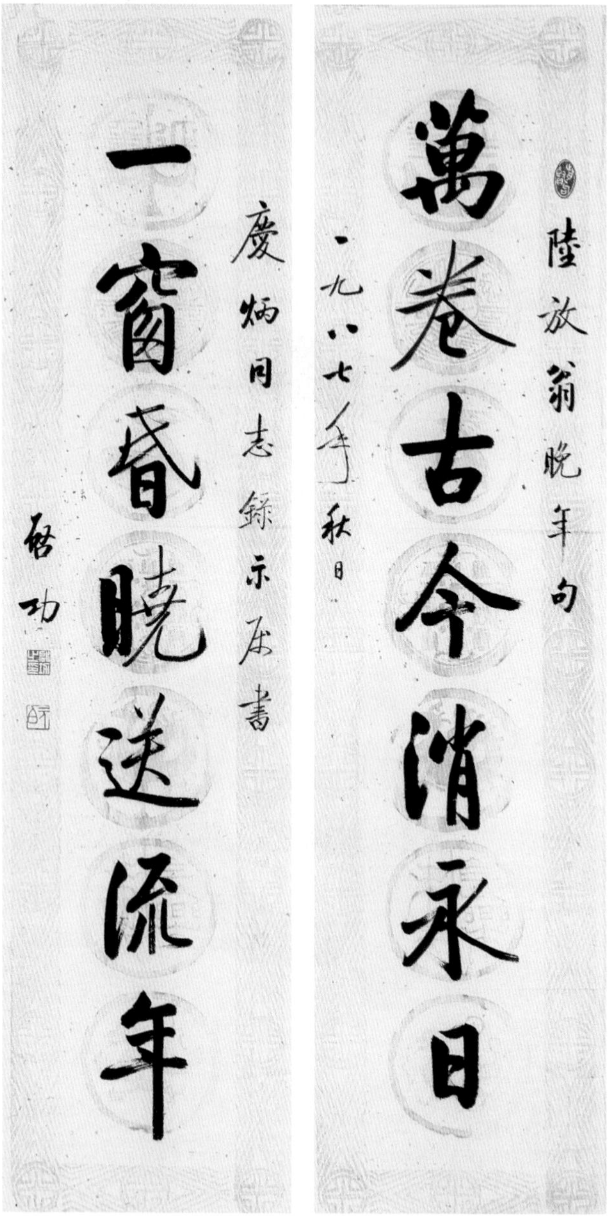

万卷古今消永日
一窗昏晓送流年

陆放翁晚年句
一九八七年秋日
庆炳同志录示属书
启功

九月十一日

星期三
农历甲辰年
八月初九

2024
September
11
Wednesday

王羲之 作品

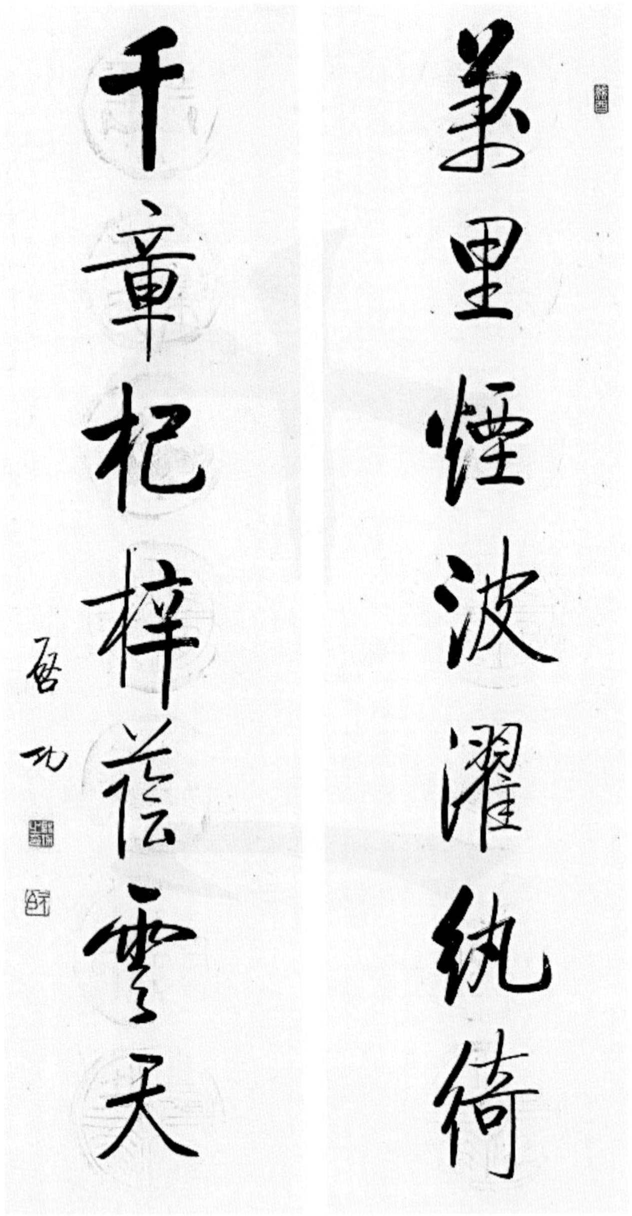

万里烟波濯纨绮
千章杞梓荫云天
启功

九月十二日

星期四
农历甲辰年
八月初十

2024
September
12
Thursday

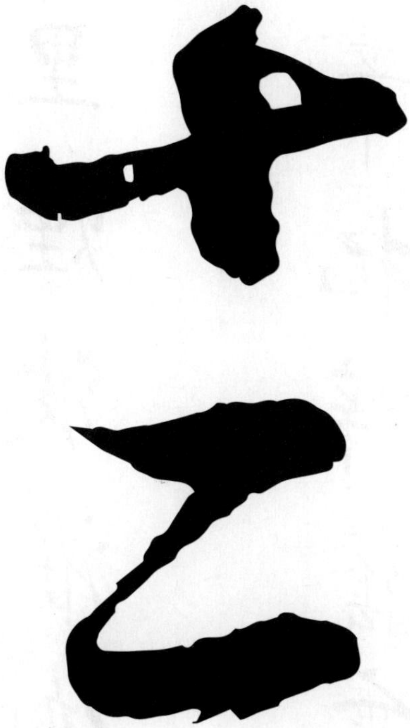

赵孟頫 作品

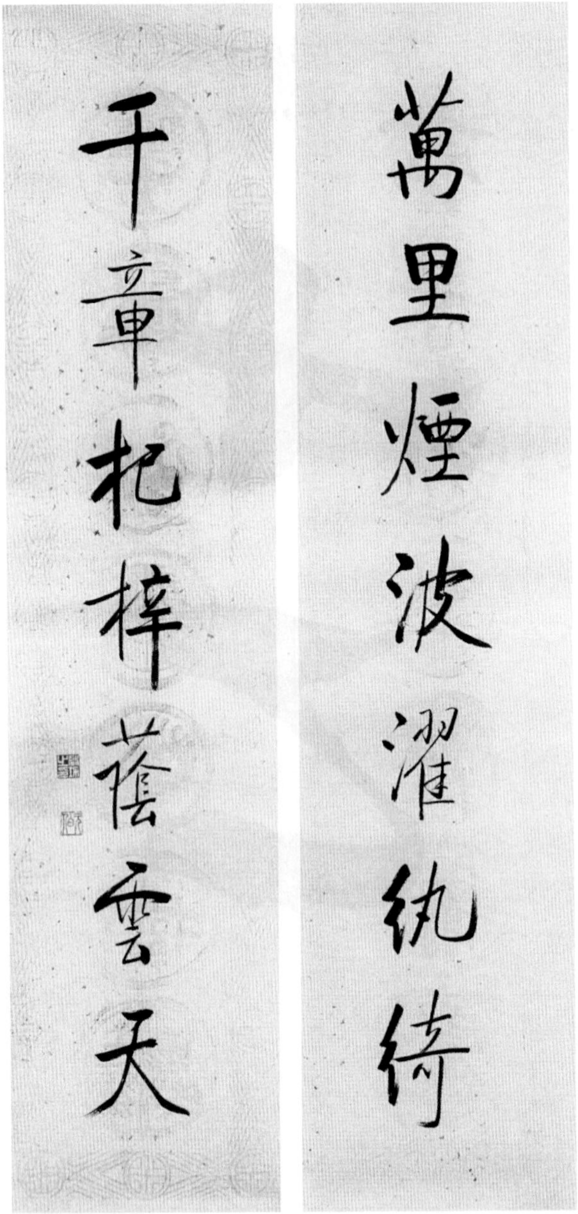

万里烟波濯纨绮
千章杞梓荫云天

九月十三日

星期五
农历甲辰年
八月十一

2024
September
13
Friday

王献之 作品

危楼日暮人千里
倚枕秋风雁一声

宋人句
启功书

九月十四日

星期六

农历甲辰年

八月十二

2024

September

14

Saturday

颜真卿 作品

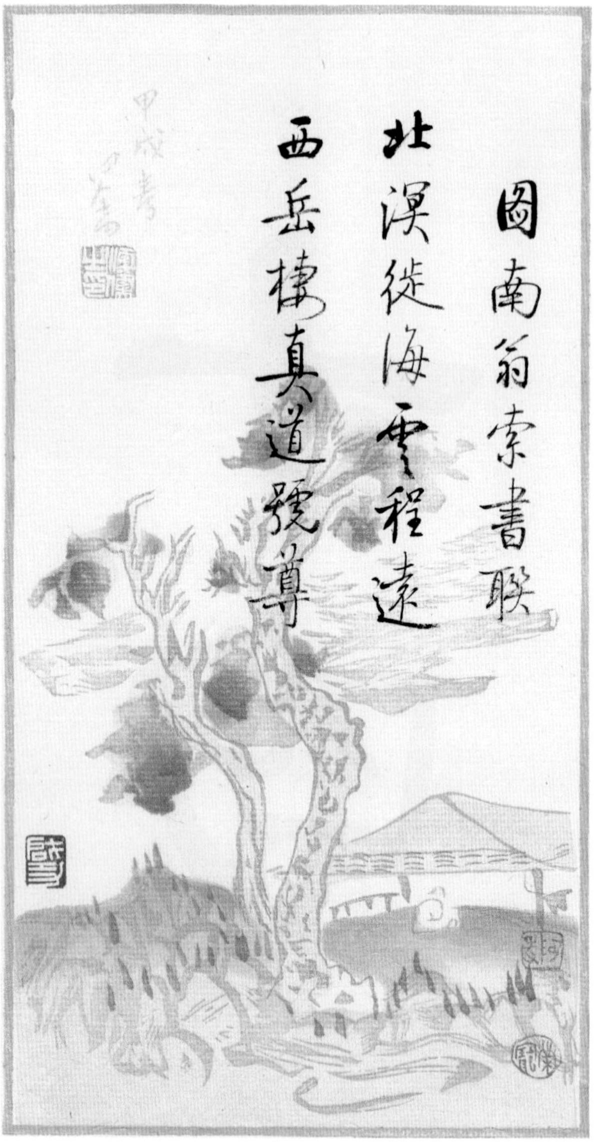

图南翁索书联

北溟徙海云程远
西岳栖真道号尊

九月十五日

星期日
农历甲辰年
八月十三

2024
September
15
Sunday

米芾作品

万有不齐天地事
一无可寄古今情
启功

九月十六日

星期一

农历甲辰年

八月十四

2024
September
16
Monday

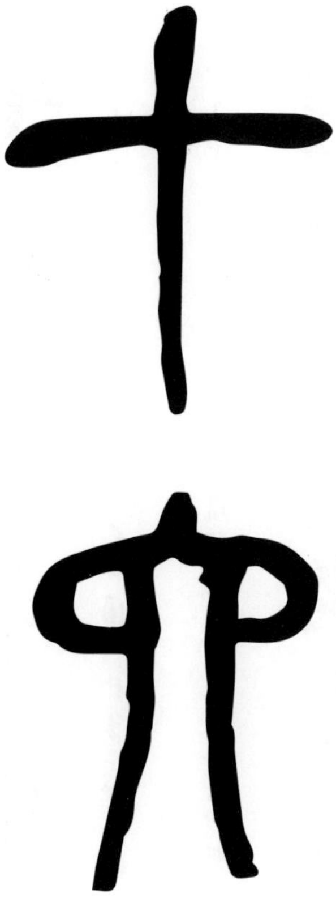

吴昌硕 作品

文章博综希中垒
醪醴风流半信陵

吴荷屋有此联　作刘中垒魏信陵　友人刘公九庵所贻　不敢悬也　今易二字而书之　以余惇鏍老和尚亲杯酒于信陵之乐　只余其半耳

一九八三年元月捡箧见吴联　倚醉拈此　距获荷屋书时二十寒暑矣　珠申启功并识于浮光掠影之楼　年七十有一

九月十七日

星期二
农历甲辰年
八月十五

2024
September
17
Tuesday

中秋

启功作品

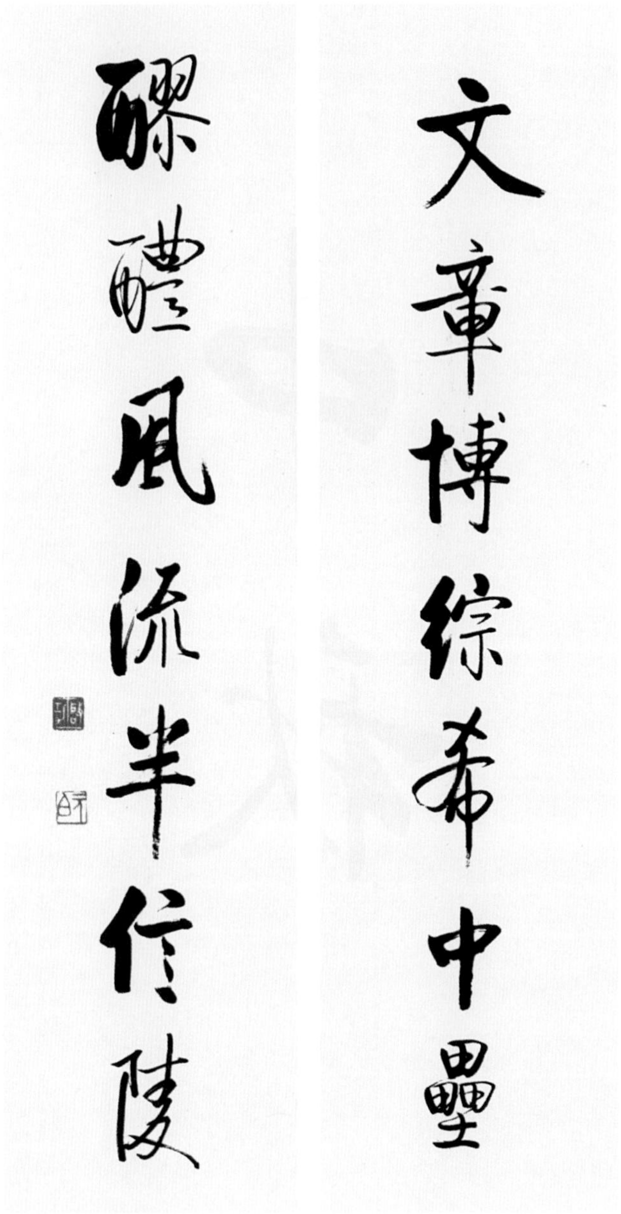

文章博综希中垒
醪醴风流半信陵

九月十八日

星期三
农历甲辰年
八月十六

2024
September
18
Wednesday

张旭作品

无力东风花半露
有情春水燕双飞

启功

九月十九日

星期四
农历甲辰年
八月十七

2024
September
19
Thursday

十九

欧阳询 作品

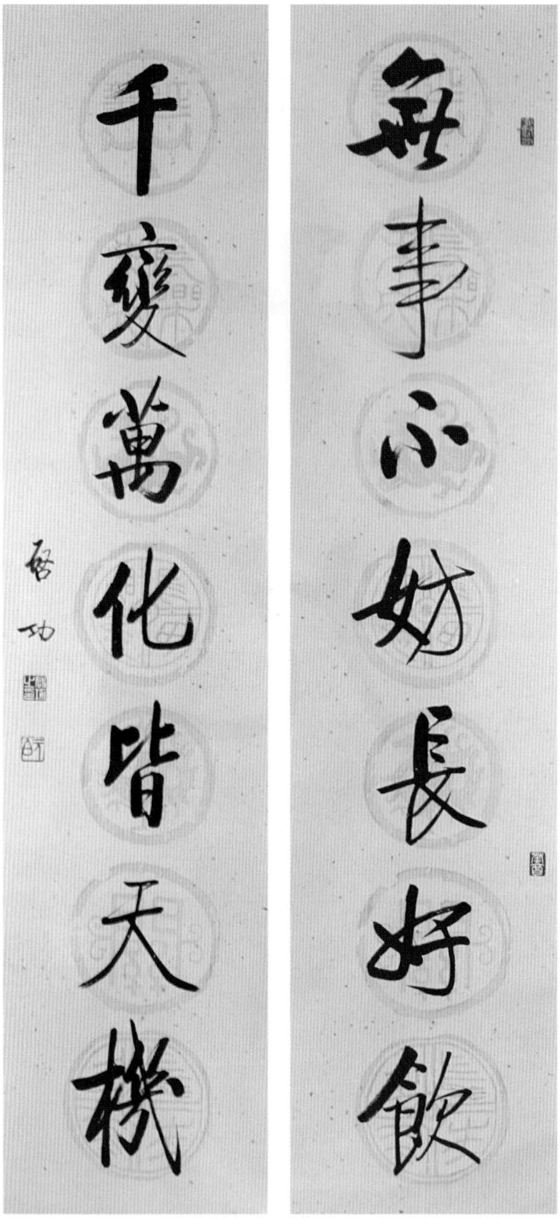

无事不妨长好饮
千变万化皆天机

启功

九月二十日

星期五

农历甲辰年

八月十八

2024
September
20
Friday

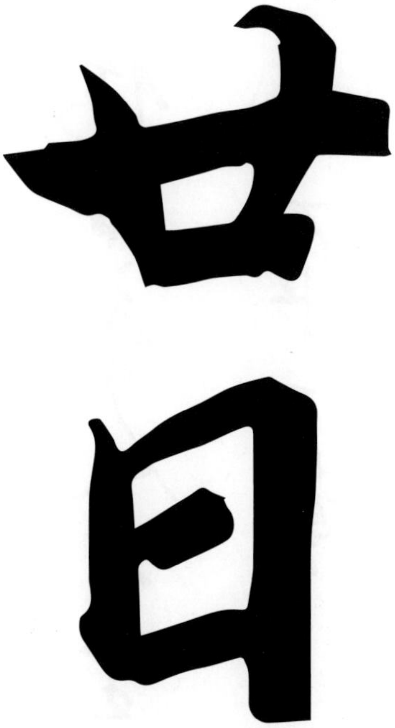

陆柬之 作品

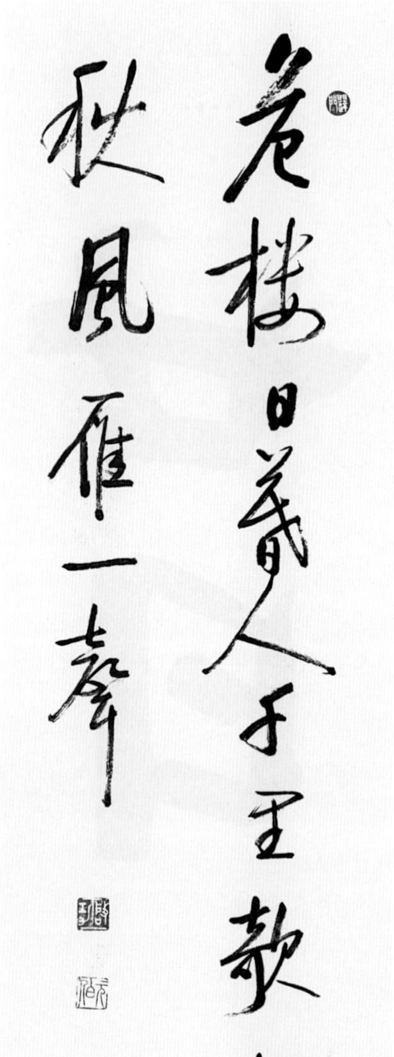

危楼日暮人千里
敧枕秋风雁一声

九月二十一日

星期六

农历甲辰年

八月十九

2024

September

21

Saturday

王宠 作品

写生迈华新罗　不朽
丹青传百世
挥毫惊毕加索　谁知
荣悴各殊途

挽王雪涛先生
先生游法国　毕加索见其彩
笔写生　异常惊诧

九月二十二日

星期日
农历甲辰年
八月二十

2024
September
22
Sunday

秋分

启功作品

昔闻笔力能扛鼎
旧说文心似涌泉

启功

九月二十三日

星期一
农历甲辰年
八月廿一

2024
September
23
Monday

黄庭坚 作品

习勤不置能损欲
闻过则喜真得师

启功

九月二十四日

星期二
农历甲辰年
八月廿二

2024
September
24
Tuesday

毛泽东 作品

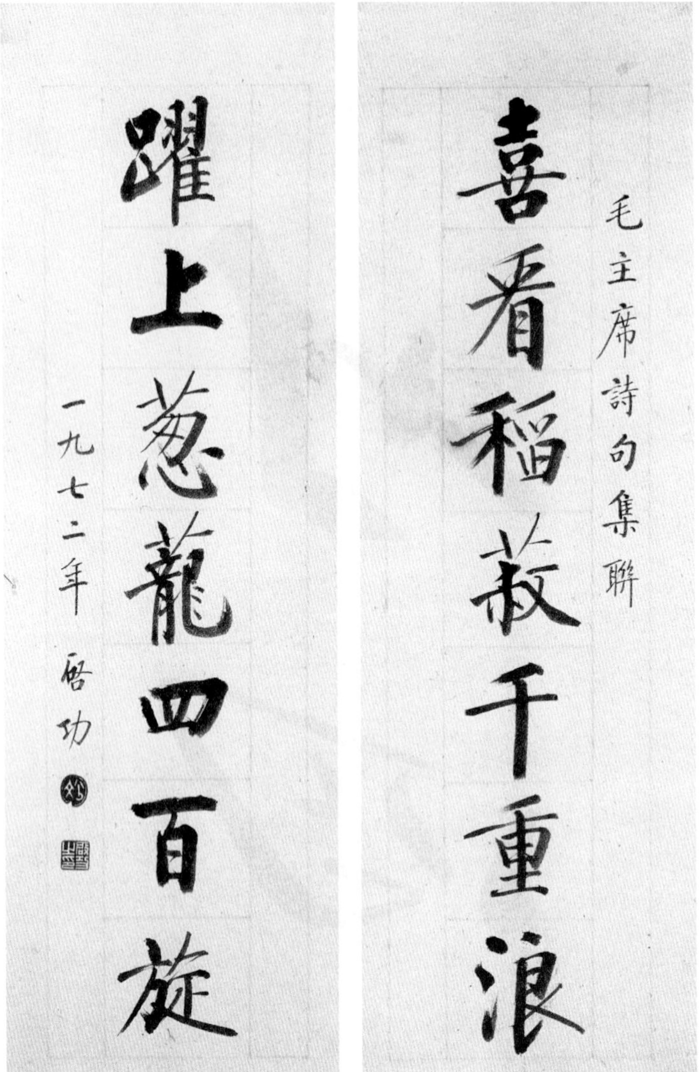

喜看稻菽千重浪
跃上葱茏四百旋
毛主席诗句集联
一九七二年
启功

九月二十五日

星期三
农历甲辰年
八月廿三

2024
September
25
Wednesday

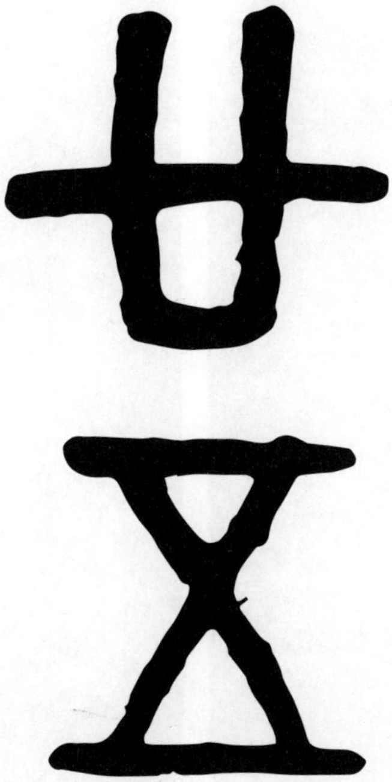

吴大澂 作品

喜看稻黍千重浪
跃上葱茏四百旋

启功

九月二十六日

星期四
农历甲辰年
八月廿四

2024
September
26
Thursday

廿六

皇象作品

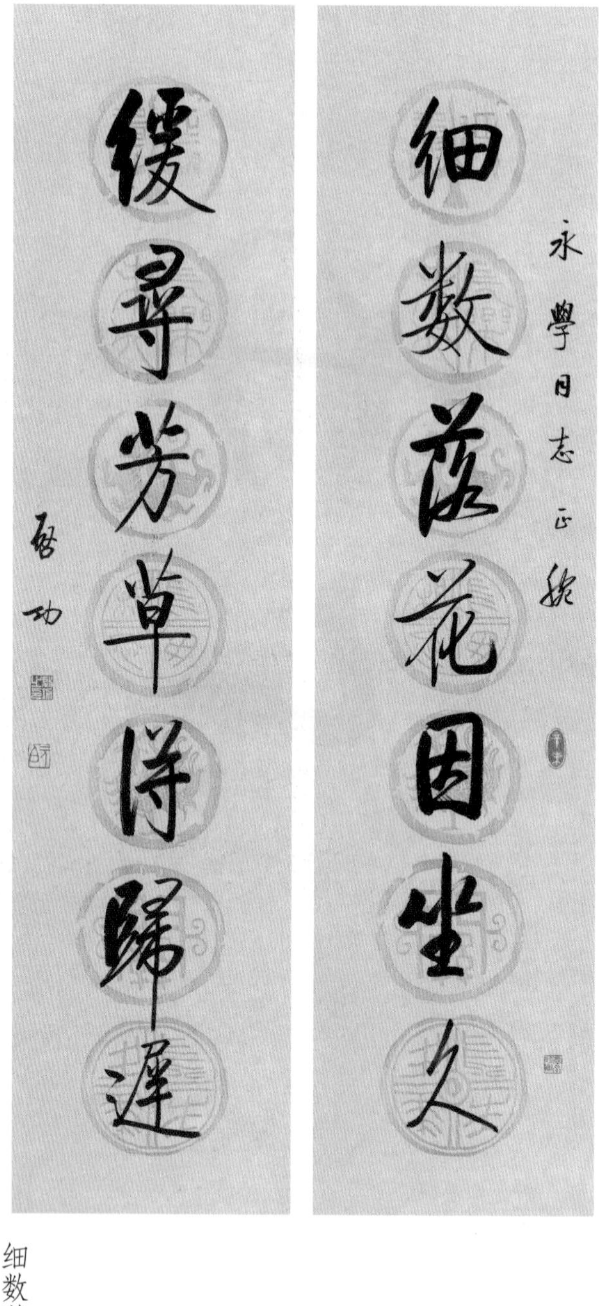

细数落花因坐久
缓寻芳草得归迟

永学同志正腕
启功

九月二十七日

星期五
农历甲辰年
八月廿五

2024
September
27
Friday

王羲之 作品

卧游何处曾相见
柳暗花明忆惠崇

启功

九月二十八日

星期六
农历甲辰年
八月廿六

2024
September
28
Saturday

董其昌 作品

一死倍饴甘　万载民心
同不死
瓣香逾鼎享　千秋人节
尽馨香

温州文信国祠联

九月二十九日

星期日
农历甲辰年
八月廿七

2024
September
29
Sunday

苏轼作品

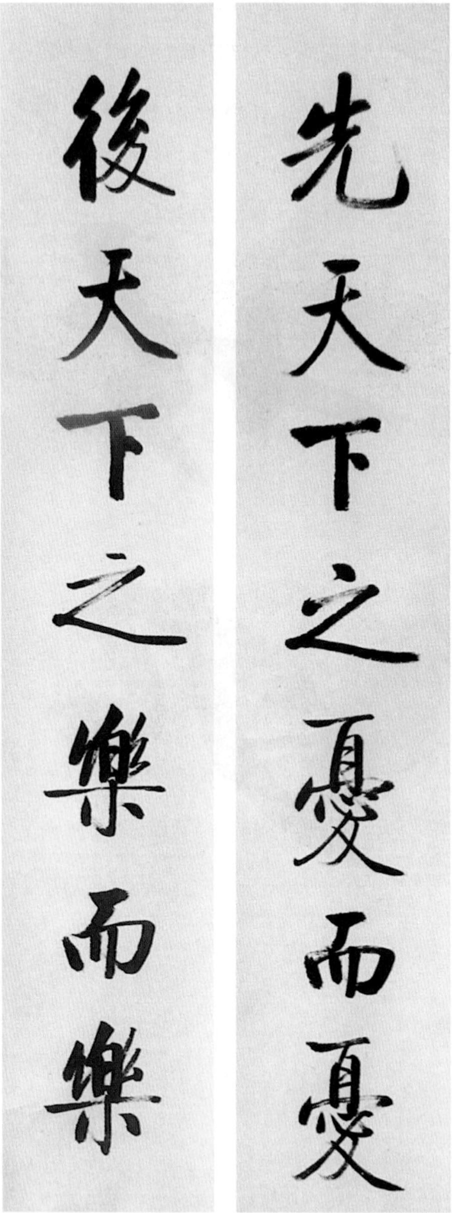
先天下之憂而憂
後天下之樂而樂

先天下之忧而忧
后天下之乐而乐

九月三十日

星期一
农历甲辰年
八月廿八

2024
September
30
Monday

邓石如 作品

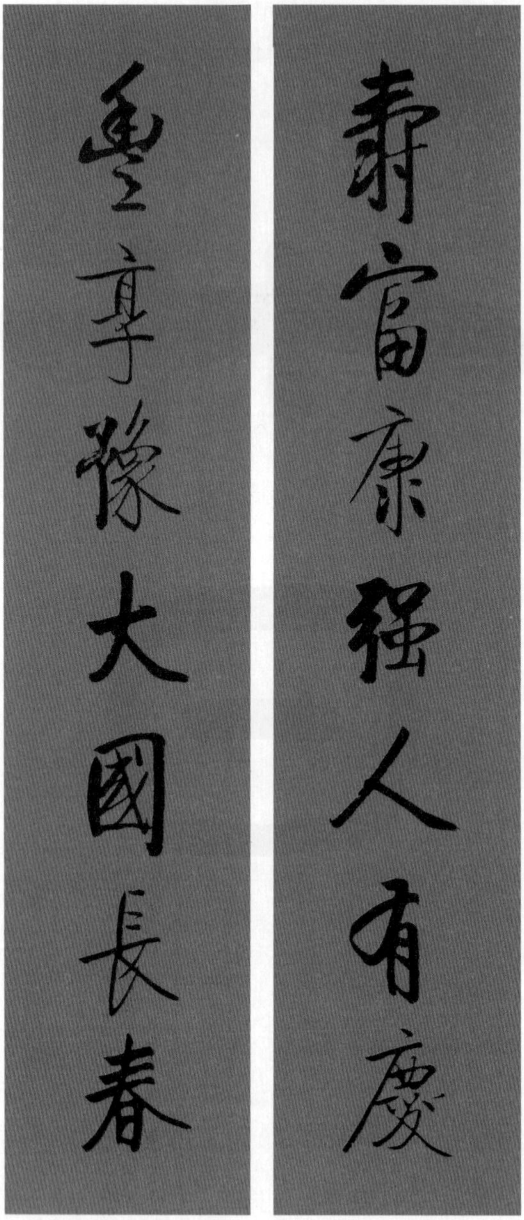

寿富康强人有庆
丰亨豫大国长春

十月一日

星期二

国庆节

农历甲辰年

八月廿九

2024
October
1
Tuesday

索靖 作品

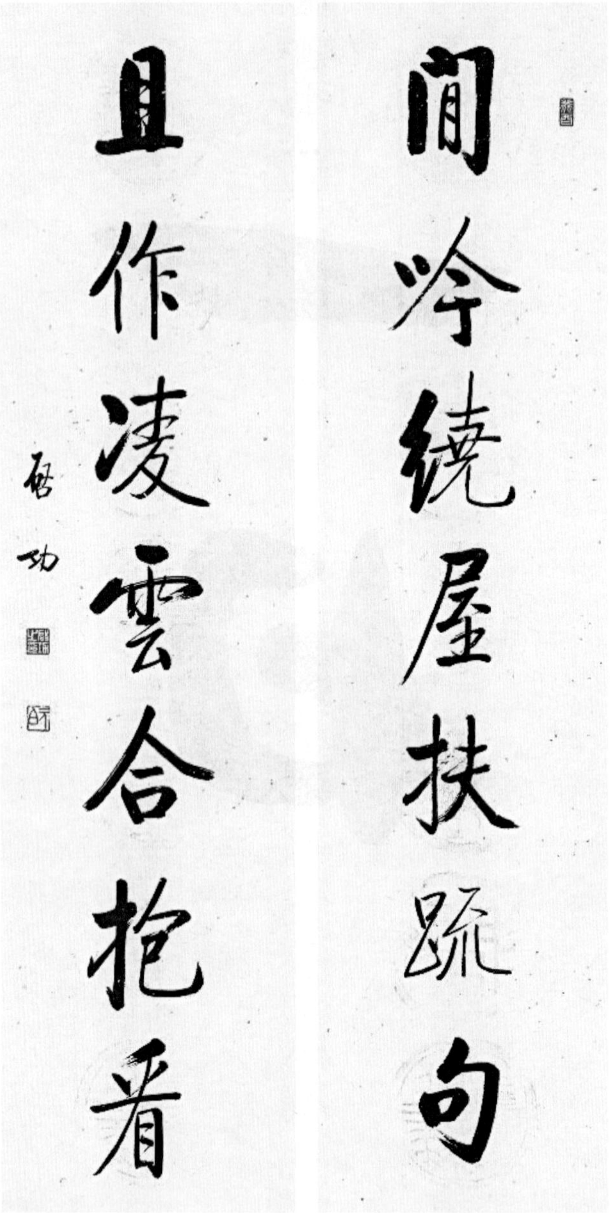

闲吟绕屋扶疏句
且作凌云合抱看

启功

十月二日

星期三
农历甲辰年
八月三十

2024
October
2
Wednesday

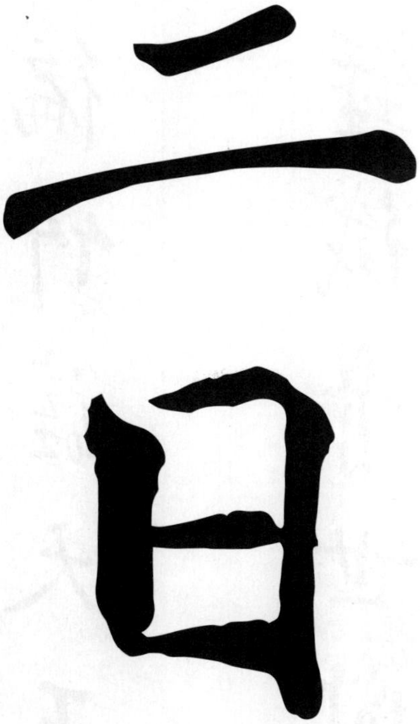

褚遂良 作品

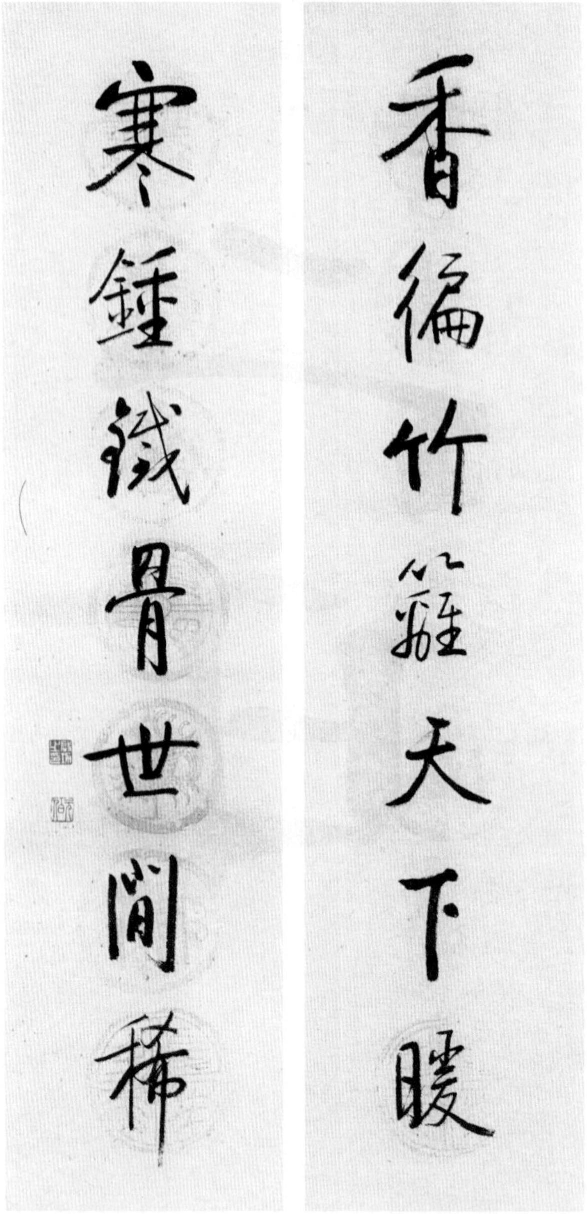

香遍竹篱天下暖
寒钟铁骨世间稀

十月三日

星期四
农历甲辰年
九月初一

2024
October
3
Thursday

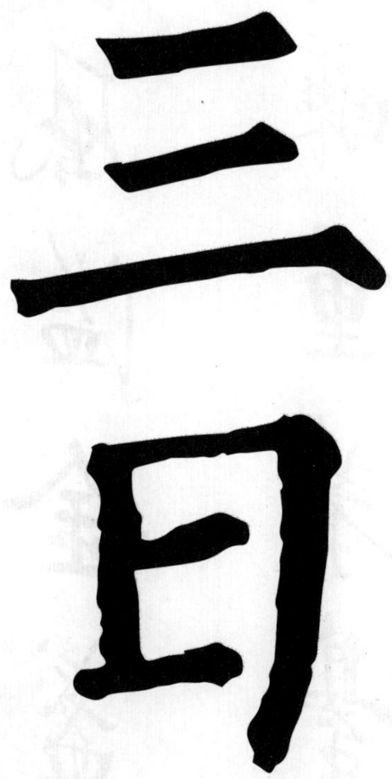

柳公权 作品

香风溢金盏
佳酿重茅台
贵州茅台酒获金奖纪念
一九八四年秋日
启功书赠

十月四日

星期五
农历甲辰年
九月初二

2024
October
4
Friday

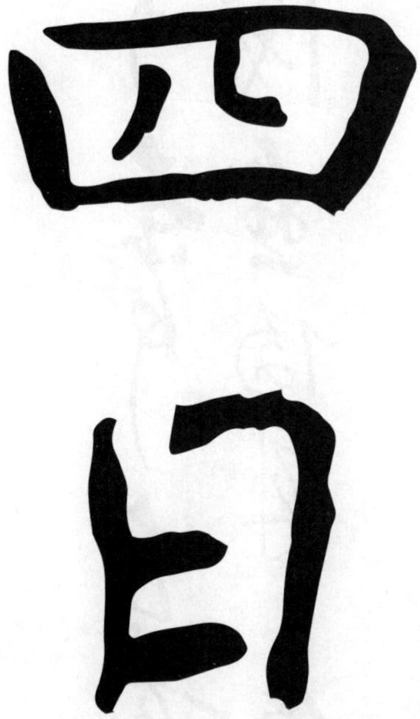

虞世南 作品

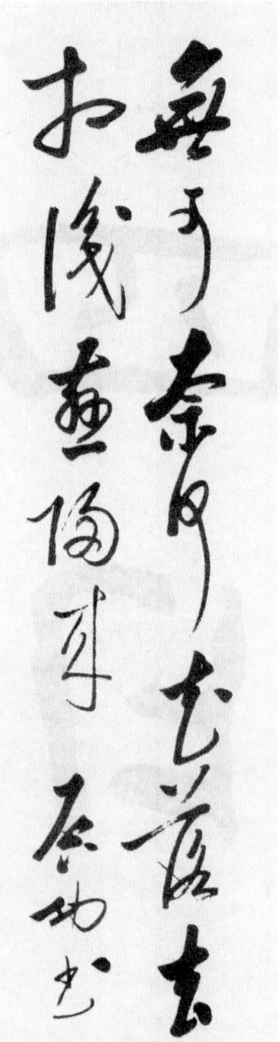

无可奈何花落去
似曾相识燕归来

启功书

十月五日

星期六
农历甲辰年
九月初三

2024
October
5
Saturday

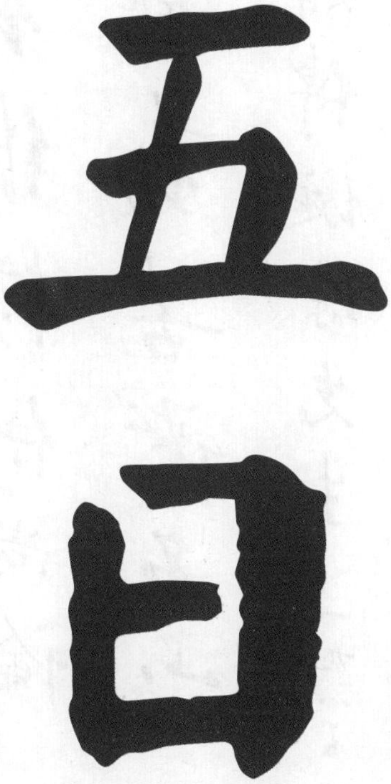

颜真卿 作品

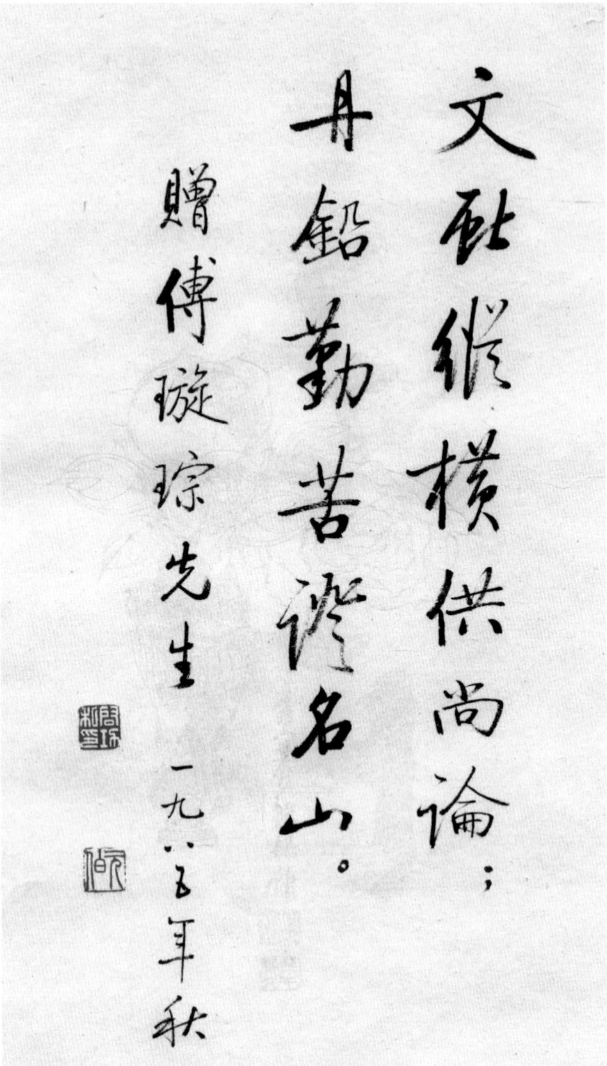

文献纵横供尚论
丹铅勤苦证名山
赠傅璇琮先生
一九八五年秋

十月六日

星期日

农历甲辰年

九月初四

2024

October

6

Sunday

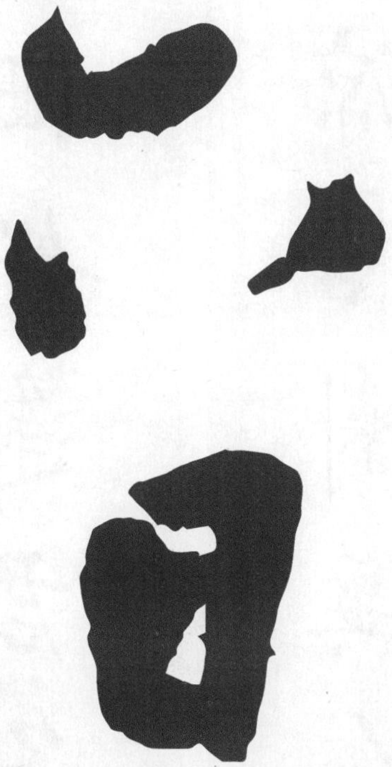

王铎作品

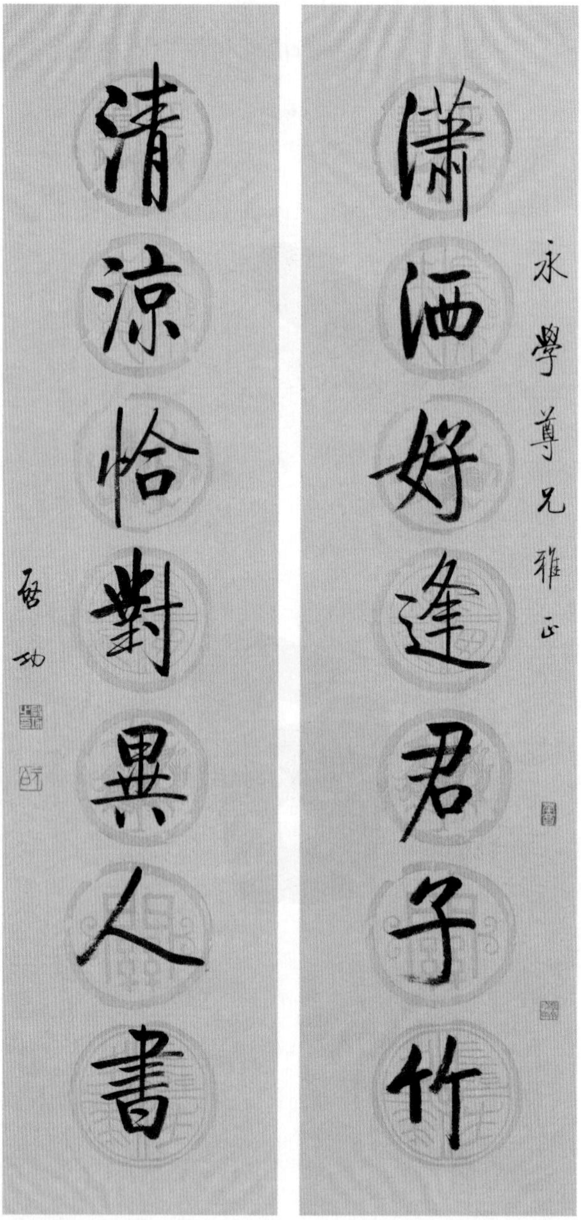

潇洒好逢君子竹
清凉恰对异人书
永学尊兄雅正
启功

十月七日

星期一
农历甲辰年
九月初五

2024
October
7
Monday

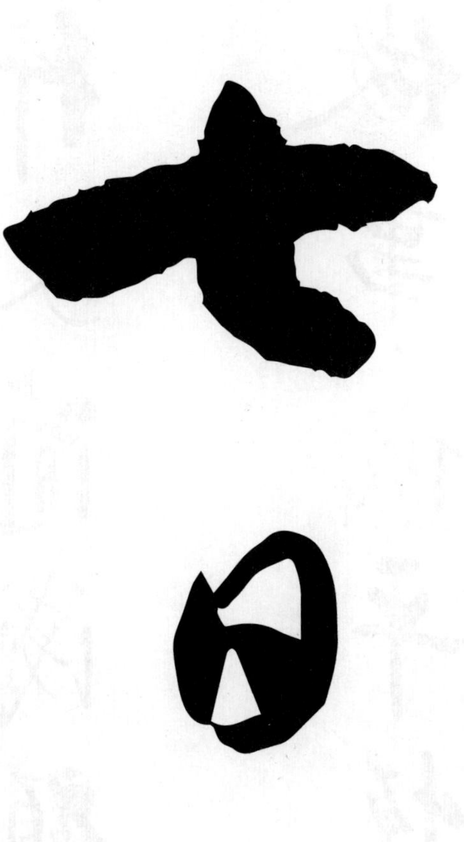

智永作品

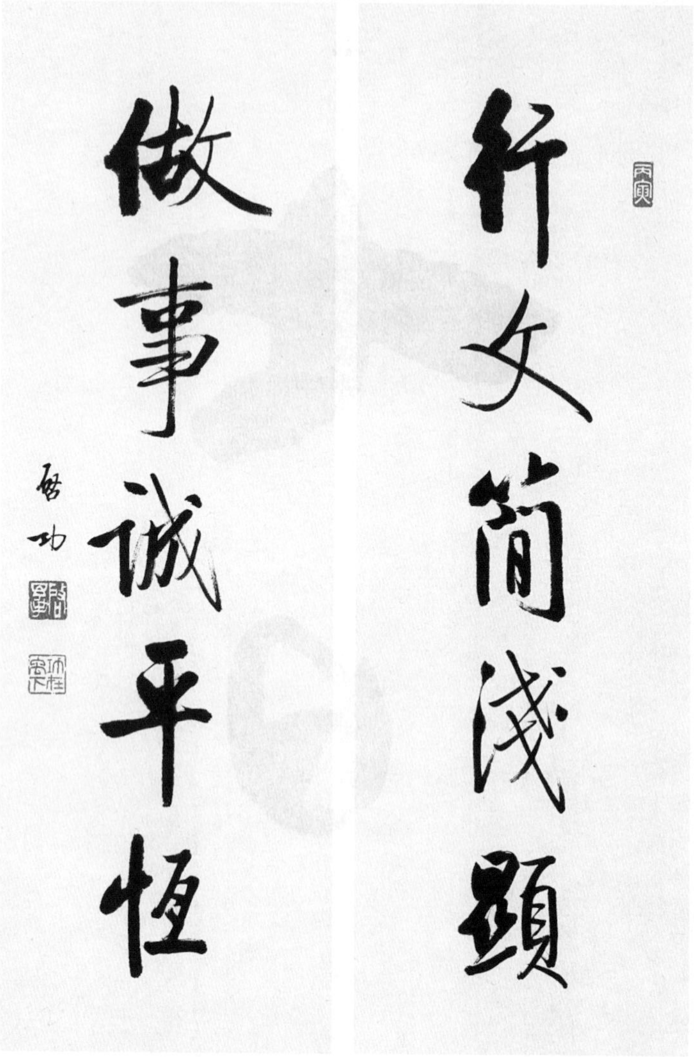

行文简浅显
做事诚平恒
启功

十月八日

星期二
农历甲辰年
九月初六

2024
October
8
Tuesday

启功作品

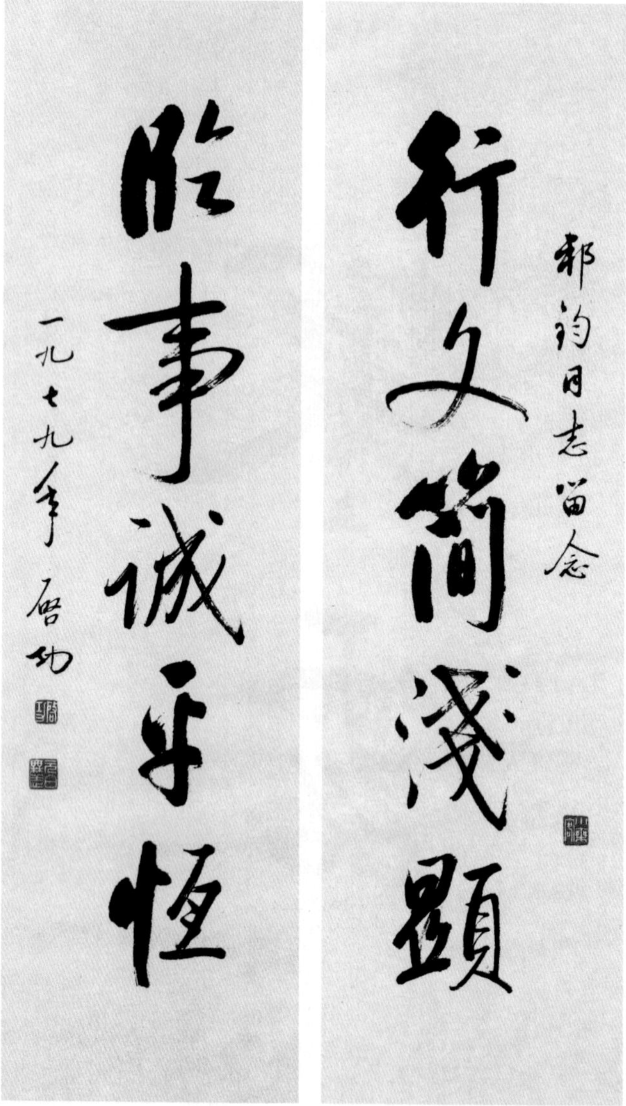

行文简浅显
临事诚平恒
邦钧同志留念
一九七九年
启功

十月九日

星期三
农历甲辰年
九月初七

2024
October
9
Wednesday

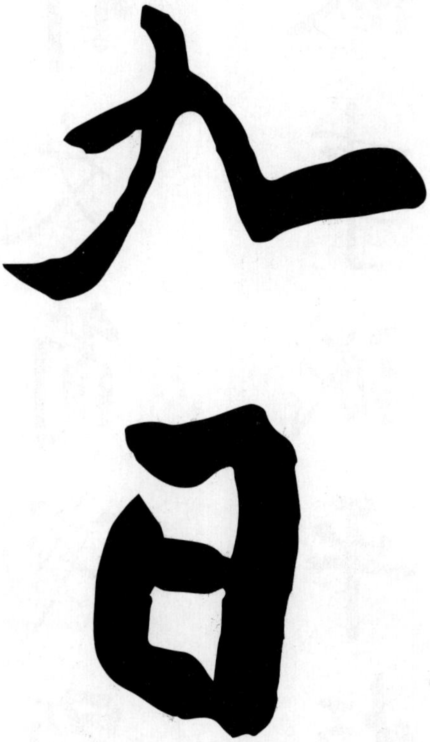

黄庭坚 作品

行文简浅显
做事诚平恒

启功

十月十日

星期四
农历甲辰年
九月初八

2024
October
10
Thursday

文徵明 作品

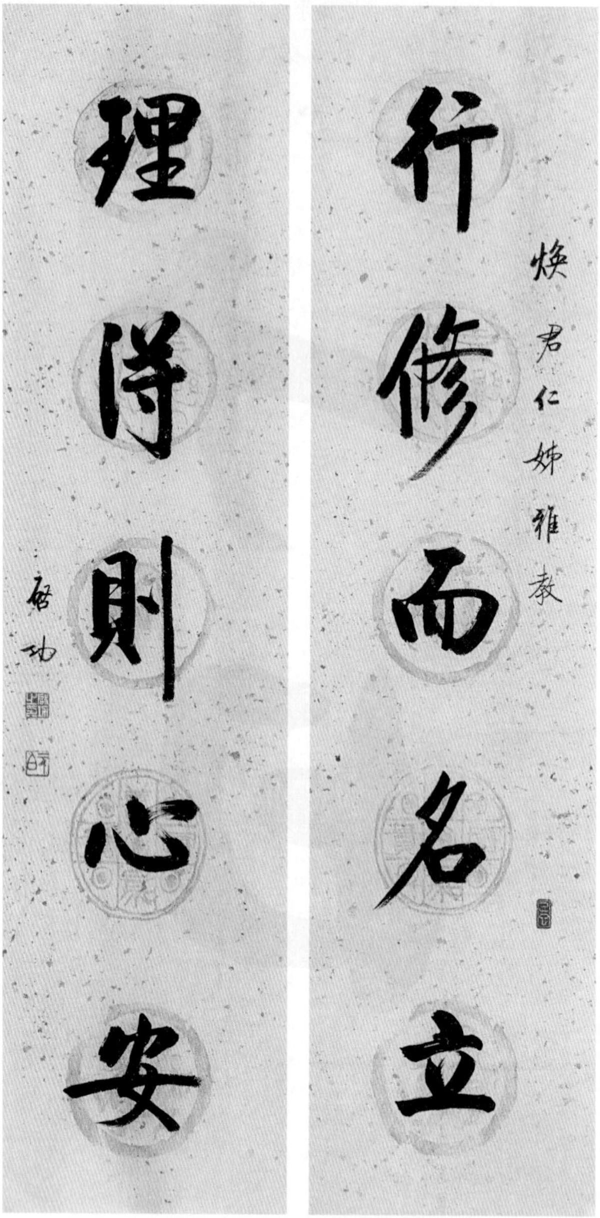

行修而名立
理得则心安
焕君仁姊雅教
启功

十月十一日

星期五
农历甲辰年
九月初九

2024
October
11
Friday

重陽

启功作品

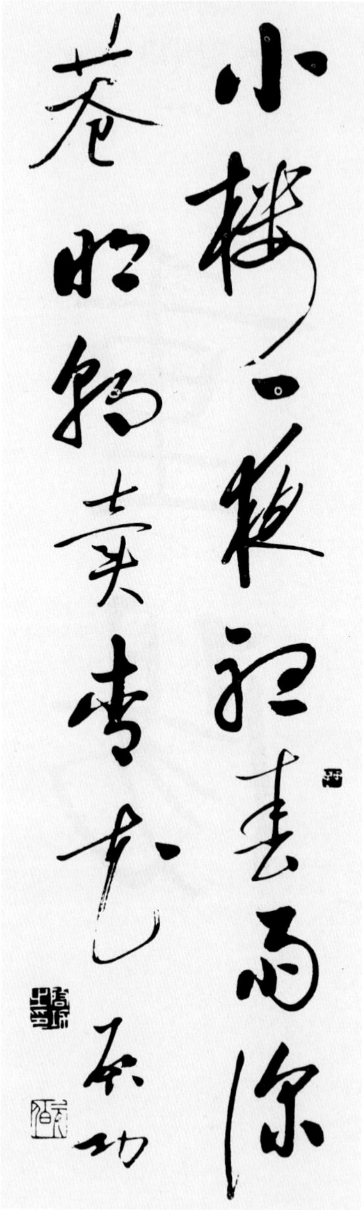

小楼一夜听春雨
深巷明朝卖杏花

启功

十月十二日

星期六
农历甲辰年
九月初十

2024
October
12
Saturday

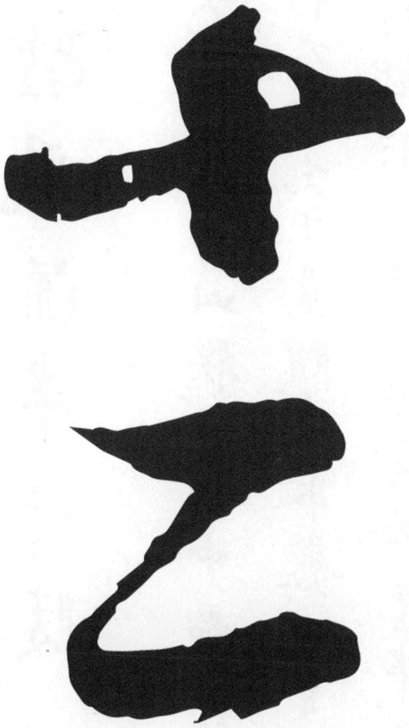

赵孟頫 作品

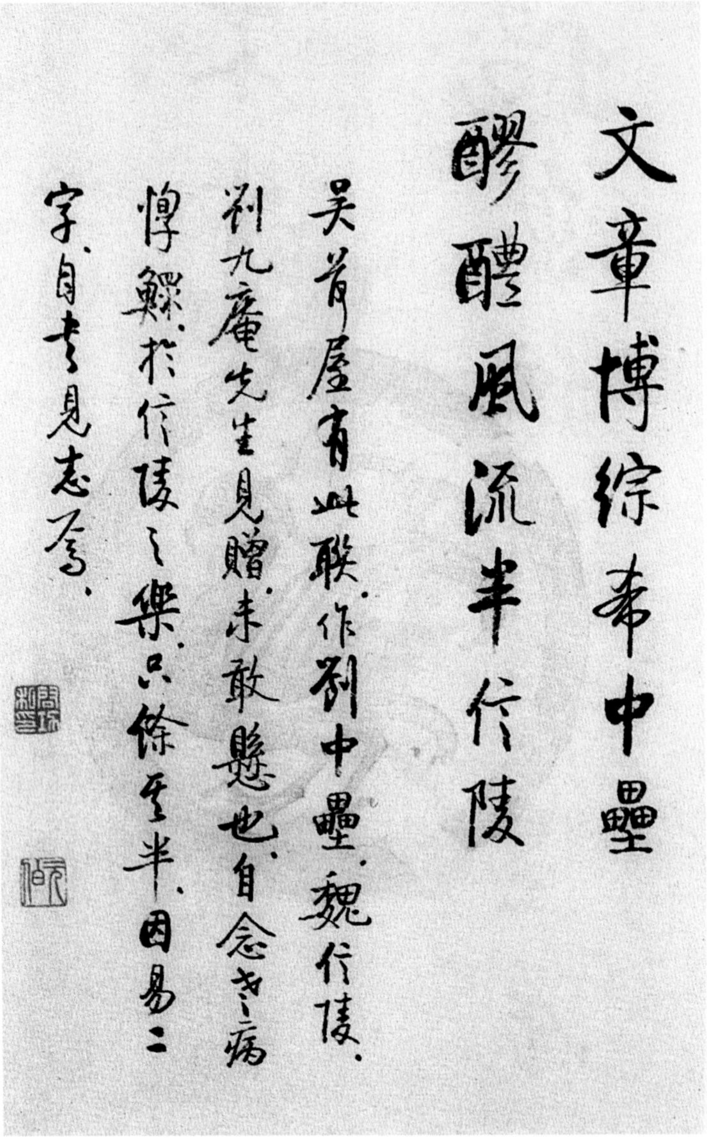

文章博综希中垒
醪醴风流半信陵

吴荷屋有此联　作刘中垒
魏信陵　刘九庵先生见赠
未敢悬也　自念老病惇鳏
于信陵之乐　只余其半　因易
二字　自书见志焉

十月十三日

星期日
农历甲辰年
九月十一

2024
October
13
Sunday

王献之 作品

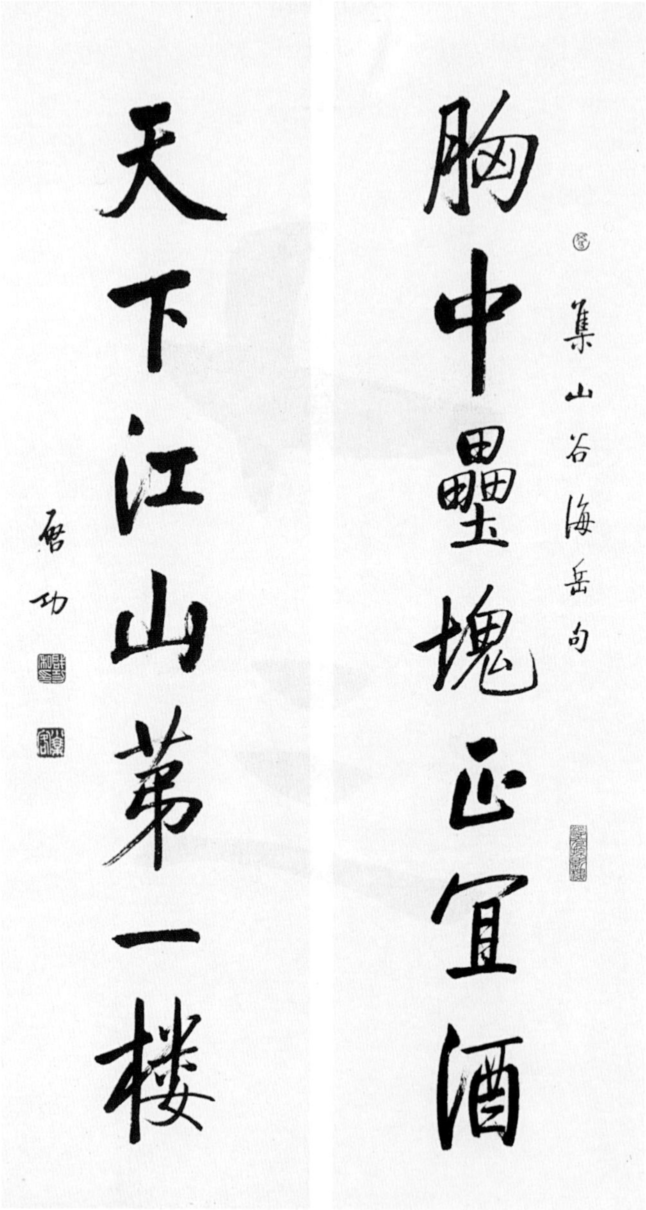

胸中垒块正宜酒
天下江山第一楼
集山谷海岳句
启功

十月十四日

星期一
农历甲辰年
九月十二

2024
October
14
Monday

颜真卿 作品

袖里虹霓冲霁色
笔端风雨驾云涛
启功

十月十五日

星期二
农历甲辰年
九月十三

2024
October
15
Tuesday

米芾作品

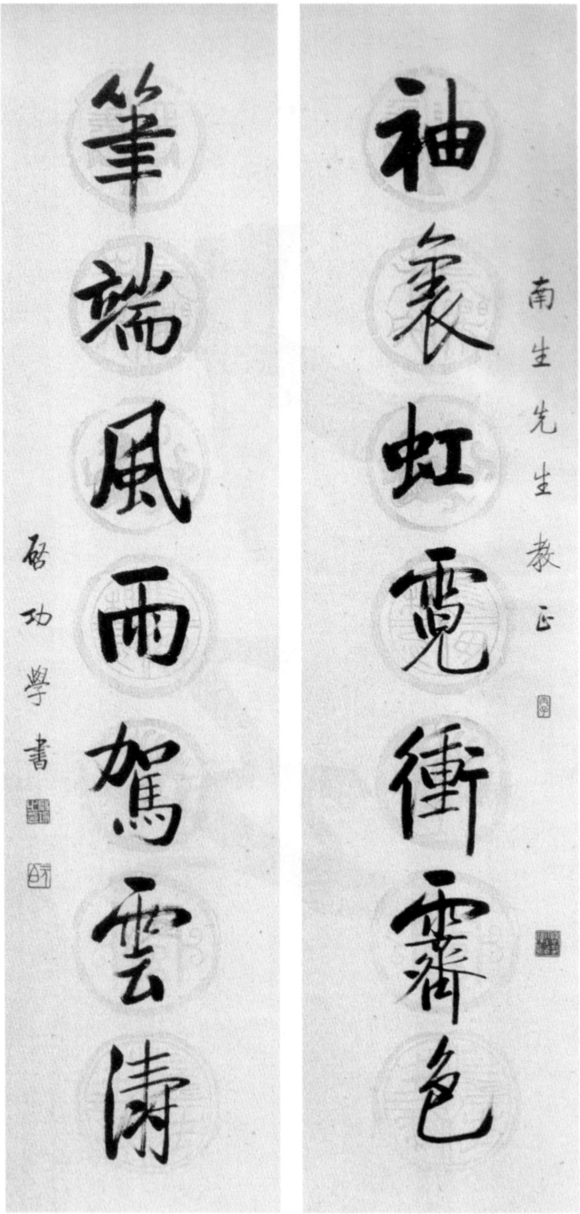

袖里虹霓冲霁色
笔端风雨驾云涛
南生先生教正
启功学书

十月十六日

星期三

农历甲辰年

九月十四

2024
October
16
Wednesday

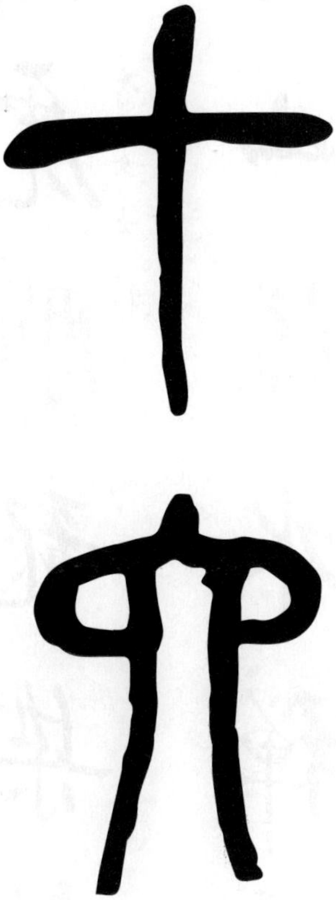

吴昌硕 作品

绣虎雕龙染翰
高山流水弹琴

岁次庚午夏日
小香女士雅正
坚净翁启功书于香岛

十月十七日

星期四
农历甲辰年
九月十五

2024
October
17
Thursday

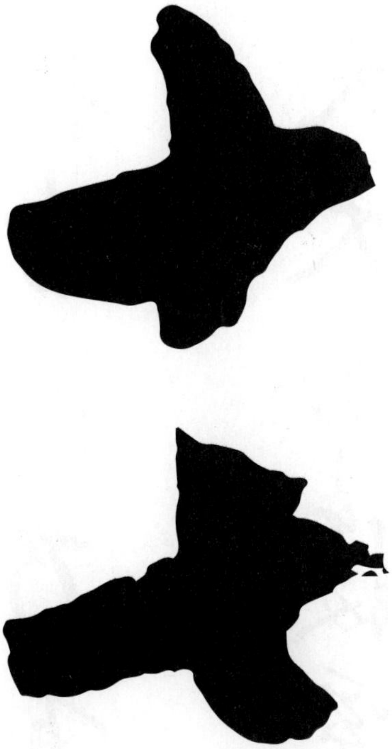

蔡襄作品

学于古训乃有获
乐夫天命复奚疑
启功

十月十八日

星期五

农历甲辰年

九月十六

2024

October

18

Friday

张旭作品

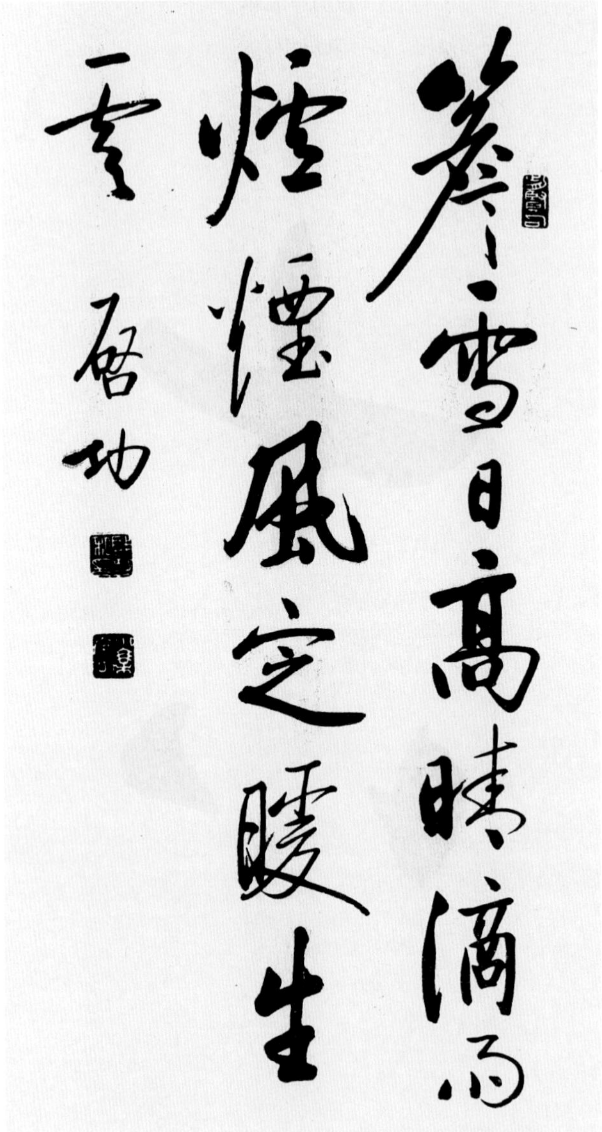

檐雪日高晴滴雨
炉烟风定暖生云
启功

十月十九日

星期六
农历甲辰年
九月十七

2024
October
19
Saturday

欧阳询 作品

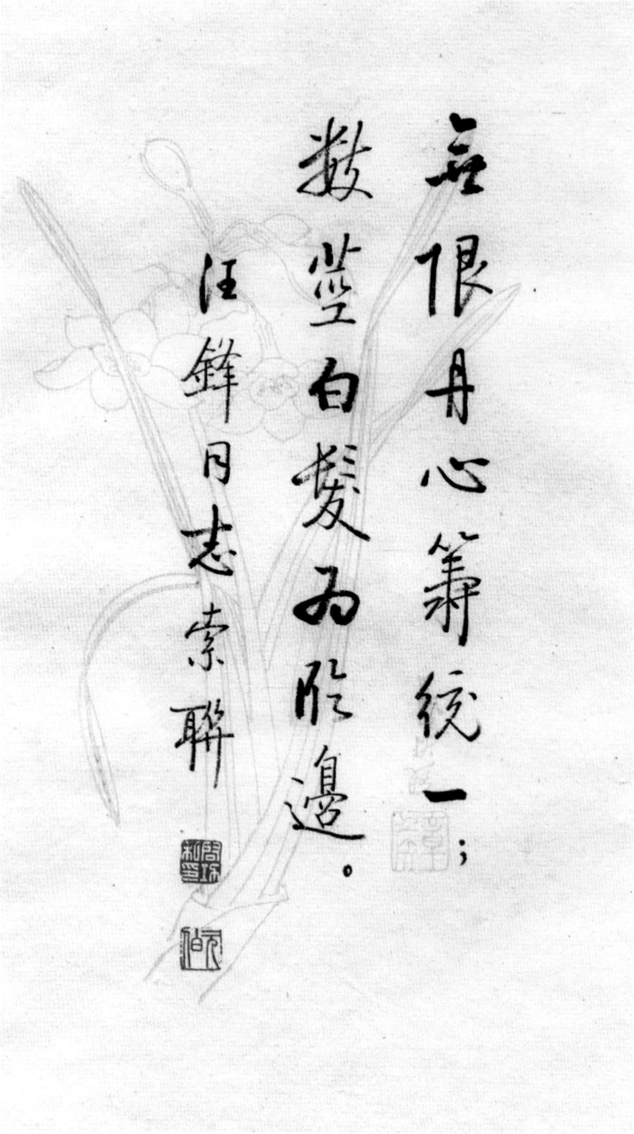

无限丹心筹统一
数茎白发为临边
汪锋同志索联

十月二十日

星期日

农历甲辰年

九月十八

2024
October
20
Sunday

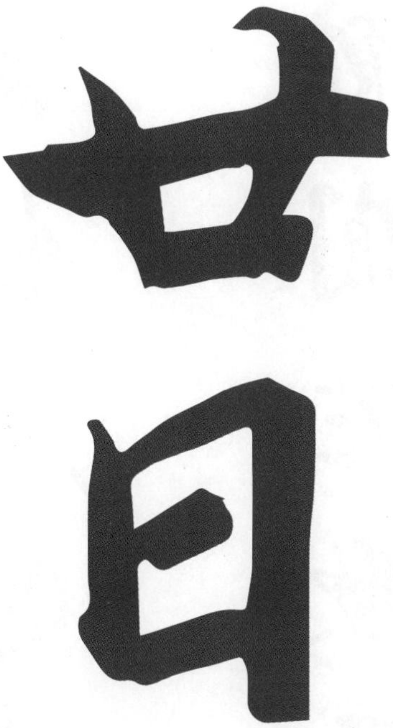

陆柬之 作品

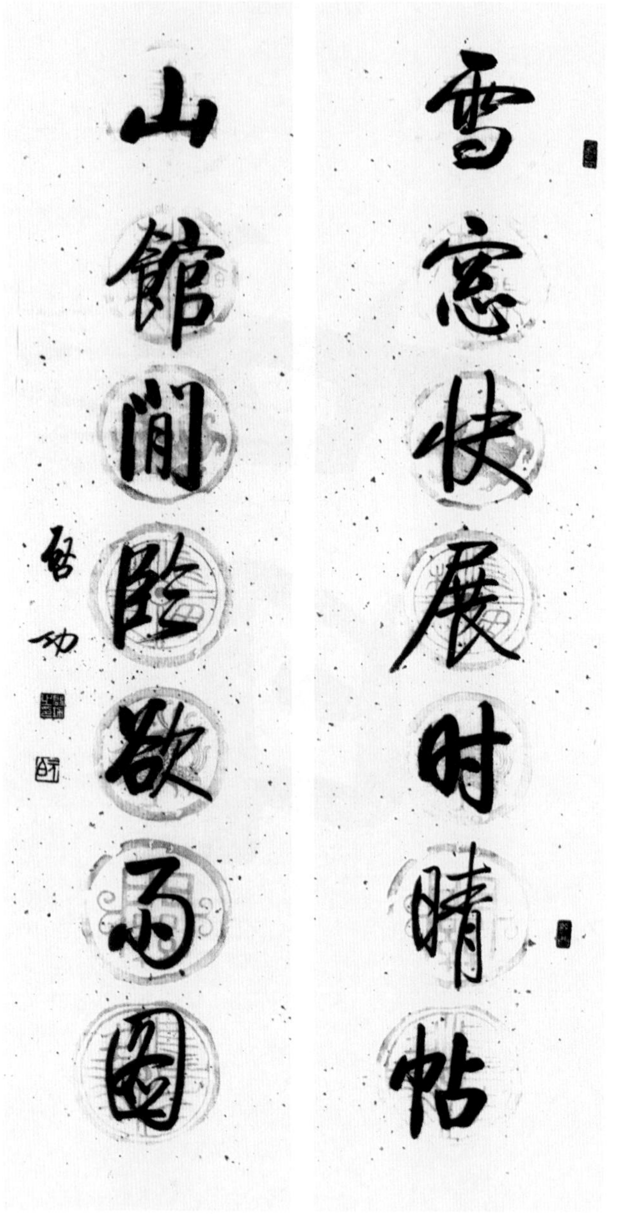

雪窗快展时晴帖
山馆闲临欲雨图

启功

十月二十一日

星期一
农历甲辰年
九月十九

2024
October
21
Monday

王宠作品

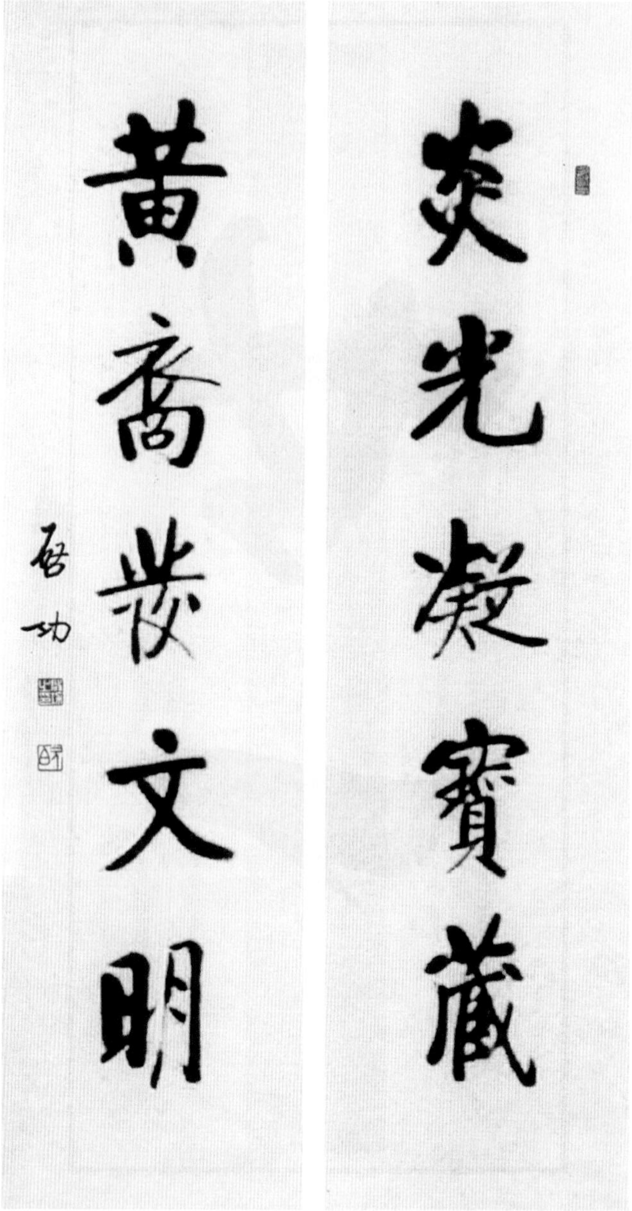
炎光凝寶藏
黃裔發文明
啓功

炎光凝宝藏
黄裔发文明
启功

十月二十二日

星期二
农历甲辰年
九月二十

2024
October
22
Tuesday

赵孟頫 作品

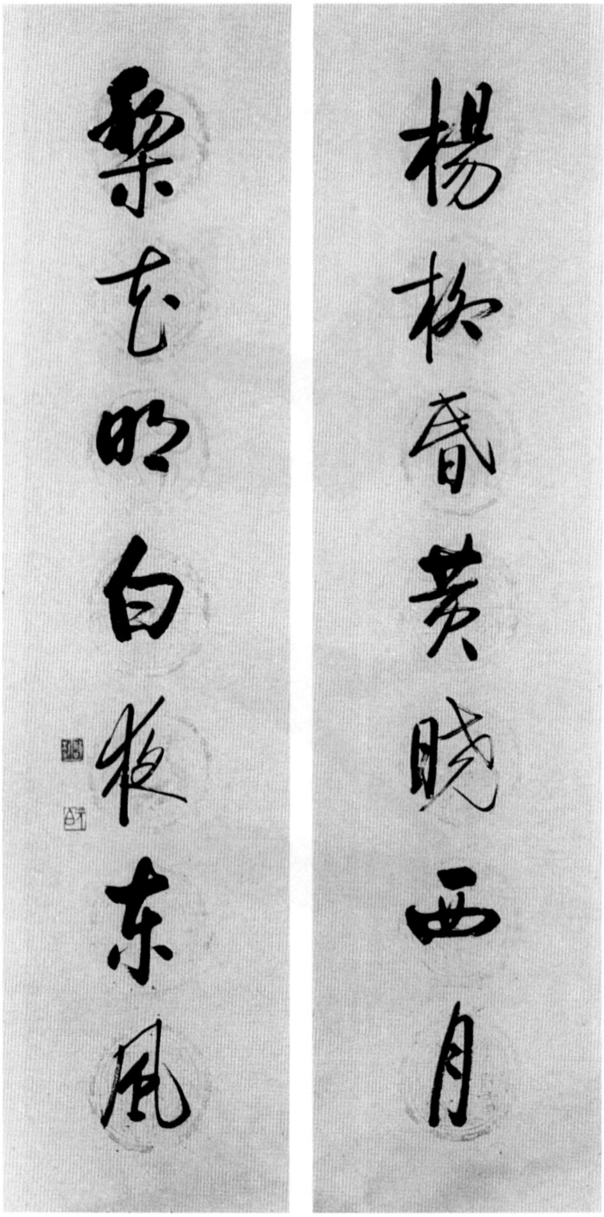

杨柳昏黄晓西月
梨花明白夜东风

十月二十三日

星期三
农历甲辰年
九月廿一

2024
October
23
Wednesday

霜降

启功 作品

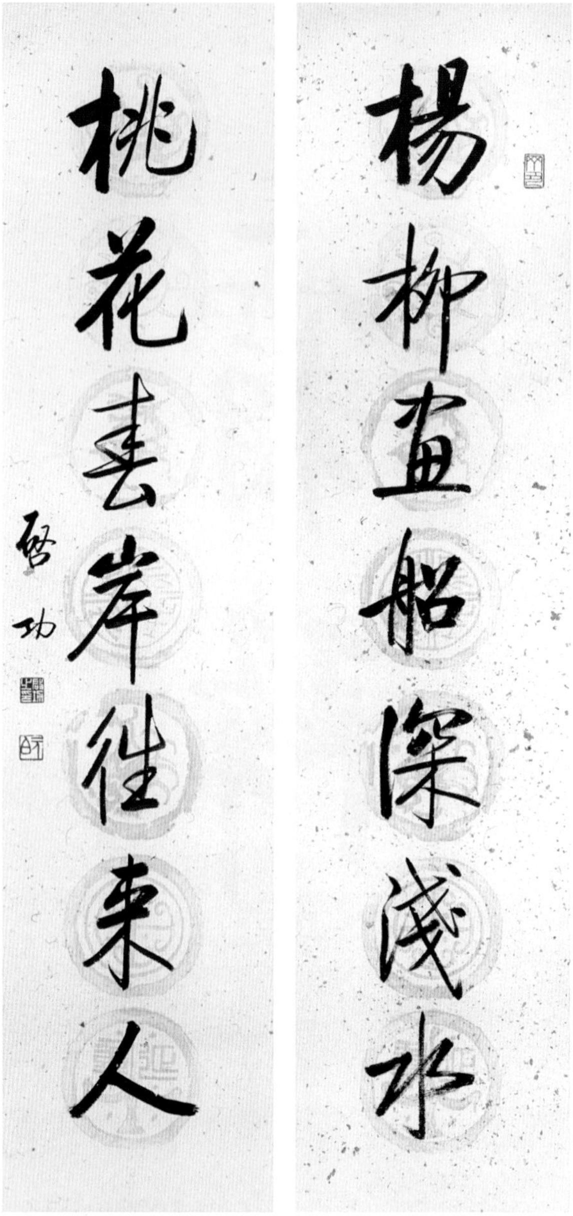

杨柳画船深浅水
桃花春岸往来人

启功

十月二十四日

星期四
农历甲辰年
九月廿二

2024
October
24
Thursday

毛泽东　作品

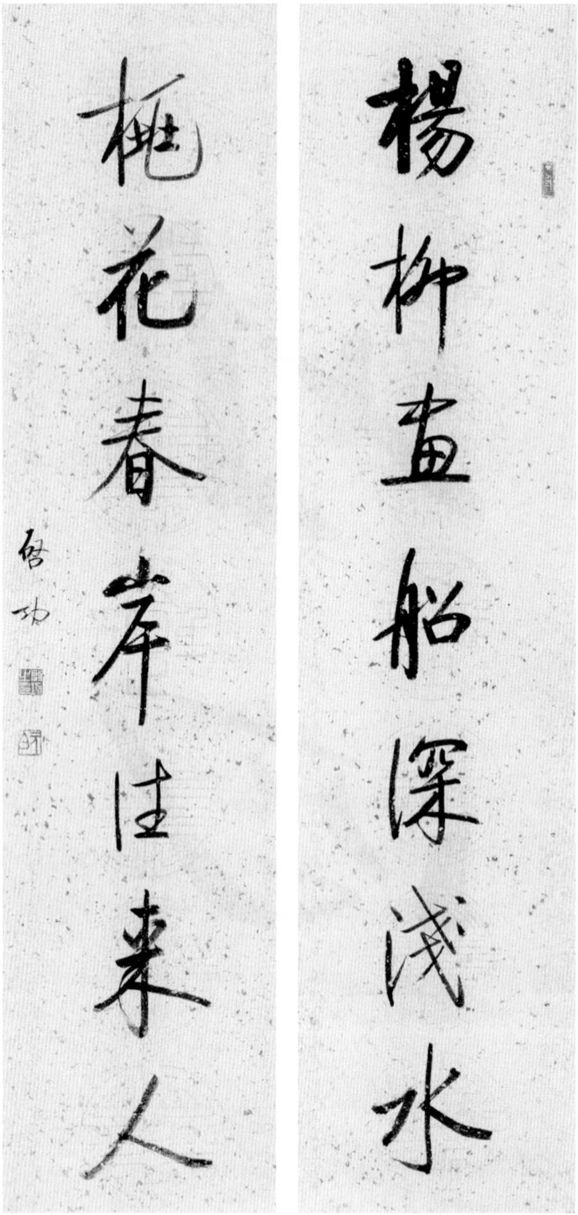

杨柳画船深浅水
桃花春岸往来人
启功

十月二十五日

星期五
农历甲辰年
九月廿三

2024
October
25
Friday

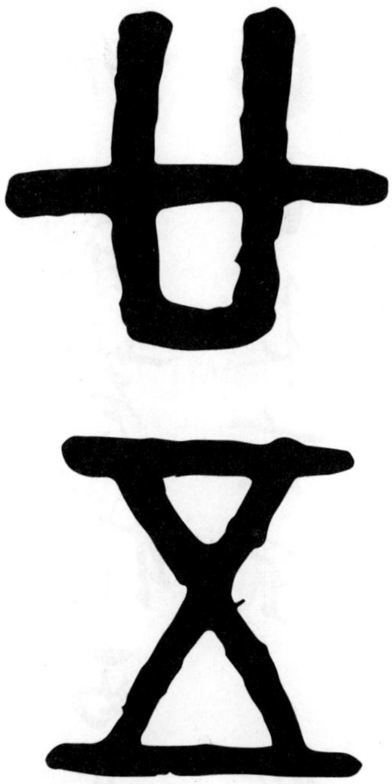

吴大澂 作品

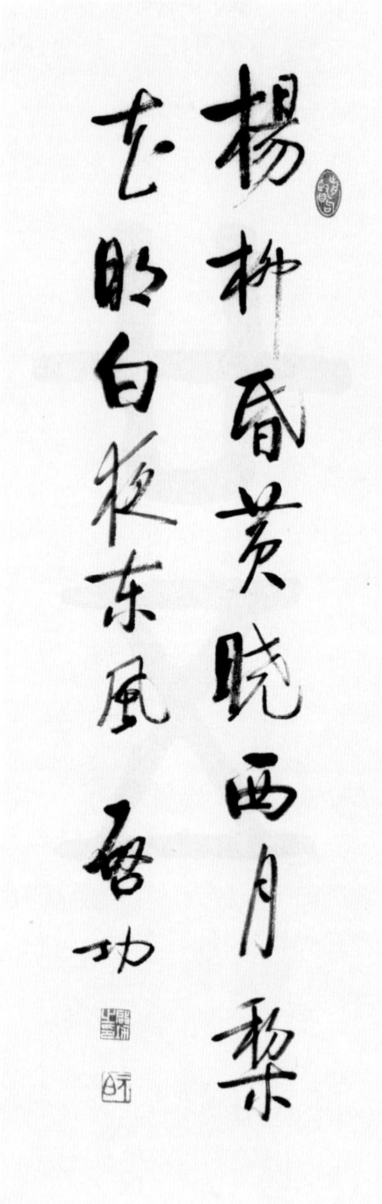

杨柳昏黄晓西月
梨花明白夜东风
启功

十月二十六日

星期六
农历甲辰年
九月廿四

2024
October
26
Saturday

皇象作品

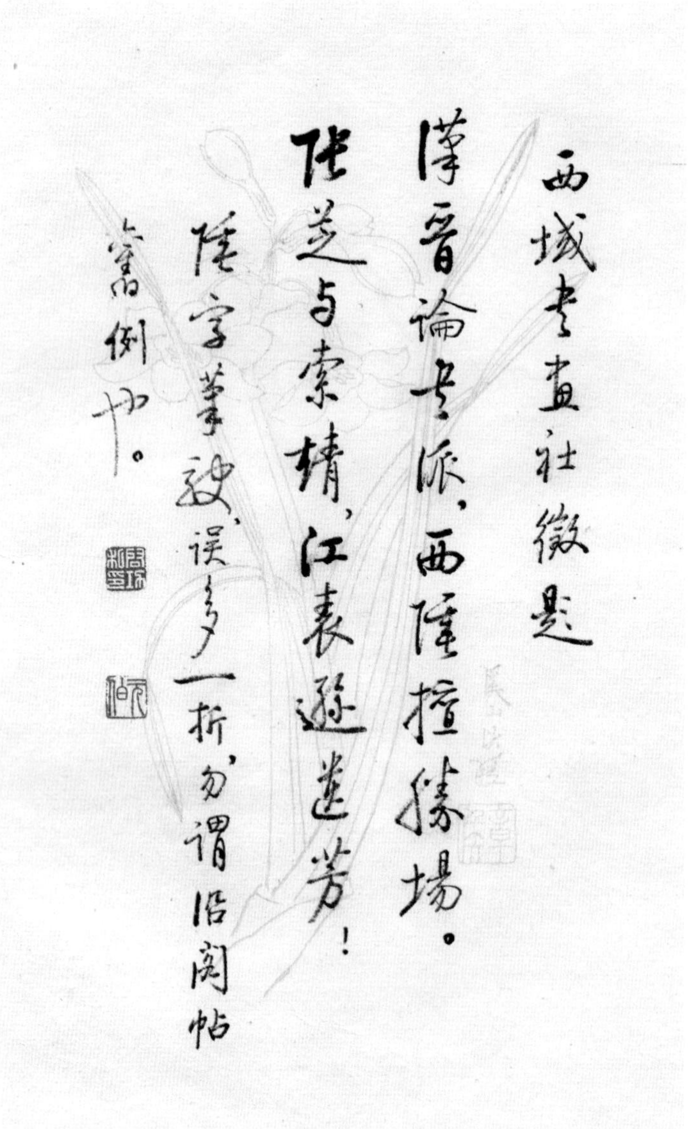

汉晋论书派　西陲擅
胜场
张芝与索靖　江表逊
遗芳

西域书画社征题
陲字笔驶　误多一折　勿谓
沿阁帖旧例也

十月二十七日

星期日
农历甲辰年
九月廿五

2024
October
27
Sunday

王羲之 作品

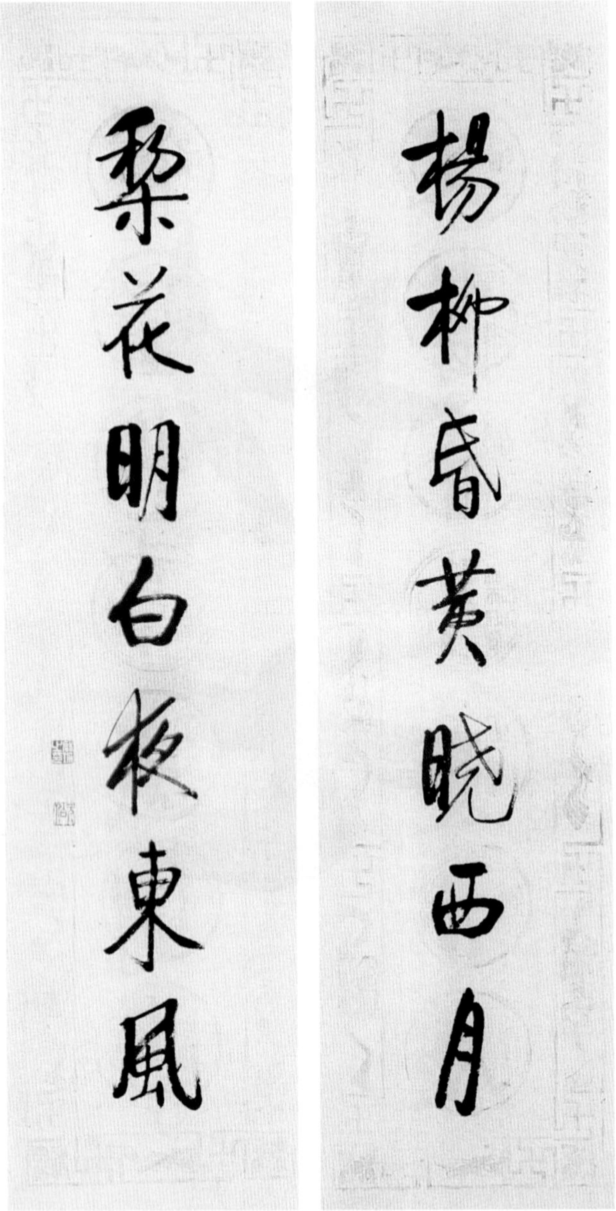
楊柳昏黃曉西月
梨花明白夜東風

杨柳昏黄晓西月
梨花明白夜东风

十月二十八日

星期一
农历甲辰年
九月廿六

2024
October
28
Monday

董其昌 作品

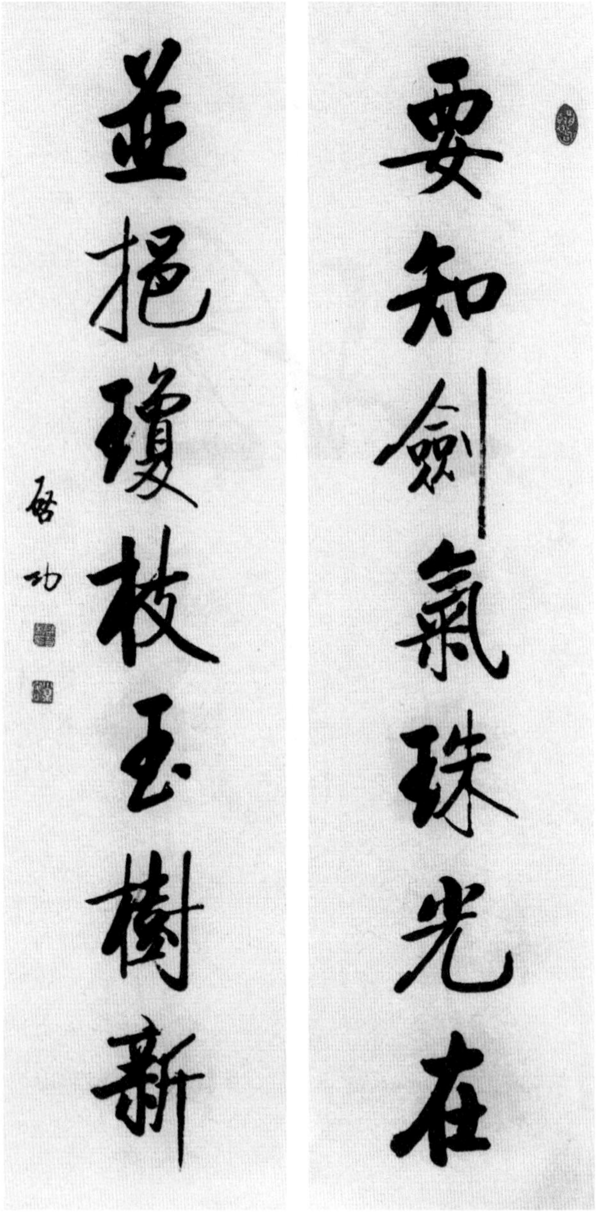

要知剑气珠光在
并挹琼枝玉树新

启功

十月二十九日

星期二
农历甲辰年
九月廿七

2024
October
29
Tuesday

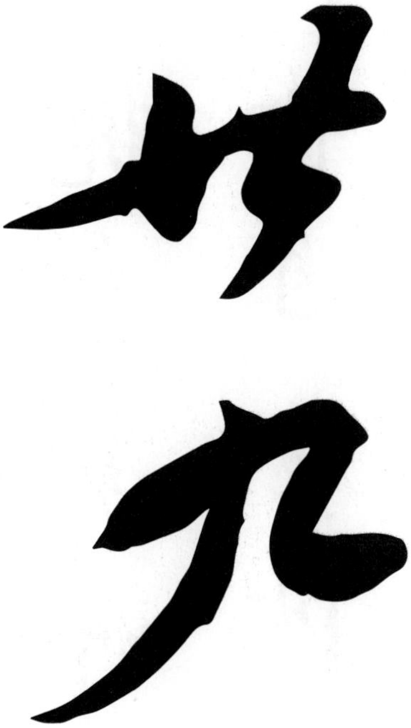

苏轼作品

野桃含笑竹篱短
溪柳自摇沙水清

十月三十日

星期三
农历甲辰年
九月廿八

2024
October
30
Wednesday

邓石如 作品

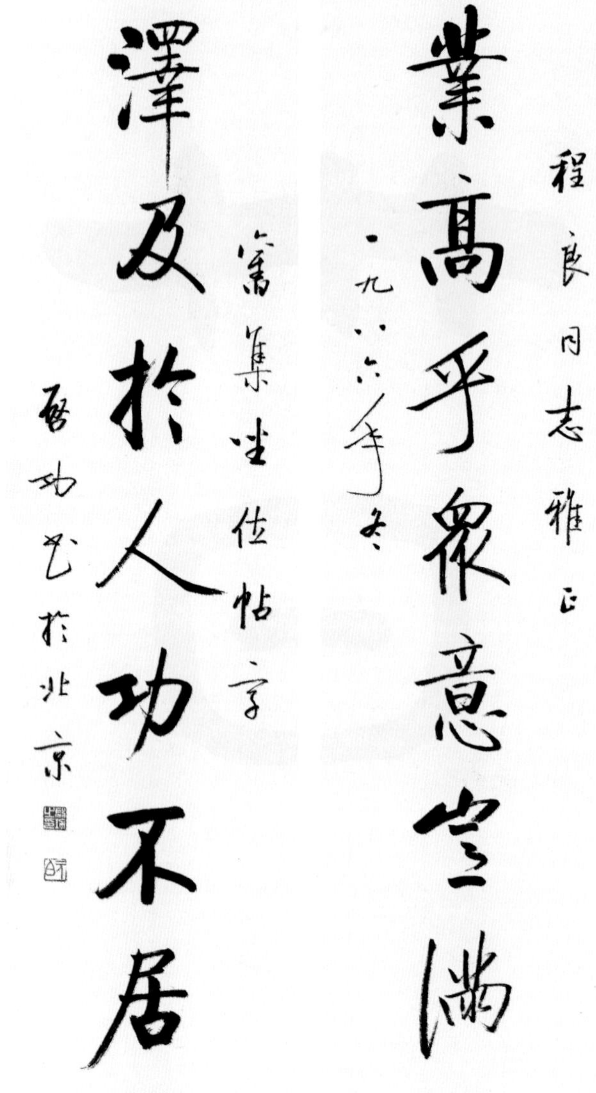

业高乎众意岂满
泽及于人功不居

程良同志雅正
一九八六年冬　旧集坐位帖
字　启功书于北京

十月三十一日

星期四
农历甲辰年
九月廿九

2024
October
31
Thursday

赵孟頫 作品

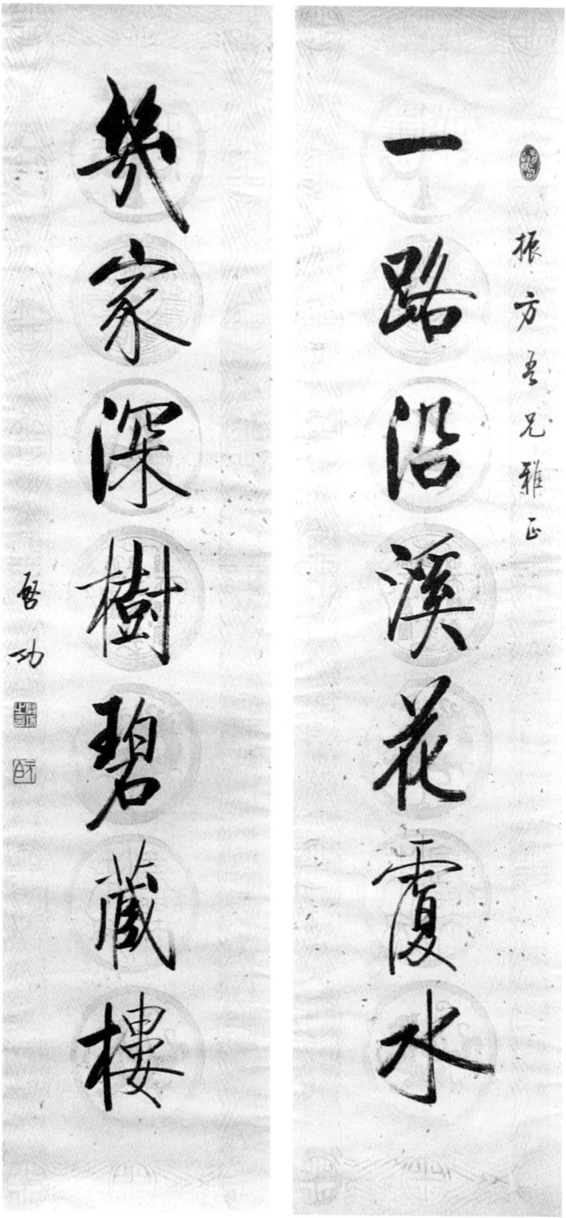

一路沿溪花覆水
几家深树碧藏楼
振方吾兄雅正
启功

十一月一日

星期五
农历甲辰年
十月初一

2024
November
1
Friday

一日

索靖作品

杨柳昏黄晓西月
梨花明白夜东风

启功

十一月二日

星期六

农历甲辰年

十月初二

2024
November
2
Saturday

褚遂良 作品

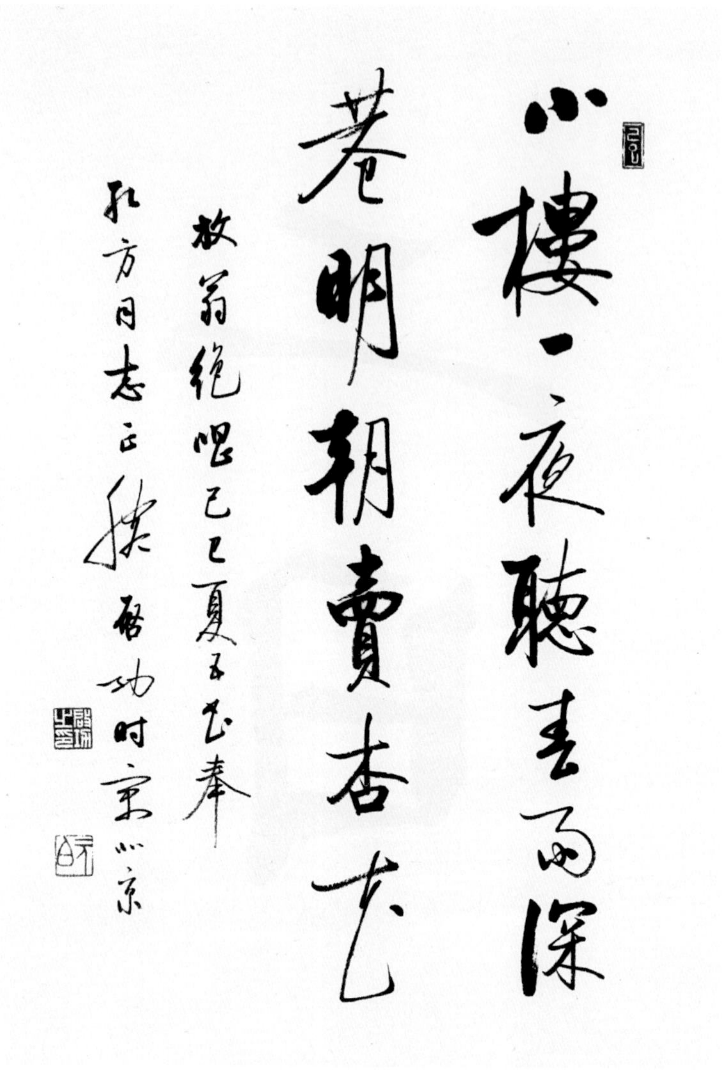

小楼一夜听春雨
深巷明朝卖杏花
放翁绝唱　己巳夏五书奉
孔方同志正腕　启功时寓北京

十一月三日

星期日
农历甲辰年
十月初三

2024
November
3
Sunday

柳公权 作品

一路沿溪花覆水
几家深树碧藏楼
亦尧先生正
启功

十一月四日

星期一

农历甲辰年

十月初四

2024

November

4

Monday

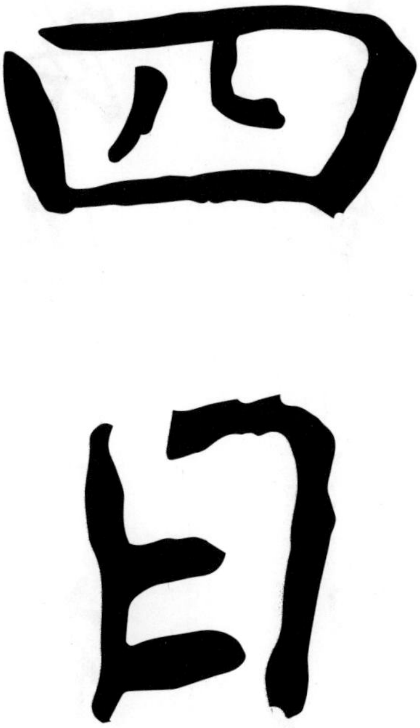

虞世南 作品

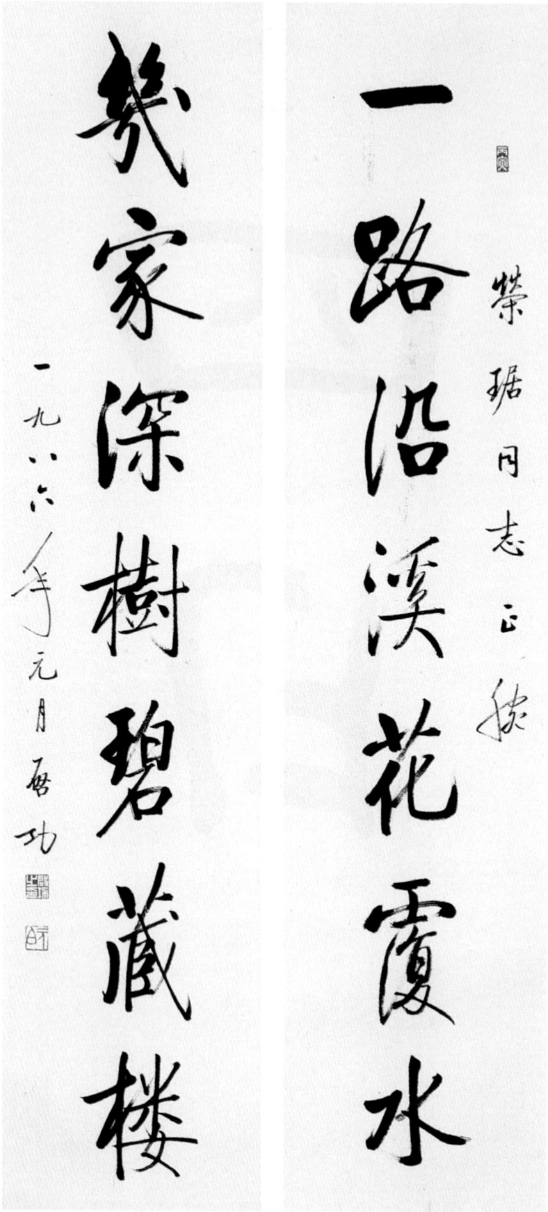

一路沿溪花覆水
几家深树碧藏楼
荣琚同志正腕
一九八六年元月
启功

十一月五日

星期二
农历甲辰年
十月初五

2024
November
5
Tuesday

五日

颜真卿 作品

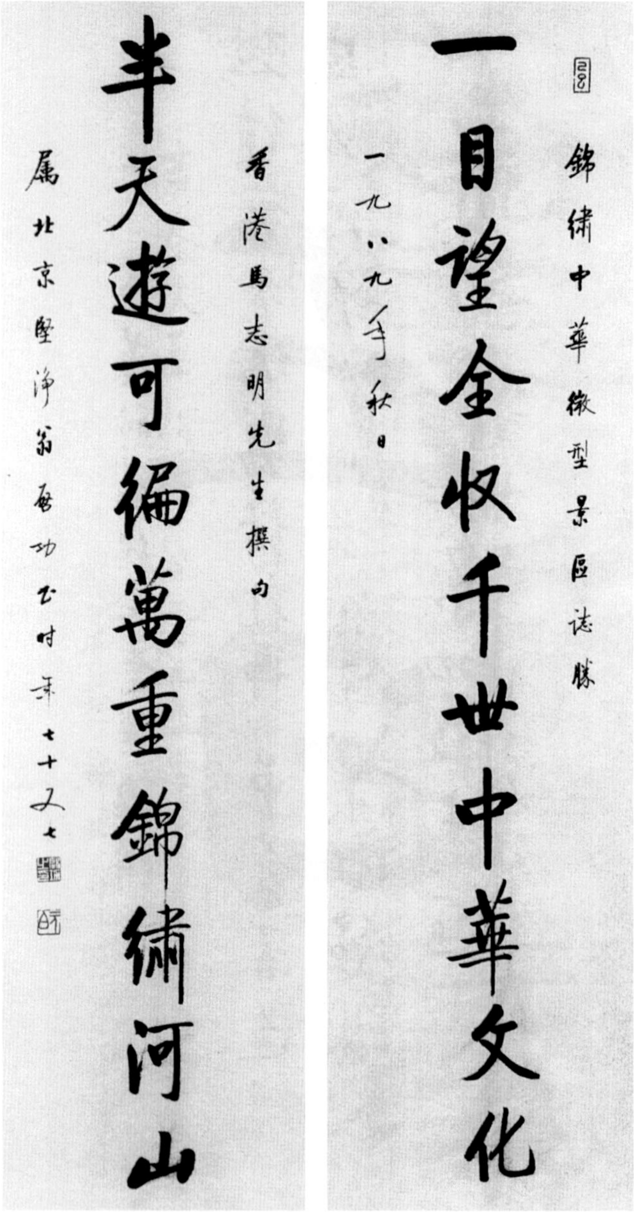

一目望全收千世中华
文化
半天游可遍万重锦绣
河山

锦绣中华微型景区志胜
一九八九年秋日　香港马志
明先生撰句
属北京坚净翁启功书　时年
七十又七

十一月六日

星期三
农历甲辰年
十月初六

2024
November
6
Wednesday

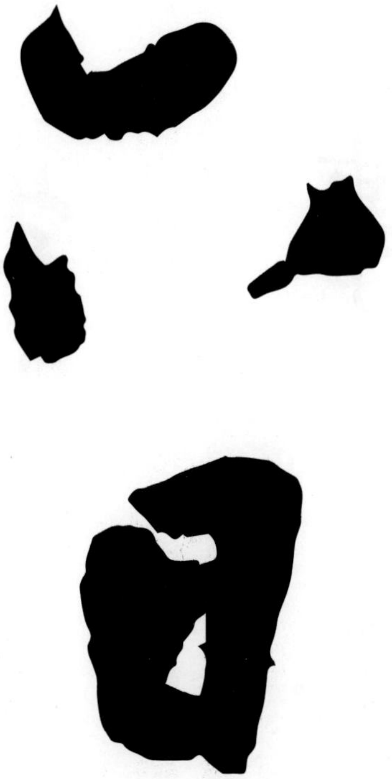

王铎作品

一生大自在
万事将无同

启功

十一月七日

星期四
农历甲辰年
十月初七

2024
November
7
Thursday

立冬

启功 作品

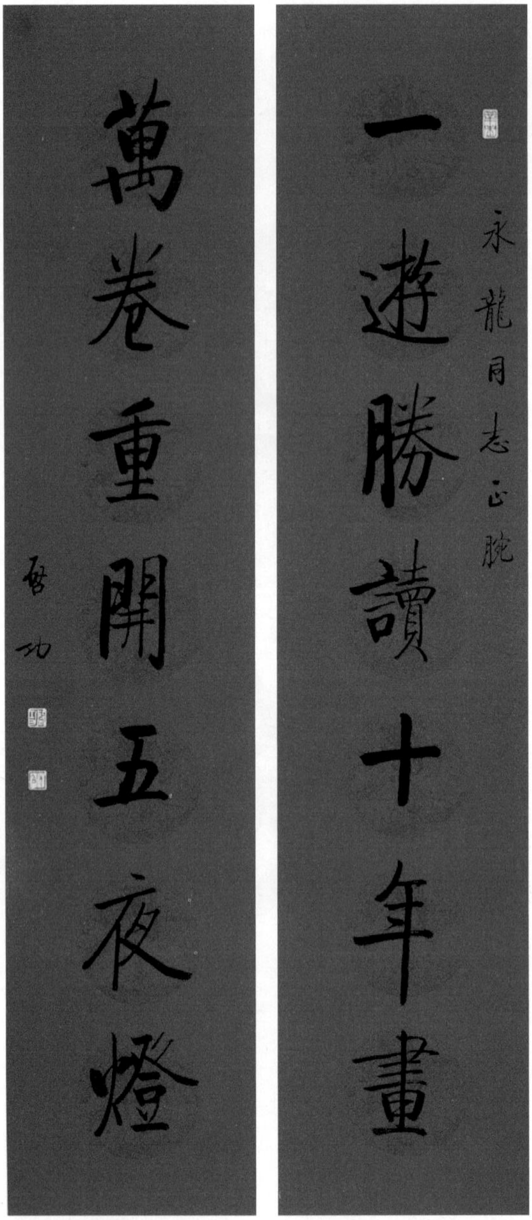

一游胜读十年画
万卷重开五夜灯
永龙同志正腕
启功

十一月八日

星期五
农历甲辰年
十月初八

2024
November
8
Friday

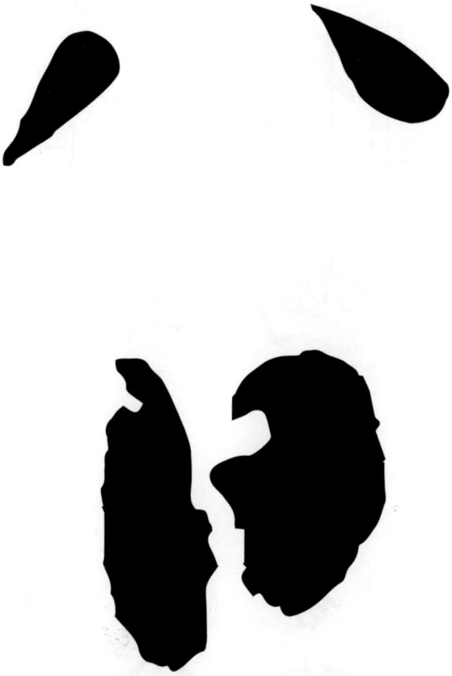

怀素作品

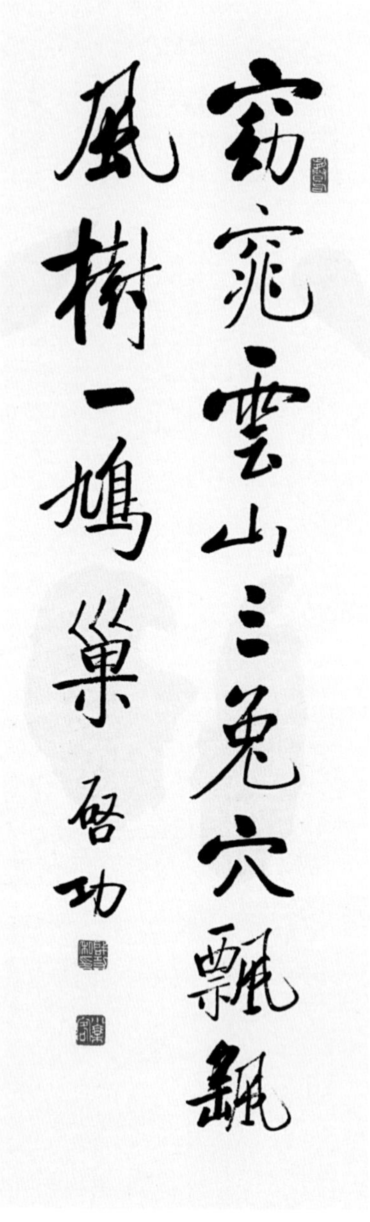

窈窕云山三兔穴
飘飒风树一鸠巢
启功

十一月九日

星期六
农历甲辰年
十月初九

2024
November
9
Saturday

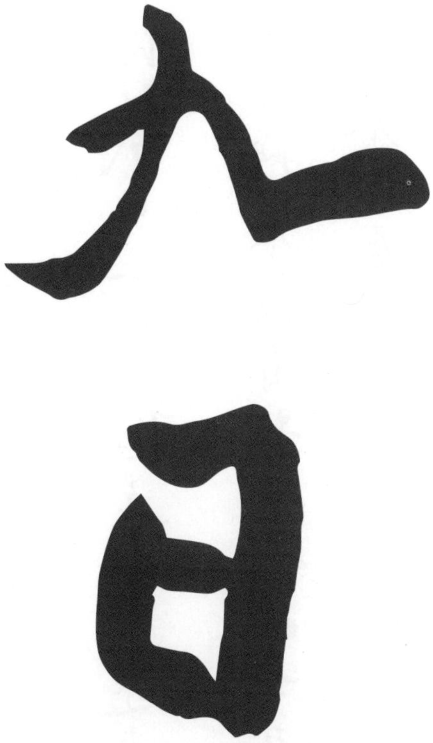

黄庭坚 作品

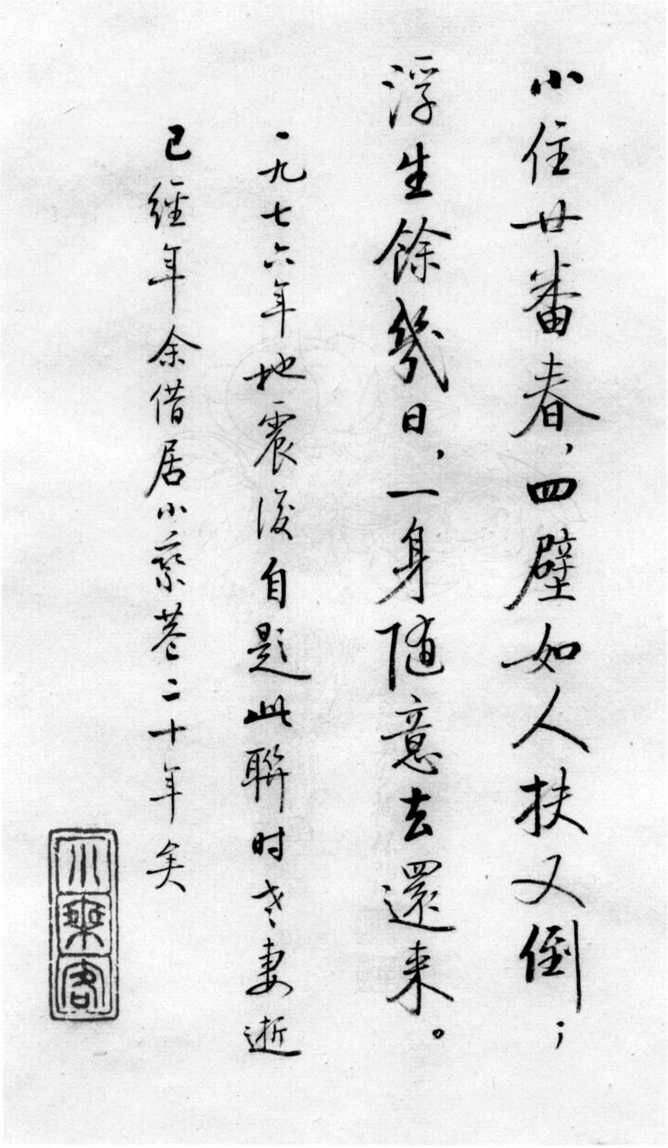

小住廿番春　四壁如人扶又倒
浮生余几日　一身随意去还来

一九七六年地震后自题此联　时老妻逝已经年　余借居小乘巷二十年矣

十一月十日

星期日
农历甲辰年
十月初十

2024
November
10
Sunday

文徵明 作品

旖旎云锦秋花起
清澈湖山皎月团
集米书蜀素卷字
启功

十一月十一日

星期一
农历甲辰年
十月十一

2024
November
11
Monday

王羲之 作品

旖旎云锦秋花起
清澈湖山皎月团
启功

十一月十二日

星期二
农历甲辰年
十月十二

2024
November
12
Tuesday

赵孟頫 作品

因山小径通古寺
片云隔水度清钟
启功

十一月十三日

星期三

农历甲辰年

十月十三

2024

November

13

Wednesday

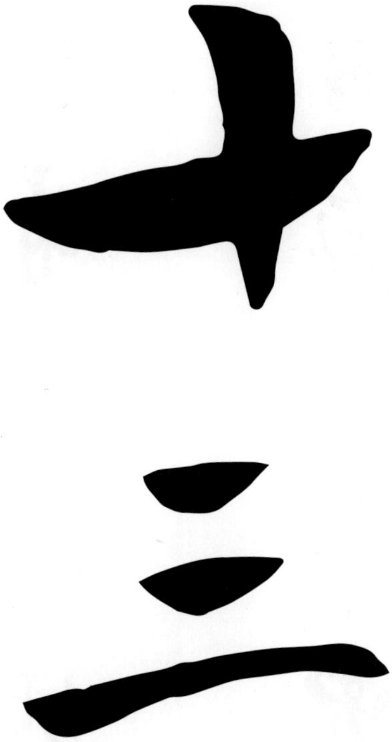

王献之 作品

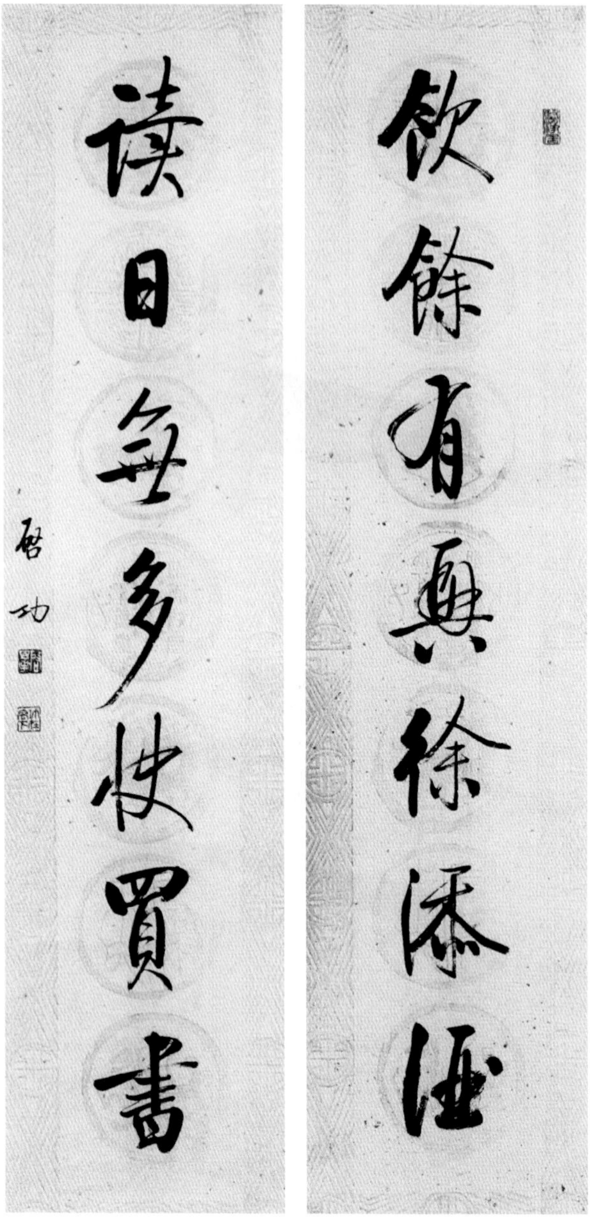

饮余有兴徐添酒
读日无多快买书
启功

十一月十四日

星期四
农历甲辰年
十月十四

2024
November
14
Thursday

十四

颜真卿 作品

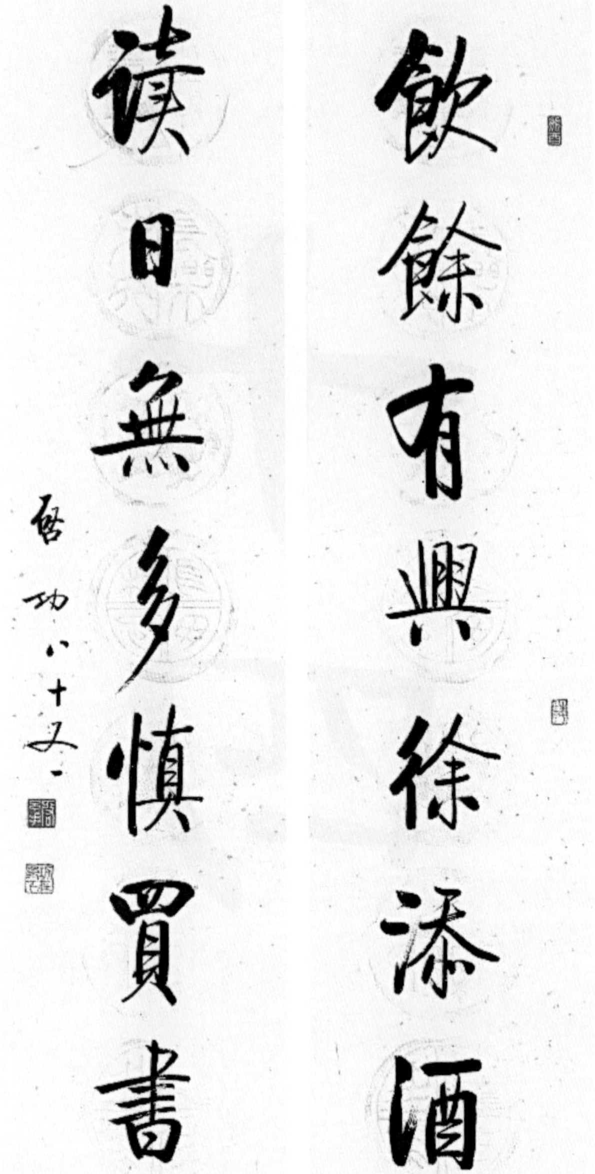

饮余有兴徐添酒
读日无多慎买书
启功　八十又一

十一月十五日

星期五
农历甲辰年
十月十五

2024
November
15
Friday

米芾作品

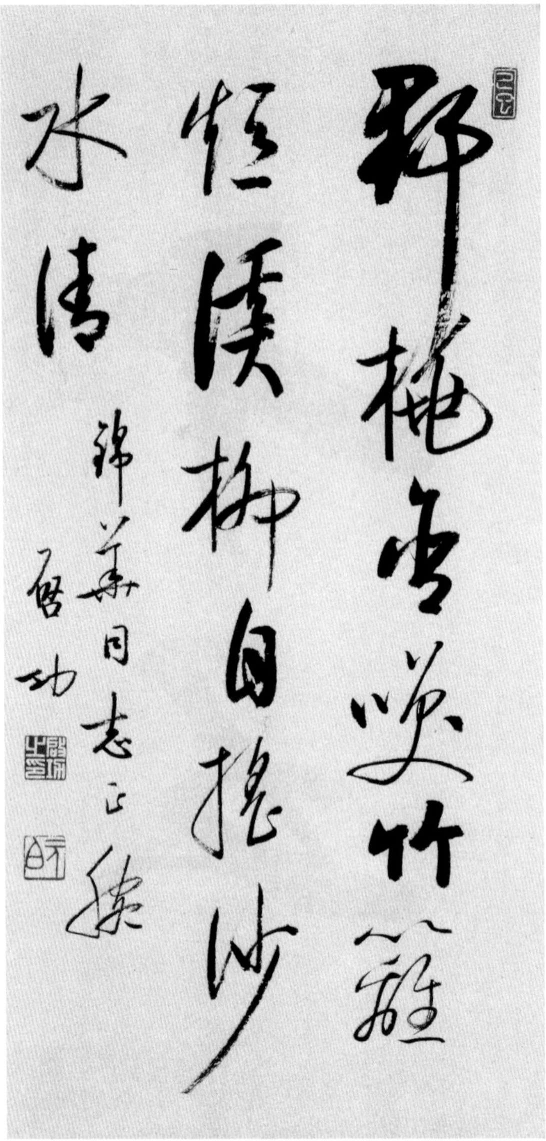

野桃含笑竹篱短
溪柳自摇沙水清

锦华同志正腕
启功

十一月十六日

星期六
农历甲辰年
十月十六

2024
November
16
Saturday

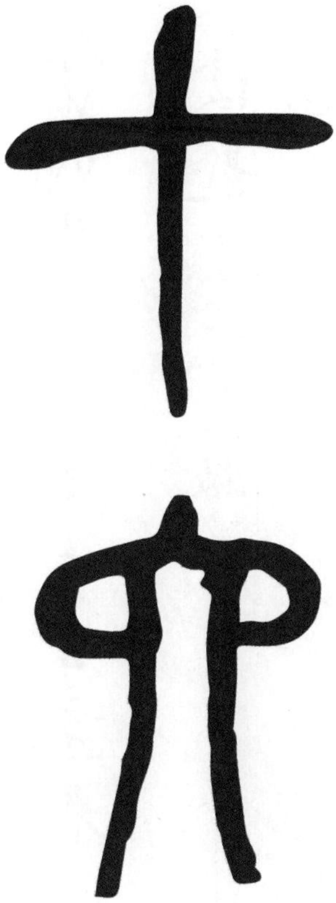

吴昌硕 作品

小住廿番春　四壁如人
扶又倒
浮生余几日　一身随意
去还来

地震后题小乘巷敝居　时方患
眩晕证

十一月十七日

星期日
农历甲辰年
十月十七

2024
November
17
Sunday

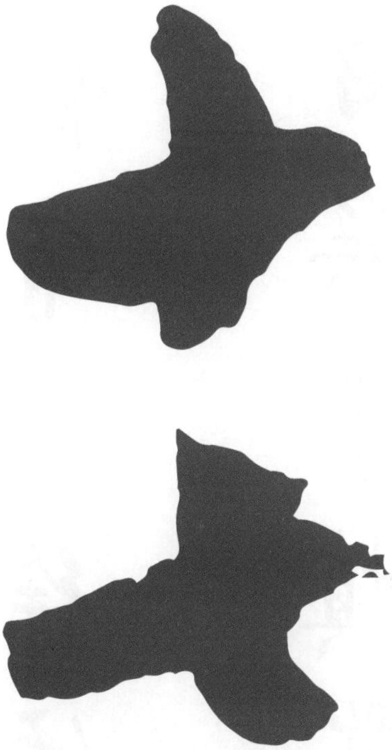

蔡襄作品

饮余有兴徐添酒
读日无多慎买书

十一月十八日

星期一
农历甲辰年
十月十八

2024
November
18
Monday

张旭作品

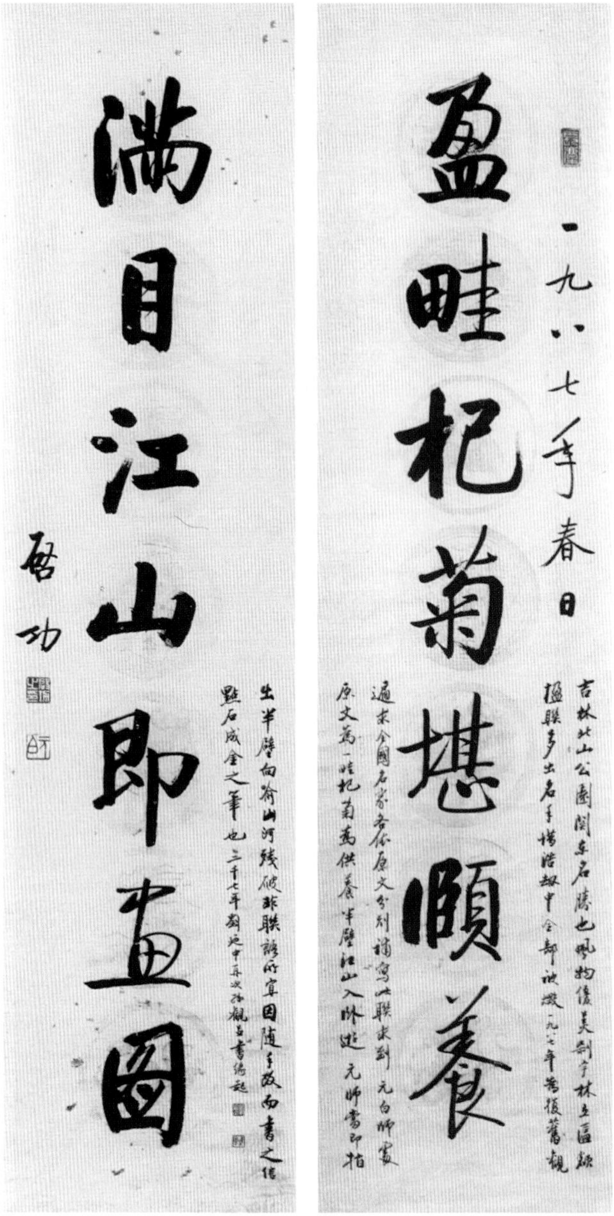
盈畦杞菊堪颐养
一九八七年春日
满目江山即画图
启功

盈畦杞菊堪颐养
满目江山即画图

一九八七年春日
吉林北山公园　关东名胜也　风物优美　刹宇林立　匾额楹联多出名手　惜浩劫中全部被毁　一九八七年为复旧观　遍求全国名家各依原文分别补写　此联求到元白师处　原文为一畦杞菊为供养　半壁江山入卧游　元师当即指出半壁向喻山河残破　非联语所宜　因随手改而书之　信点石成金之笔也　二千七年　刘乃中再次拜观　并书缘起

启功

十一月十九日

星期二
农历甲辰年
十月十九

2024
November
19
Tuesday

欧阳询 作品

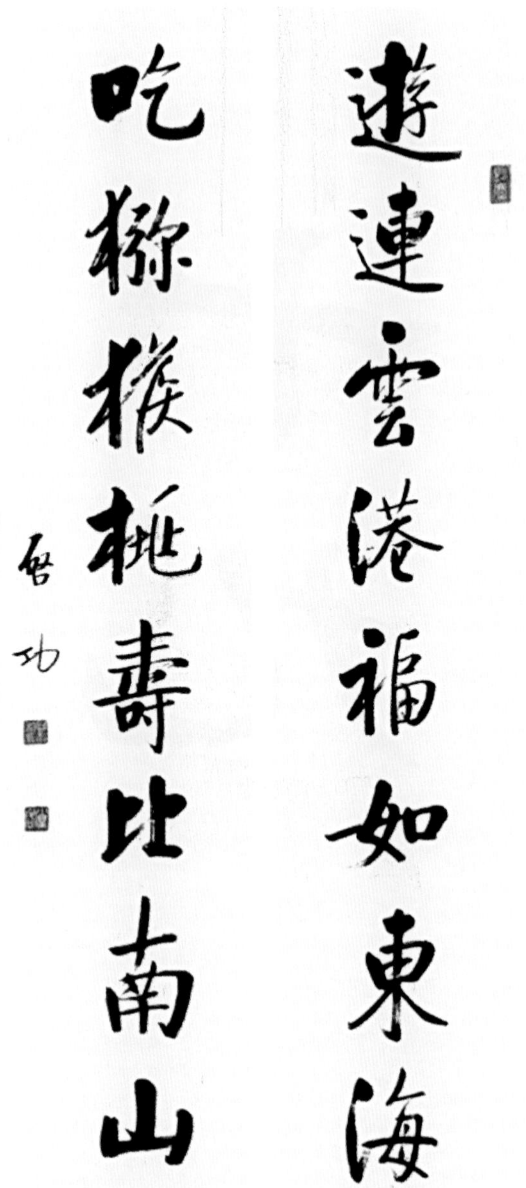
遊連雲港福如東海
吃獼猴桃壽比南山
啓功

游连云港福如东海
吃猕猴桃寿比南山
启功

十一月二十日

星期三

农历甲辰年

十月二十

2024

November

20

Wednesday

陸柬之 作品

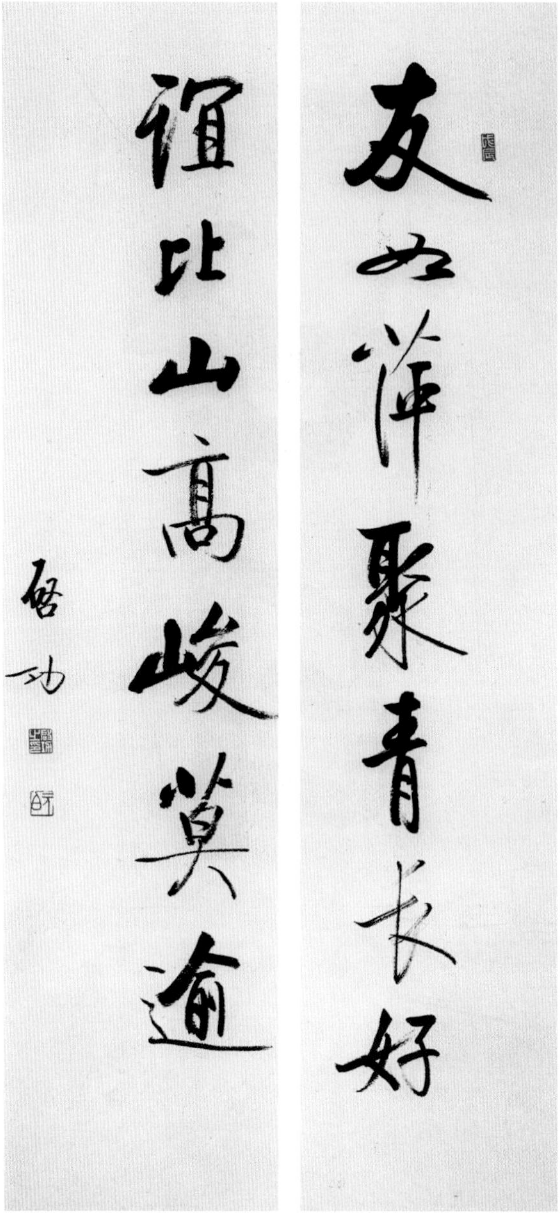

友如萍聚青长好
谊比山高峻莫逾
启功

十一月二十一日

星期四
农历甲辰年
十月廿一

2024
November
21
Thursday

王宠作品

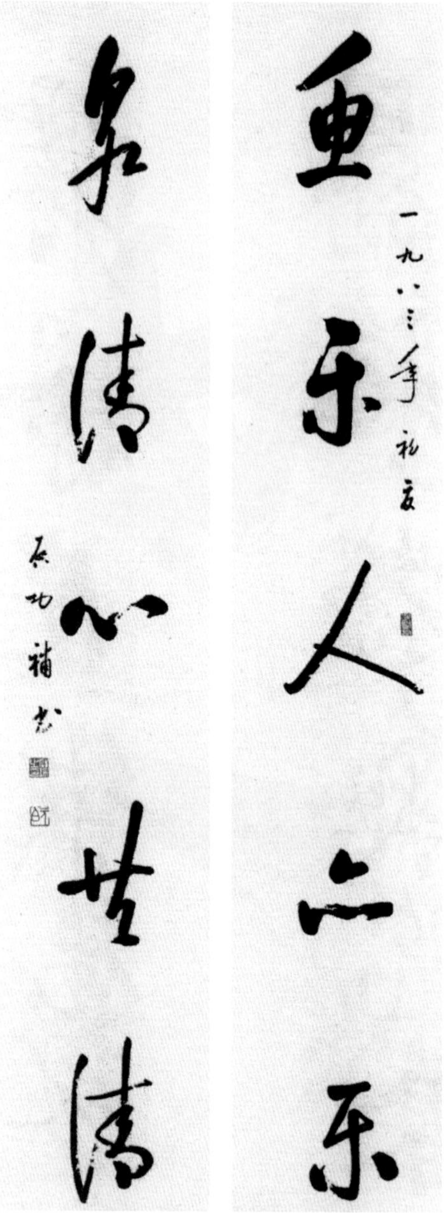

鱼乐人亦乐
泉清心共清
一九八三年初夏
启功补书

十一月二十二日

星期五
农历甲辰年
十月廿二

2024
November
22
Friday

小雪

启功作品

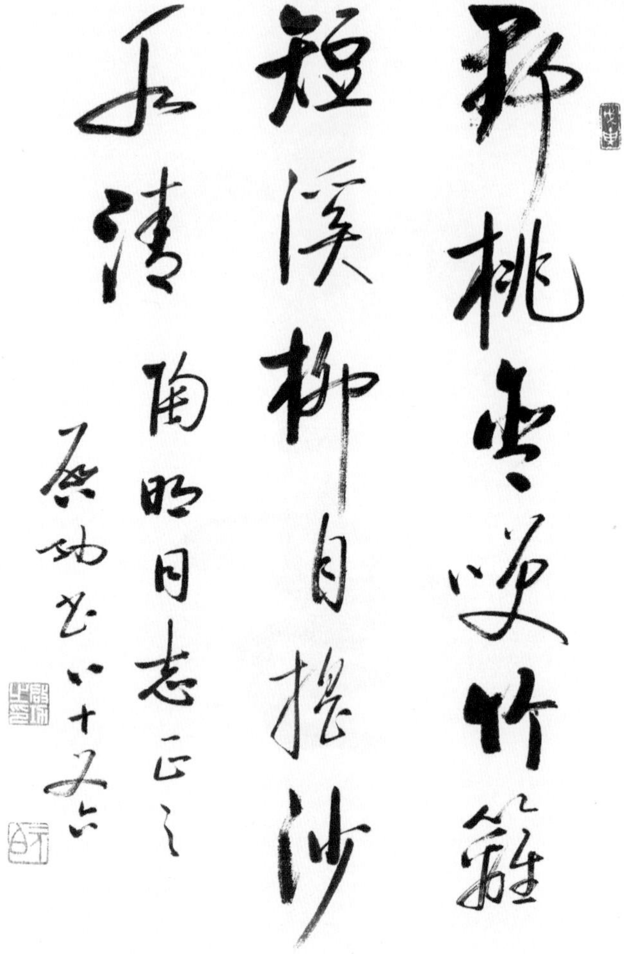

野桃含笑竹篱短
溪柳自摇沙水清
陶明同志正之
启功书　八十又六

十一月二十三日

星期六
农历甲辰年
十月廿三

2024
November
23
Saturday

黄庭坚 作品

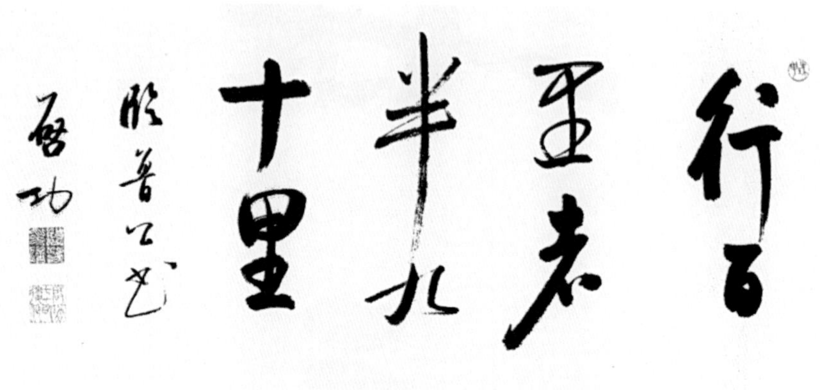

行百里者
半九十里
临鲁公书
启功

十一月二十四日

星期日
农历甲辰年
十月廿四

2024
November
24
Sunday

毛泽东 作品

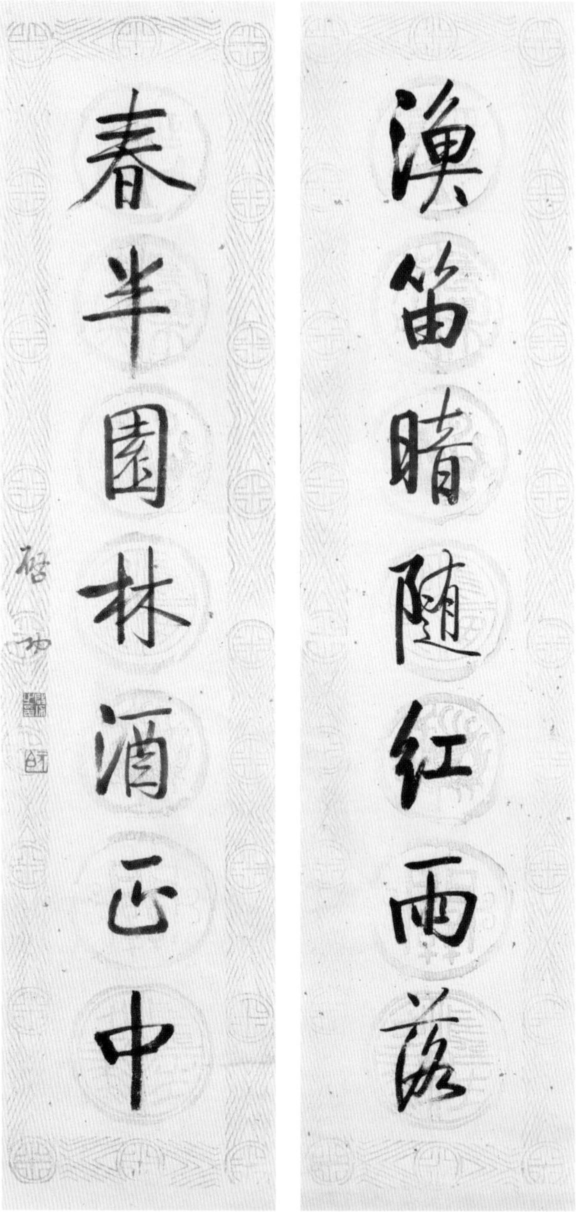

渔笛暗随红雨落
春半园林酒正中
启功

十一月二十五日

星期一
农历甲辰年
十月廿五

2024
November
25
Monday

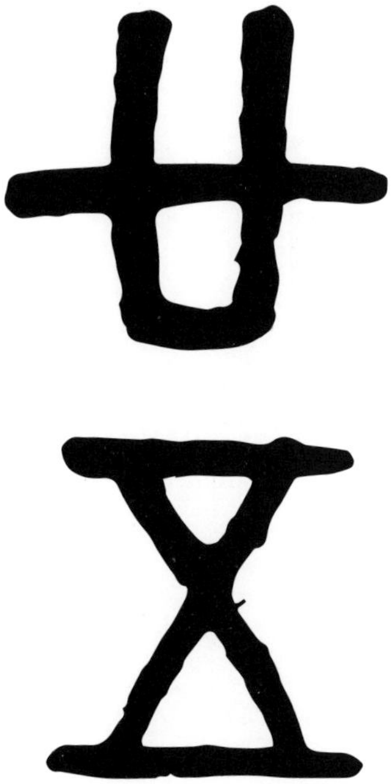

吴大澂 作品

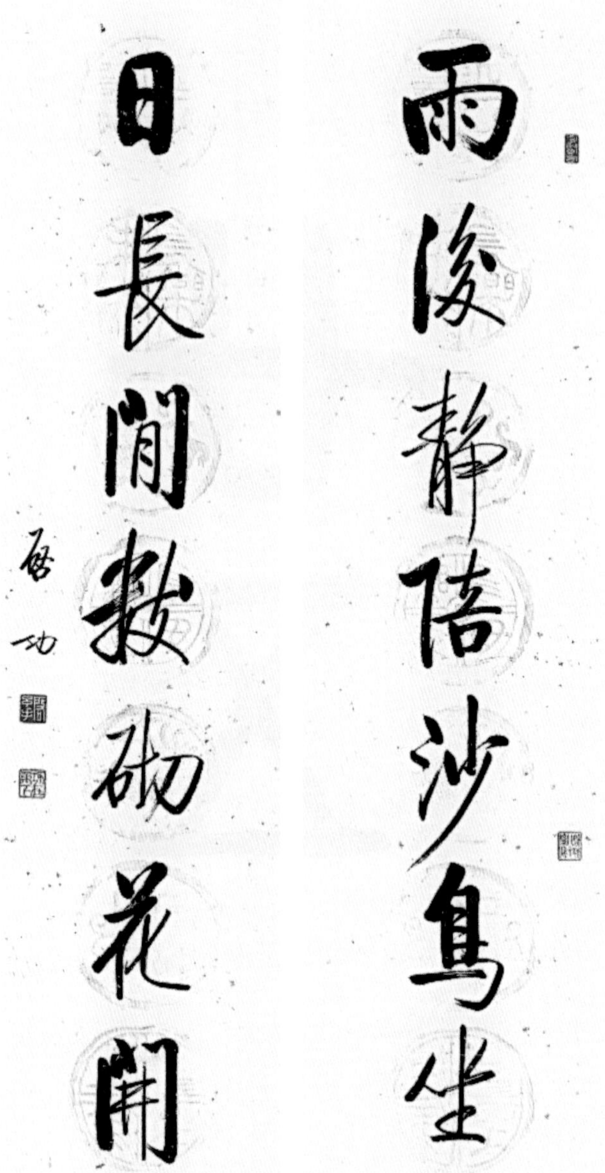

雨后静陪沙鸟坐
日长闲数砌花开

启功

十一月二十六日

星期二
农历甲辰年
十月廿六

2024
November
26
Tuesday

皇象作品

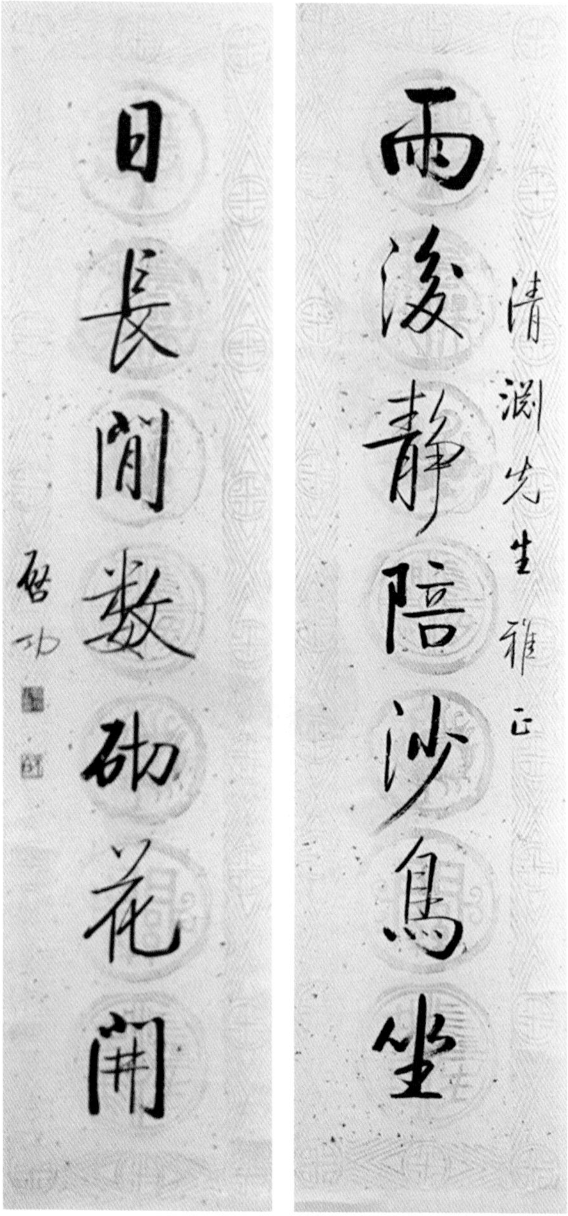

雨后静陪沙鸟坐
日长闲数砌花开
清渊先生雅正
启功

十一月二十七日

星期三
农历甲辰年
十月廿七

2024
November
27
Wednesday

王羲之 作品

玉林泛露谈三雅
绣幄围香读六朝
启功

十一月二十八日

星期四
农历甲辰年
十月廿八

2024
November
28
Thursday

董其昌 作品

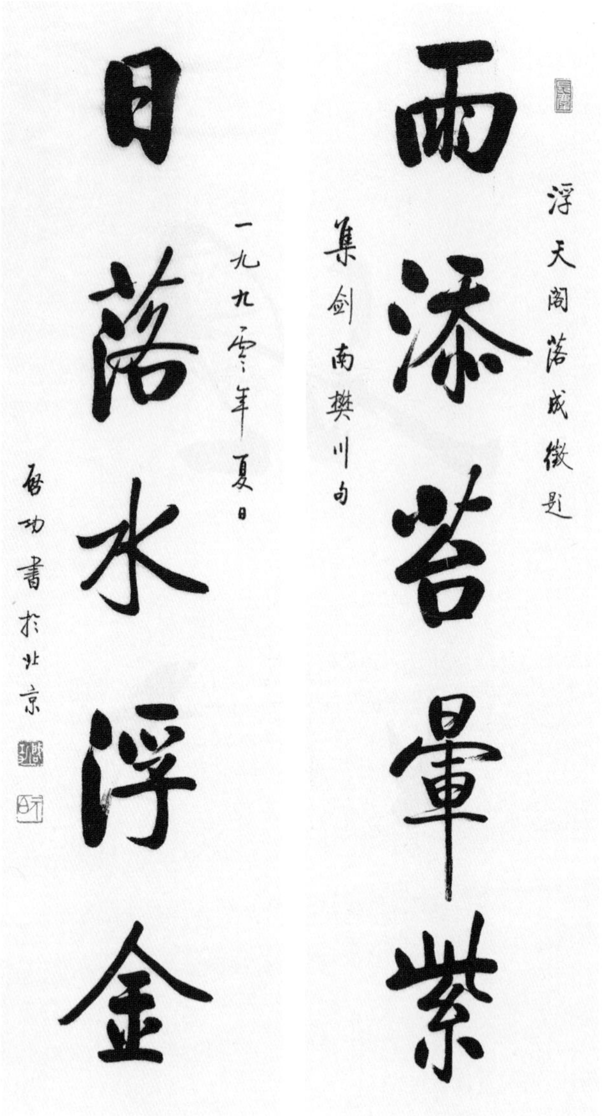

雨添苔晕紫
日落水浮金
浮天阁落成征题
集剑南樊川句
一九九零年夏日
启功书于北京

十一月二十九日

星期五
农历甲辰年
十月廿九

2024
November
29
Friday

苏轼作品

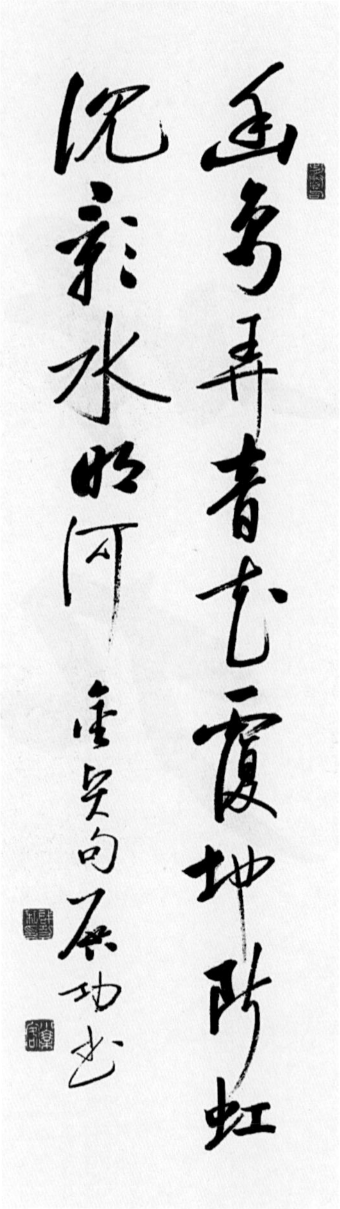

幽鸟弄音花覆地
断虹沉影水明河

金贤句　启功书

十一月三十日

星期六

农历甲辰年

十月三十

2024
November
30
Saturday

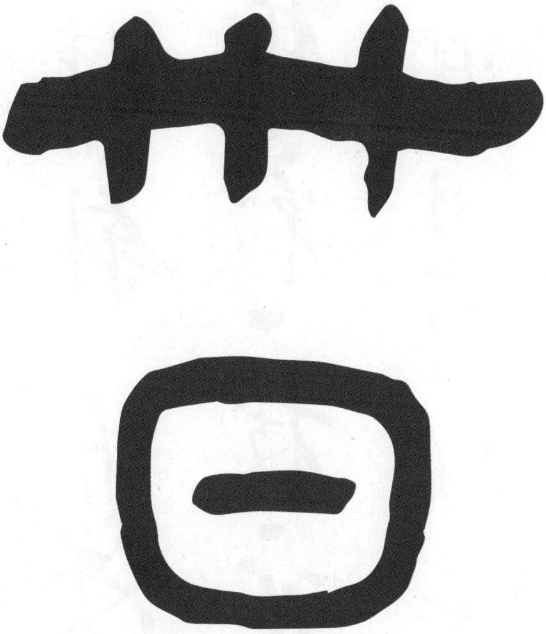

邓石如 作品

雪晴斜月浸檐冷
梅影一枝窗上来
庆辉同志正腕
启功 一九八四年秋

十二月一日

星期日
农历甲辰年
冬月初一

2024
December
1
Sunday

索靖作品

云生涧户衣裳润
窗近花阴笔砚香
得文先生正腕
启功

十二月二日

星期一
农历甲辰年
冬月初二

2024
December
2
Monday

二日

褚遂良 作品

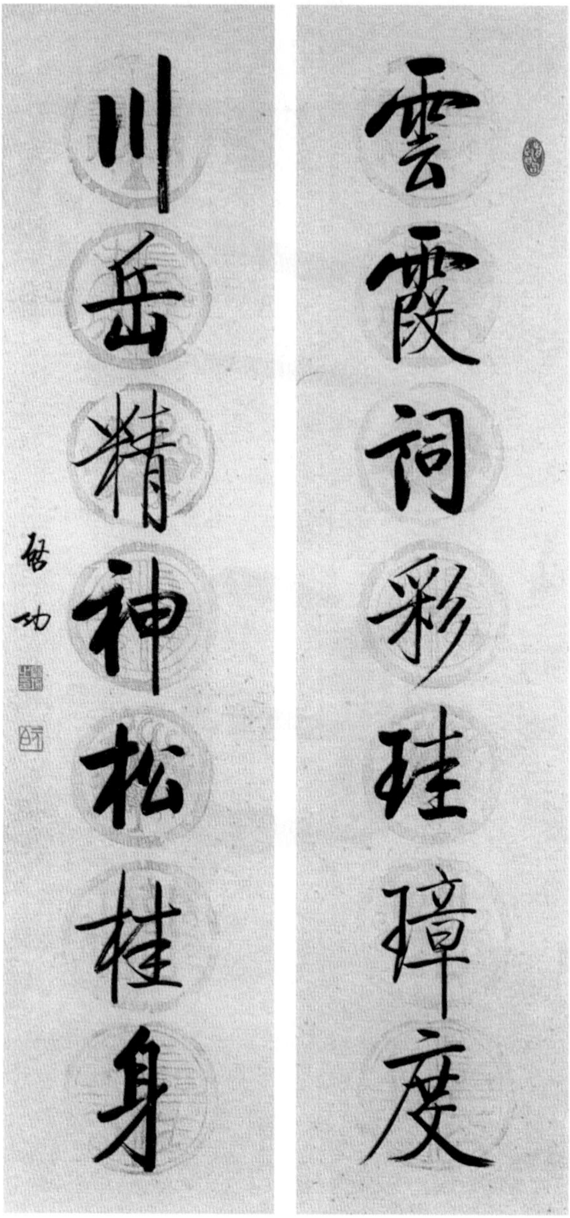

云霞词彩珪璋度
川岳精神松桂身
启功

十二月三日

星期二
农历甲辰年
冬月初三

2024
December
3
Tuesday

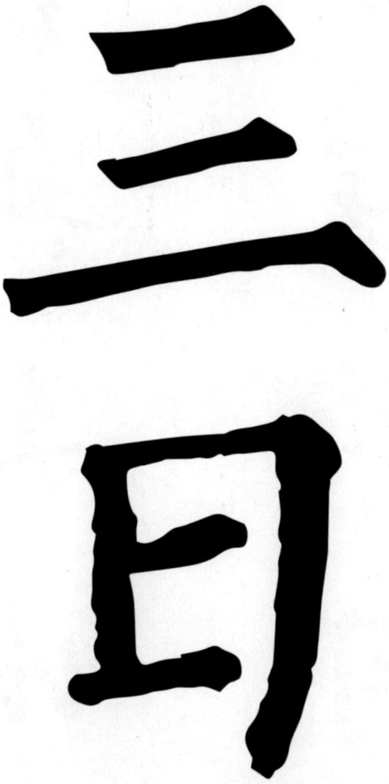

柳公权 作品

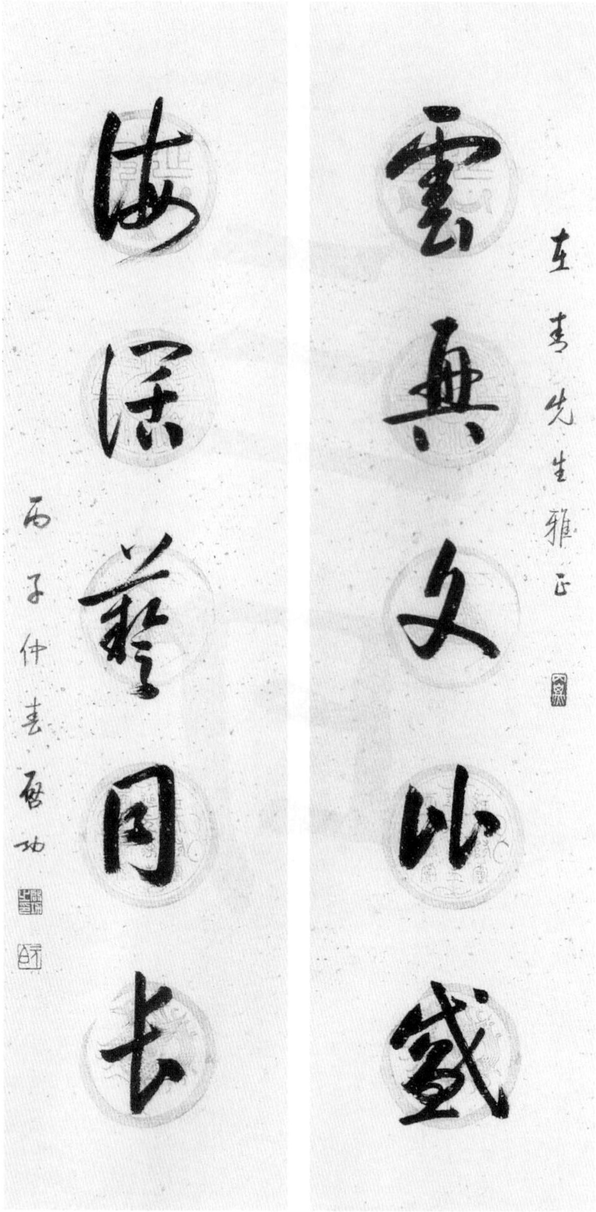

云兴文比盛
海阔艺同长
在青先生雅正
丙子仲春
启功

十二月四日

星期三

农历甲辰年

冬月初四

2024

December

4

Wednesday

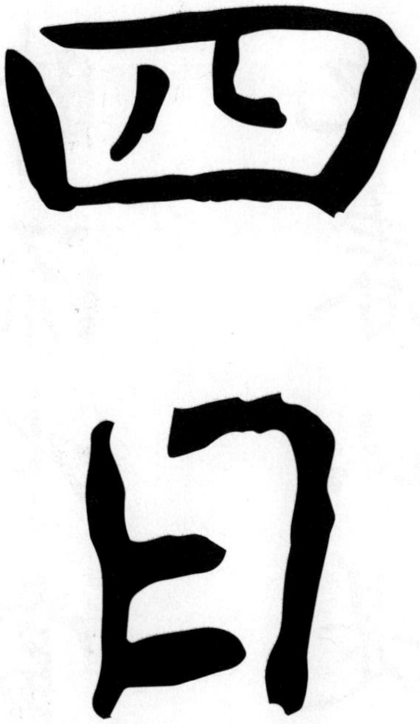

虞世南 作品

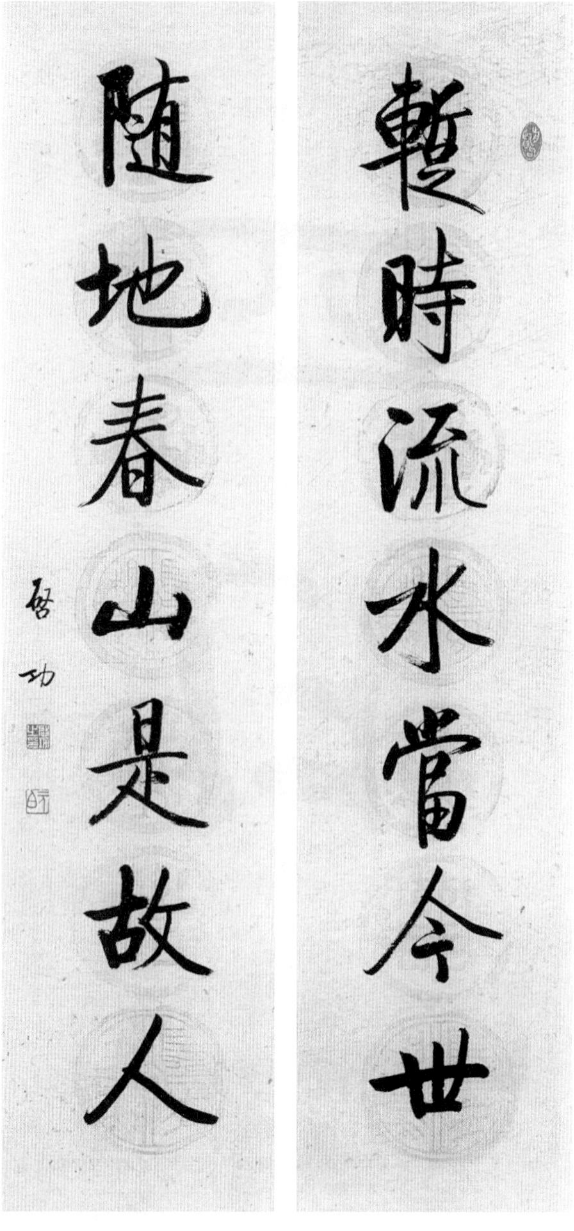

暂时流水当今世
随地春山是故人
启功

十二月五日

星期四
农历甲辰年
冬月初五

2024
December
5
Thursday

五日

颜真卿 作品

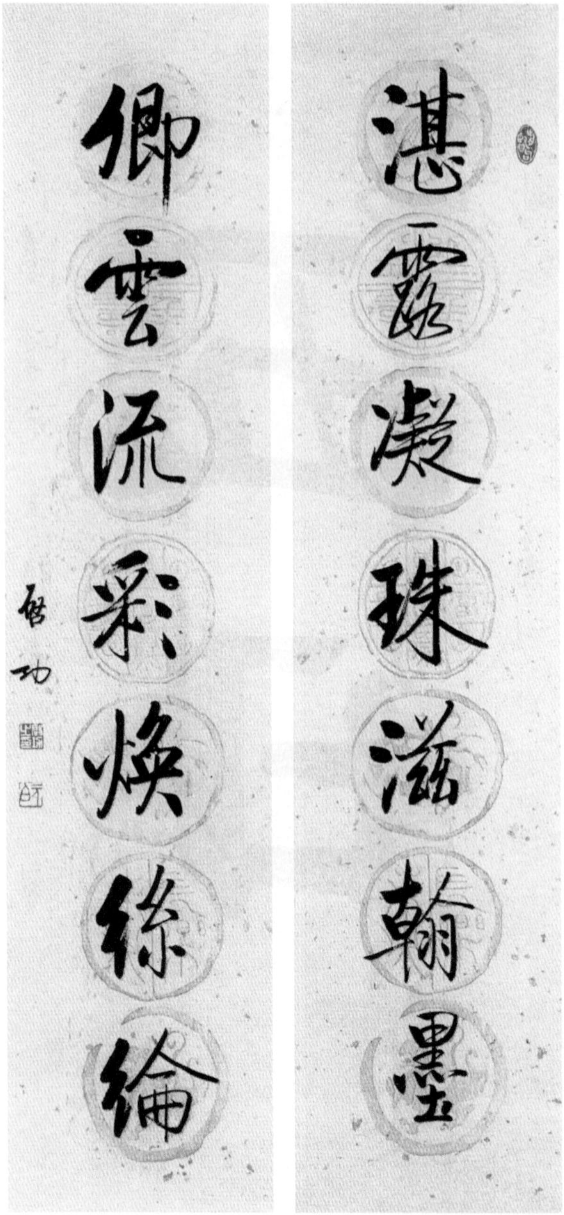

湛露凝珠滋翰墨
卿云流彩焕丝纶
启功

十二月六日

星期五
农历甲辰年
冬月初六

2024
December
6
Friday

大雪

启功作品

渔笛暗随红雨落
酒炉闲受绿阴支
元白启功书

十二月七日

星期六
农历甲辰年
冬月初七

2024
December
7
Saturday

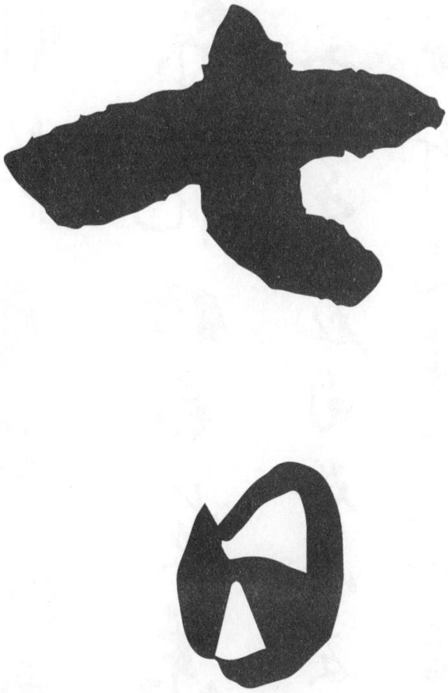

智永 作品

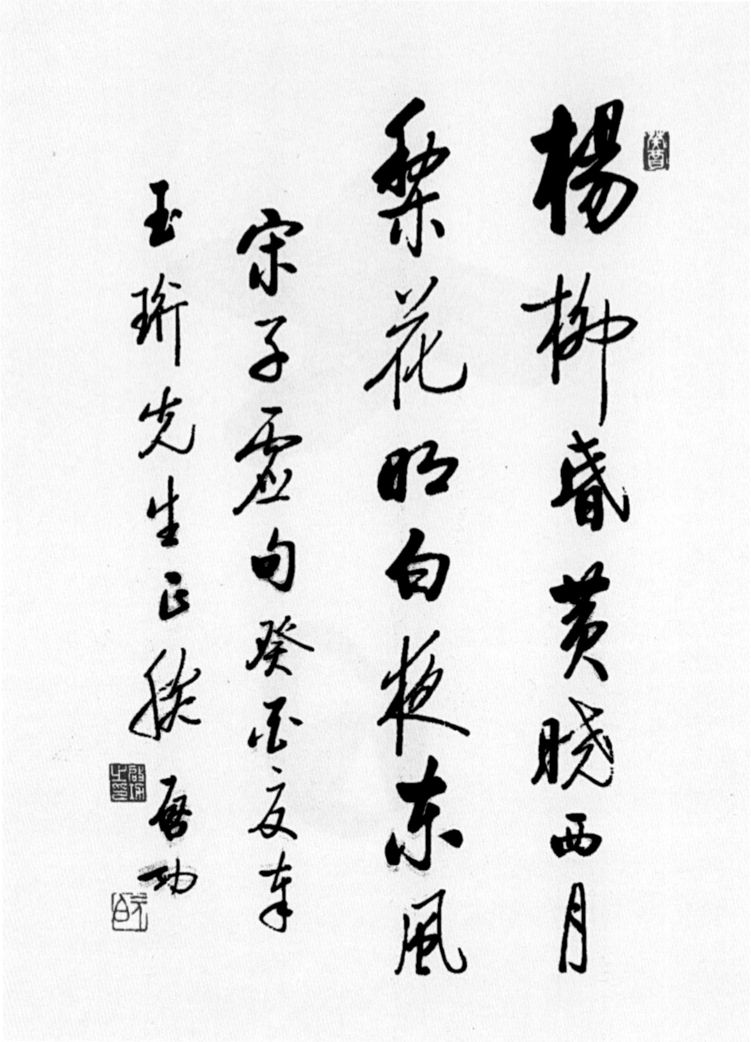

杨柳昏黄晓西月
梨花明白夜东风
宋子虚句　癸酉夏奉　玉珩
先生正腕　启功

十二月八日

星期日
农历甲辰年
冬月初八

2024
December
8
Sunday

怀素作品

兆民乐有三生幸
大业欣周四十春
建国四十周年纪念
启功敬颂

十二月九日

星期一
农历甲辰年
冬月初九

2024
December
9
Monday

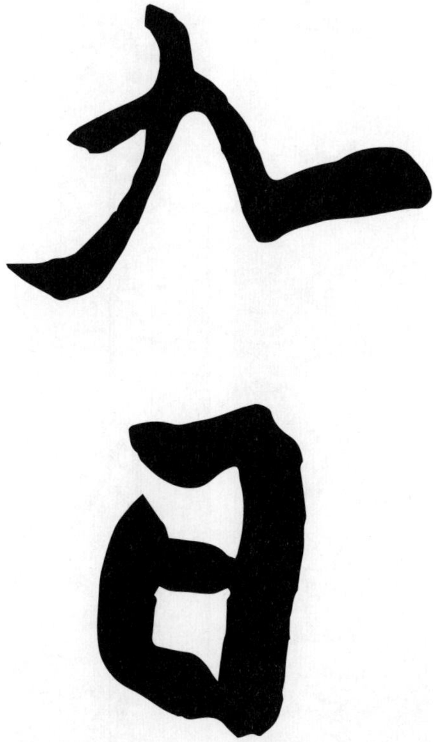

黄庭坚 作品

振兴中华民心最炽
和平共处友谊长青
启功

十二月十日

星期二
农历甲辰年
冬月初十

2024
December
10
Tuesday

文徵明 作品

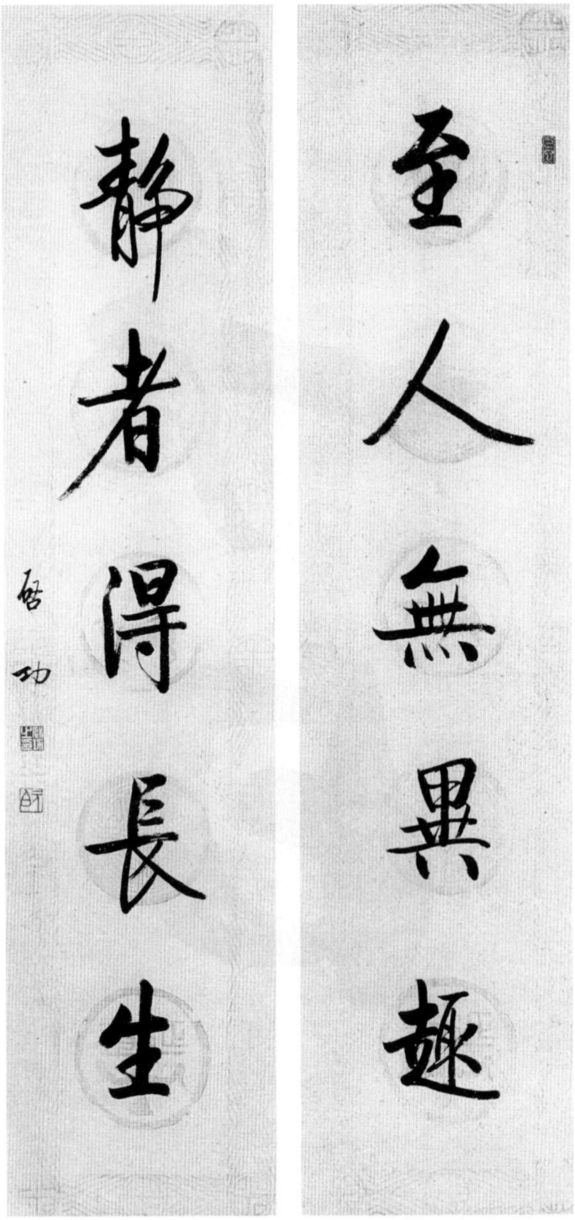

至人无异趣
静者得长生
启功

十二月十一日

星期三
农历甲辰年
冬月十一

2024
December
11
Wednesday

王羲之 作品

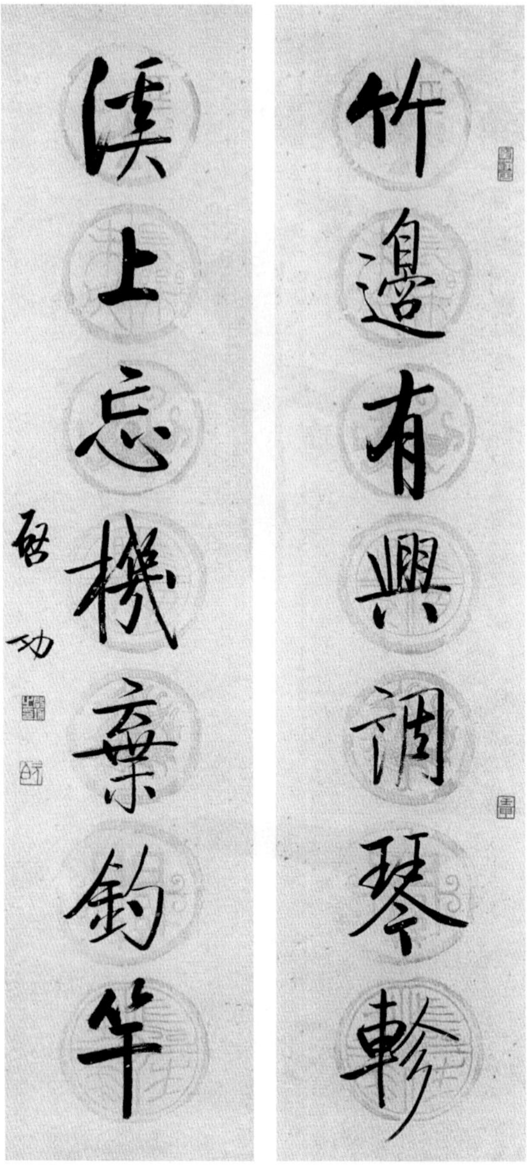

竹边有兴调琴轸
溪上忘机弃钓竿

启功

十二月十二日

星期四
农历甲辰年
冬月十二

2024
December
12
Thursday

赵孟頫 作品

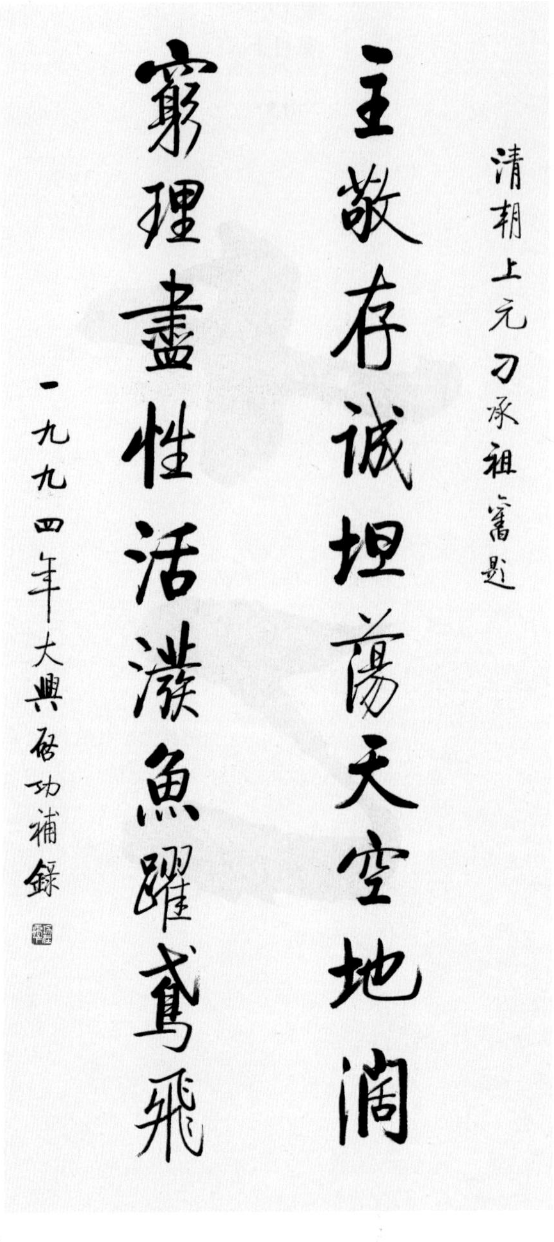
清朝上元刁承祖舊題
主敬存誠坦蕩天空地濶
窮理盡性活潑魚躍鳶飛
一九九四年大興啓功補録

主敬存诚　坦荡天空地阔
穷理尽性　活泼鱼跃鸢飞
清朝上元刁承祖旧题
一九九四年大兴　启功补录

十二月十三日

星期五
农历甲辰年
冬月十三

2024
December
13
Friday

王献之 作品

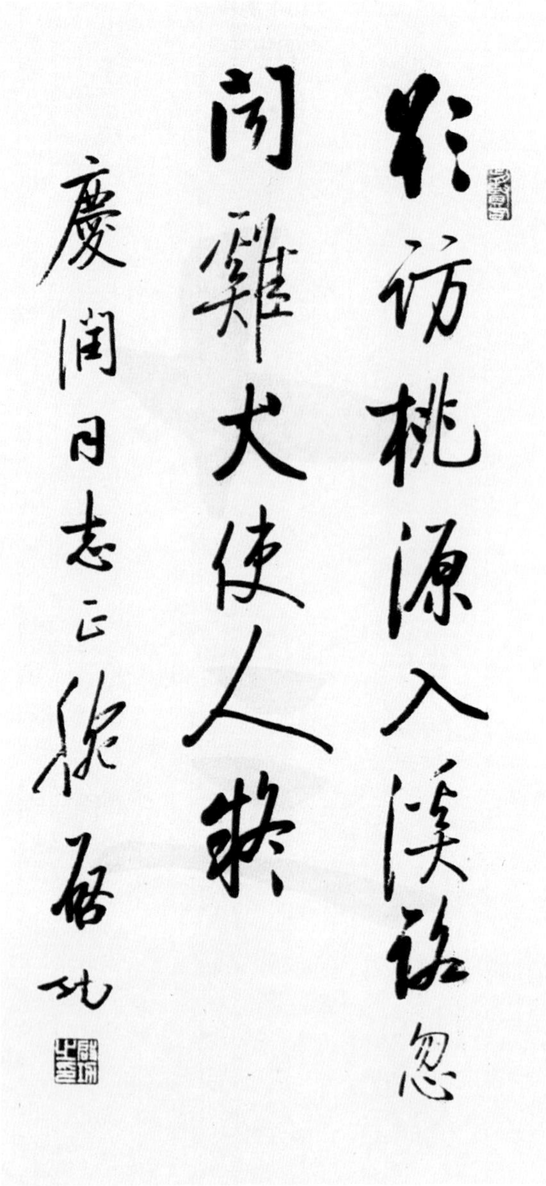

欲访桃源入溪路
忽闻鸡犬使人疑
庆润同志正腕
启功

十二月十四日

星期六
农历甲辰年
冬月十四

2024
December
14
Saturday

十四

颜真卿 作品

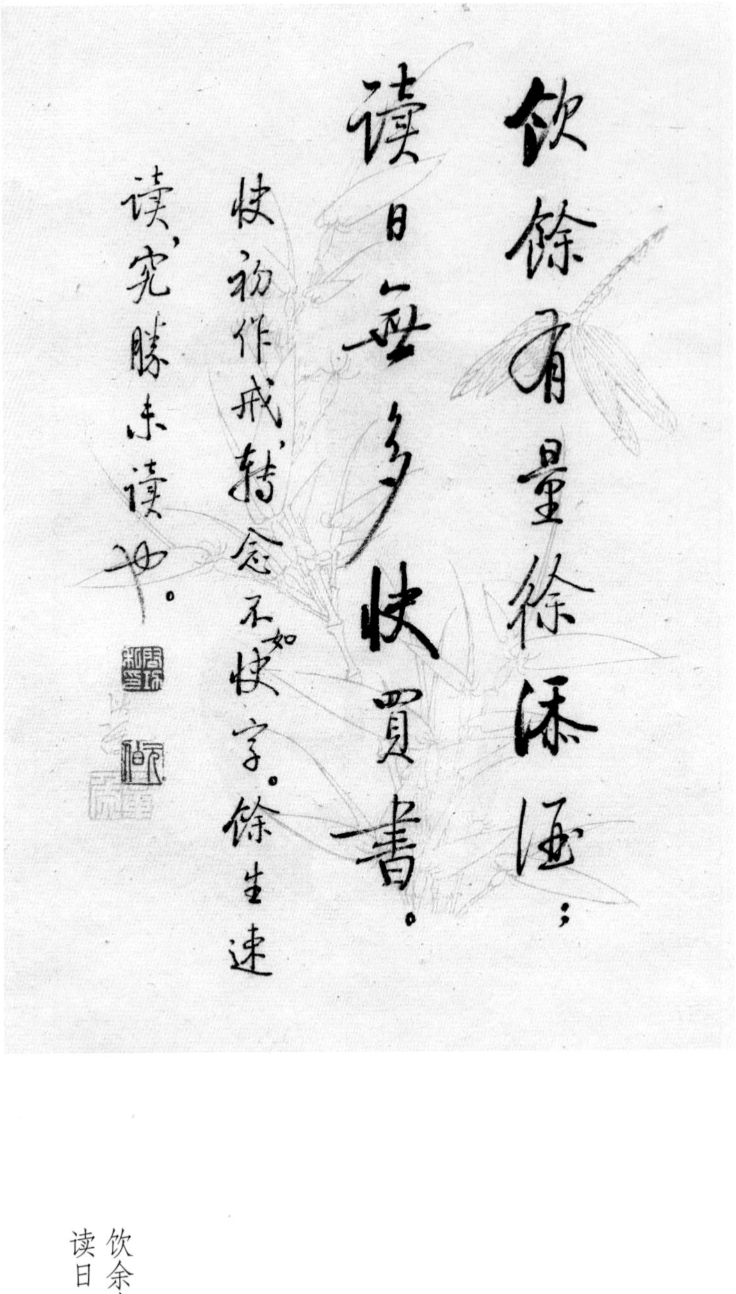

饮余有量徐添酒
读日无多快买书
快初做戒　转念不如快字
余生速读　究胜未读也

十二月十五日

星期日
农历甲辰年
冬月十五

2024
December
15
Sunday

米芾作品

自有文章真杞梓
不须雕琢是璠玙

启功

十二月十六日

星期一
农历甲辰年
冬月十六

2024
December
16
Monday

吴昌硕 作品

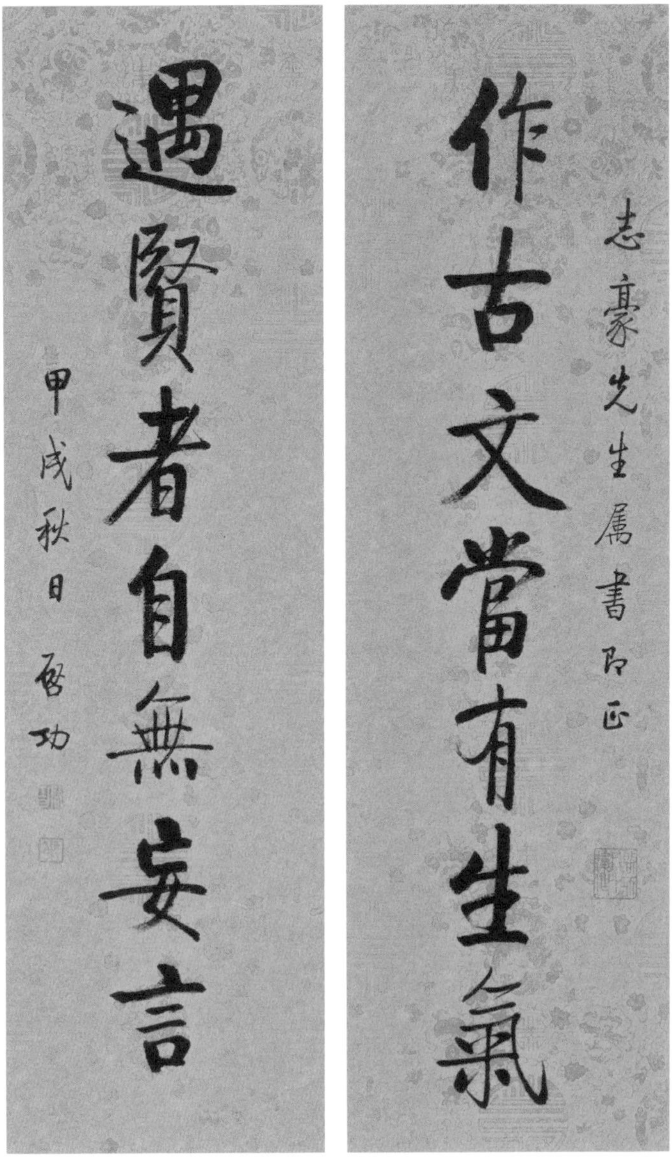

作古文当有生气
遇贤者自无妄言
志豪先生属书即正
甲戌秋日
启功

十二月十七日

星期二
农历甲辰年
冬月十七

2024
December
17
Tuesday

蔡襄作品

作文简浅显
行事诚平恒

十二月十八日

星期三
农历甲辰年
冬月十八

2024
December
18
Wednesday

张旭作品

作文简浅显
行事诚平恒

仁珪教授两正
启功拟句并书

十二月十九日

星期四
农历甲辰年
冬月十九

2024
December
19
Thursday

欧阳询 作品

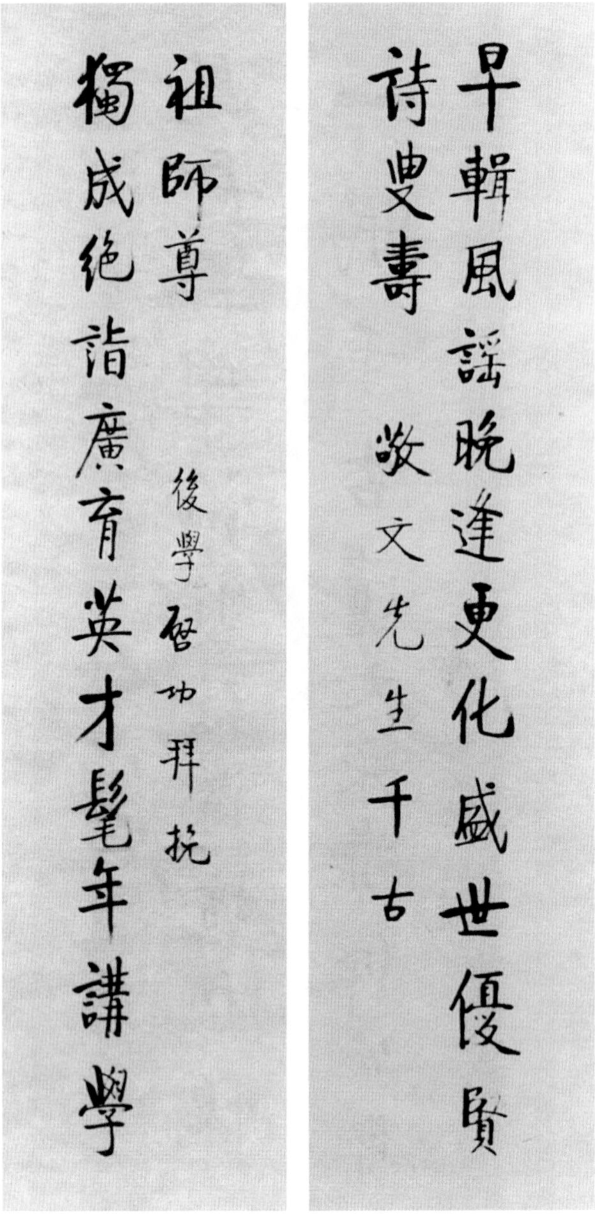

早辑风谣　晚逢更化
盛世优贤诗叟寿
独成绝诣　广育英才
髦年讲学祖师尊
敬文先生千古
后学启功拜挽

十二月二十日

星期五

农历甲辰年

冬月二十

2024

December

20

Friday

陆柬之 作品

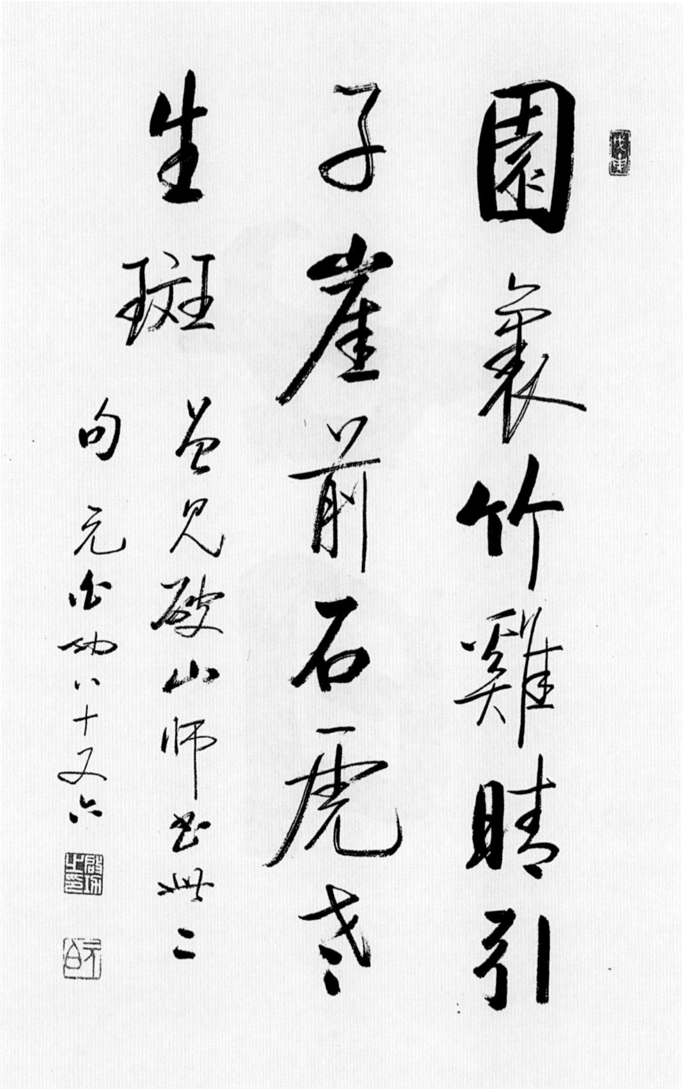

园里竹鸡晴引子
崖前石虎老生斑
曾见破山师书此二句
元白功八十又六

十二月二十一日

星期六
农历甲辰年
冬月廿一

2024
December
21
Saturday

冬至

启功作品

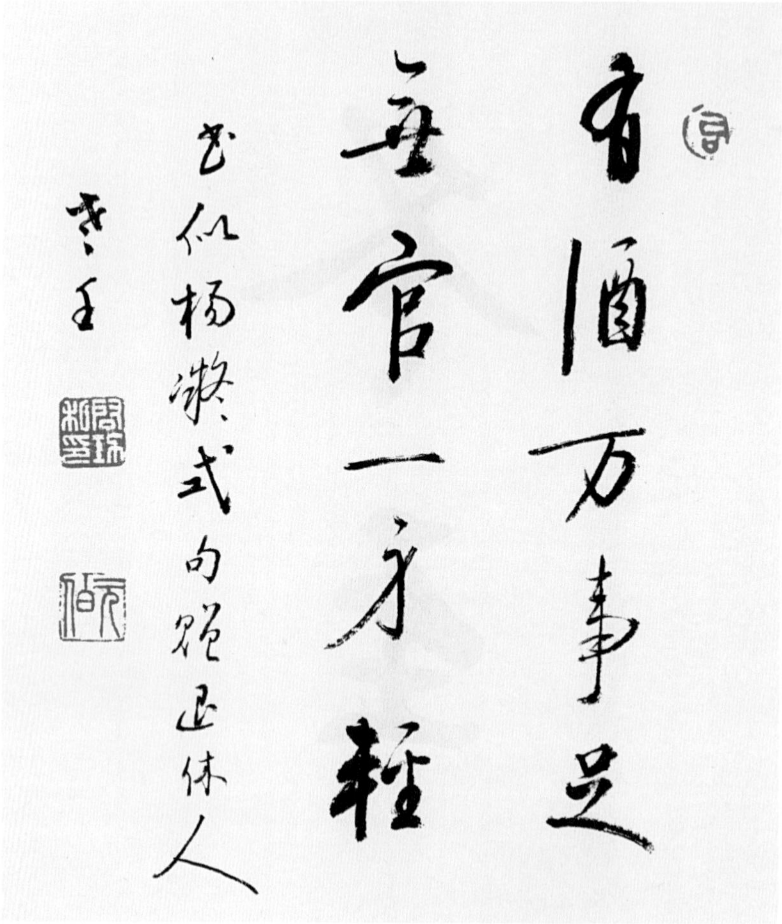

有酒万事足
无官一身轻
书似杨凝式　句赠退休人
老壬

十二月二十二日

星期日
农历甲辰年
冬月廿二

2024
December
22
Sunday

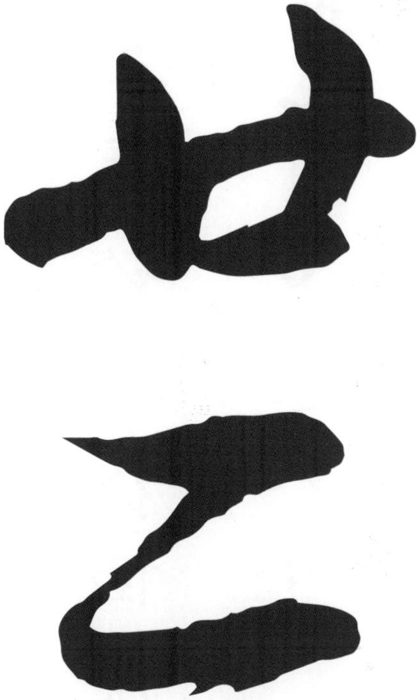

赵孟頫 作品

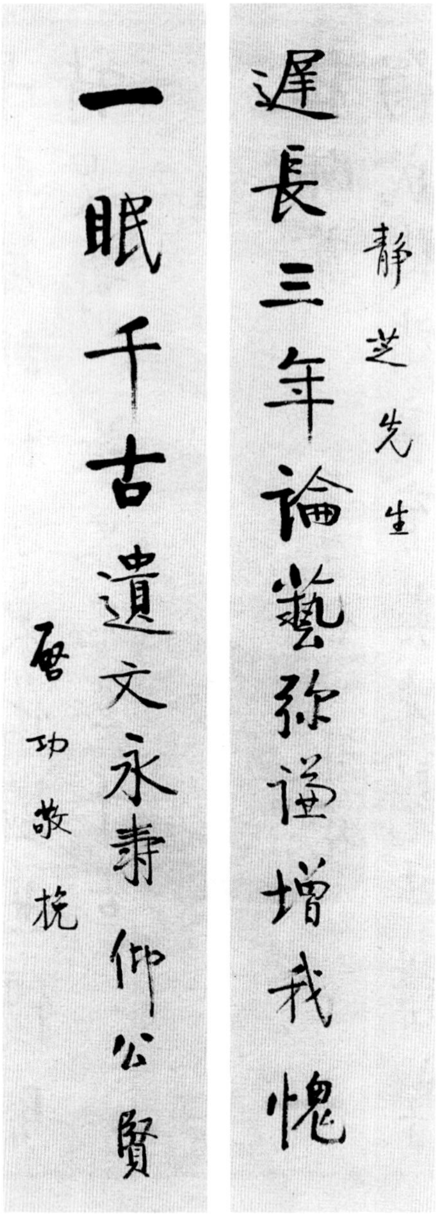

迟长三年　论艺弥谦增我愧
一眠千古　遗文永寿仰公贤
静芝先生
启功敬挽

十二月二十三日

星期一
农历甲辰年
冬月廿三

2024
December
23
Monday

黄庭坚 作品

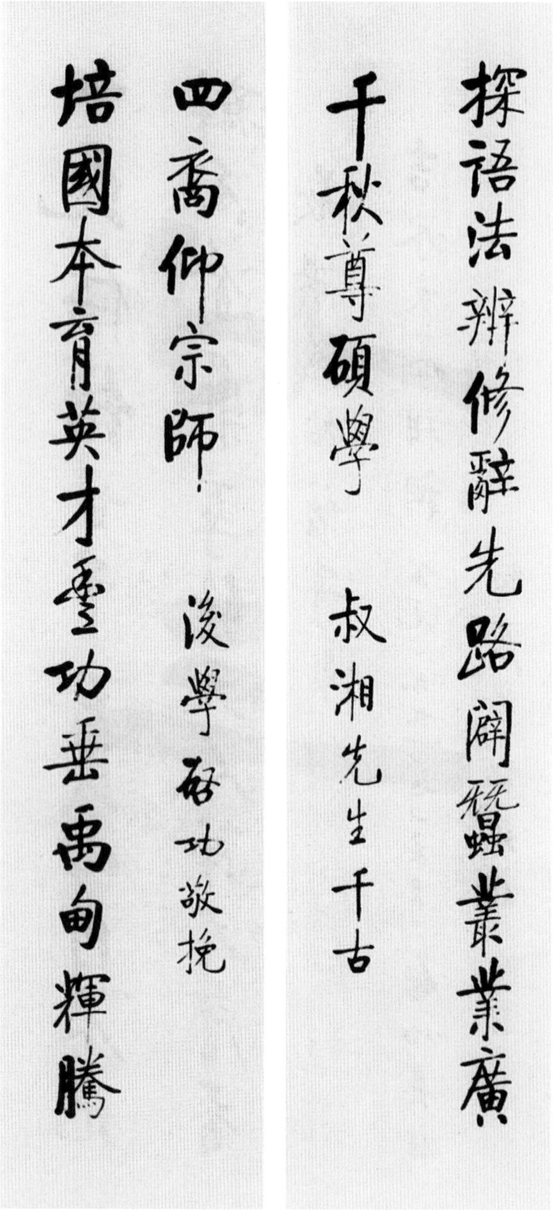

探语法辨修辞 先路
辟蚕丛 业广千秋尊
硕学
培国本育英才 丰功
垂禹甸 辉腾四裔仰
宗师

叔湘先生千古
后学启功敬挽

十二月二十四日

星期二
农历甲辰年
冬月廿四

2024
December
24
Tuesday

毛泽东 作品

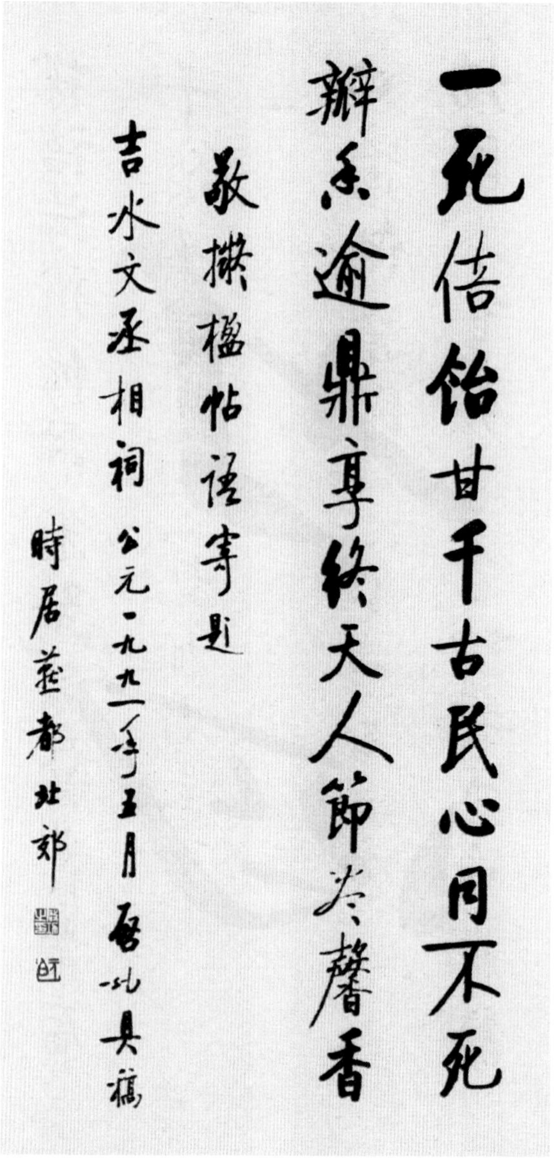

一死倍饴甘　千古民心同不死
瓣香逾鼎享　终天人节尽馨香
敬拟楹帖语寄题吉水文丞相祠　公元一九九一年五月　启功具稿　时居燕都北郊

十二月二十五日

星期三
农历甲辰年
冬月廿五

2024
December
25
Wednesday

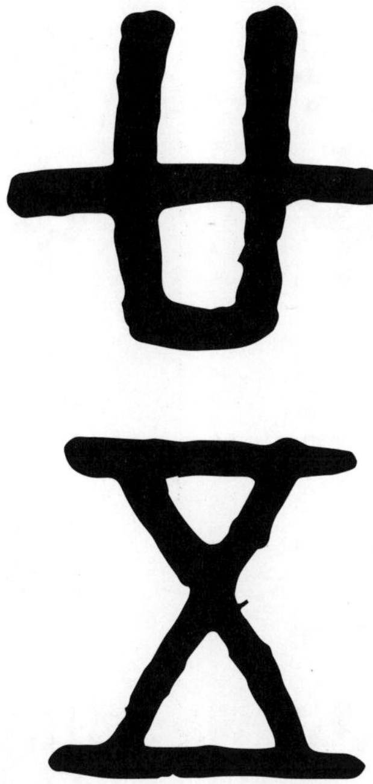

吴大澂 作品

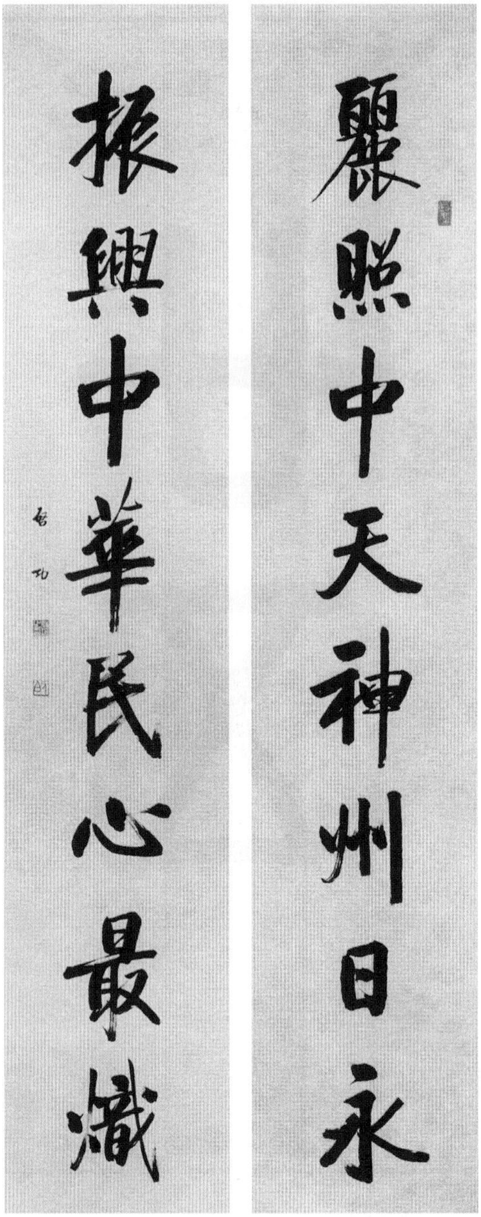

丽照中天神州日永
振兴中华民心最炽

启功

十二月二十六日

星期四
农历甲辰年
冬月廿六

2024
December
26
Thursday

皇象作品

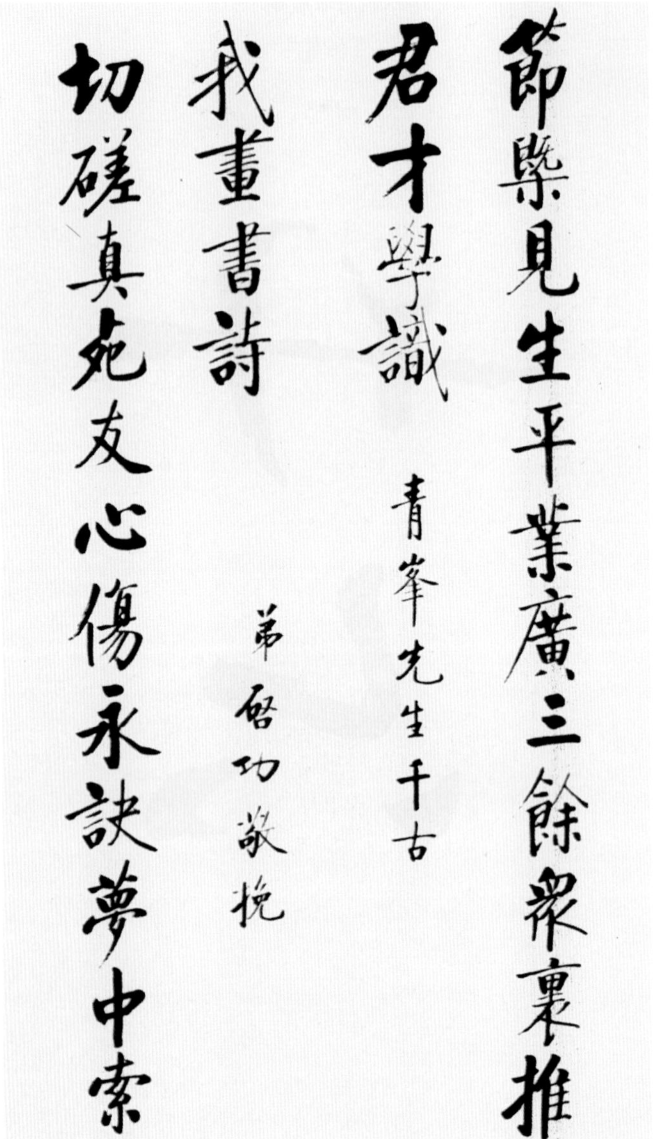

节概见生平　业广三余
众里推君才学识
切磋真苑友　心伤永诀
梦中索我画书诗

青峰先生千古
弟启功敬挽

十二月二十七日

星期五
农历甲辰年
冬月廿七

2024
December
27
Friday

王羲之 作品

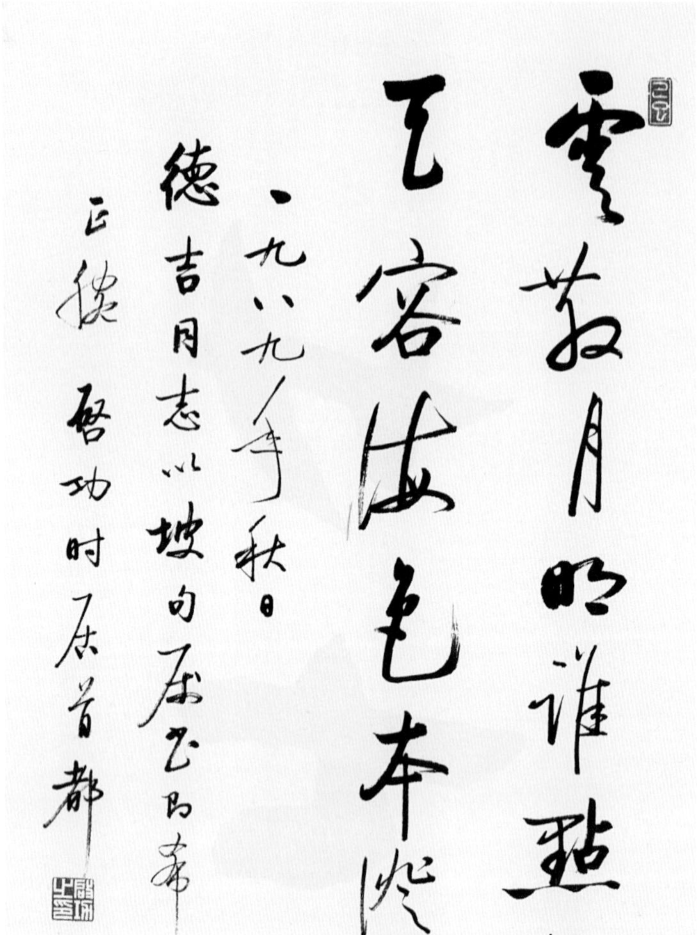

云散月明谁点缀
天容海色本澄清

一九八九年秋日
德吉同志以坡句属书
即希正腕　启功时居首都

十二月二十八日

星期六
农历甲辰年
冬月廿八

2024
December
28
Saturday

董其昌 作品

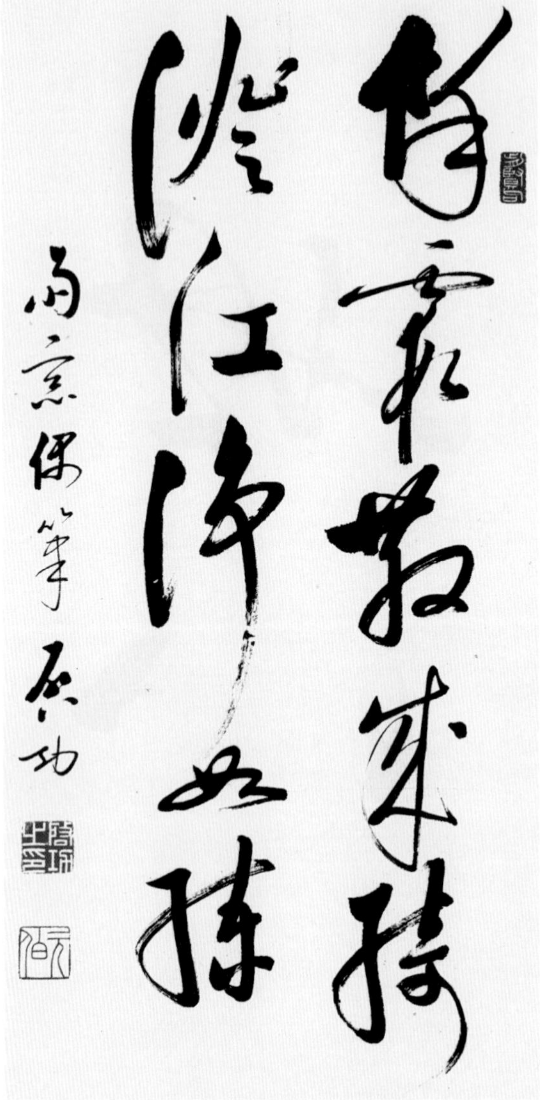

余霞散成绮
澄江净如练
雨窗偶笔
启功

十二月二十九日

星期日
农历甲辰年
冬月廿九

2024
December
29
Sunday

苏轼作品

依函丈卅八年　早沐师恩同父子
呈习作二十卷　剩将文笔报陶钧

十二月三十日

星期一
农历甲辰年
冬月三十

2024
December
30
Monday

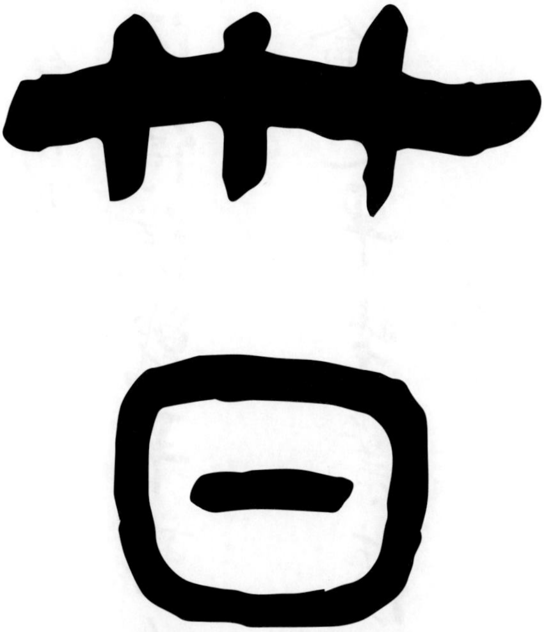

邓石如 作品

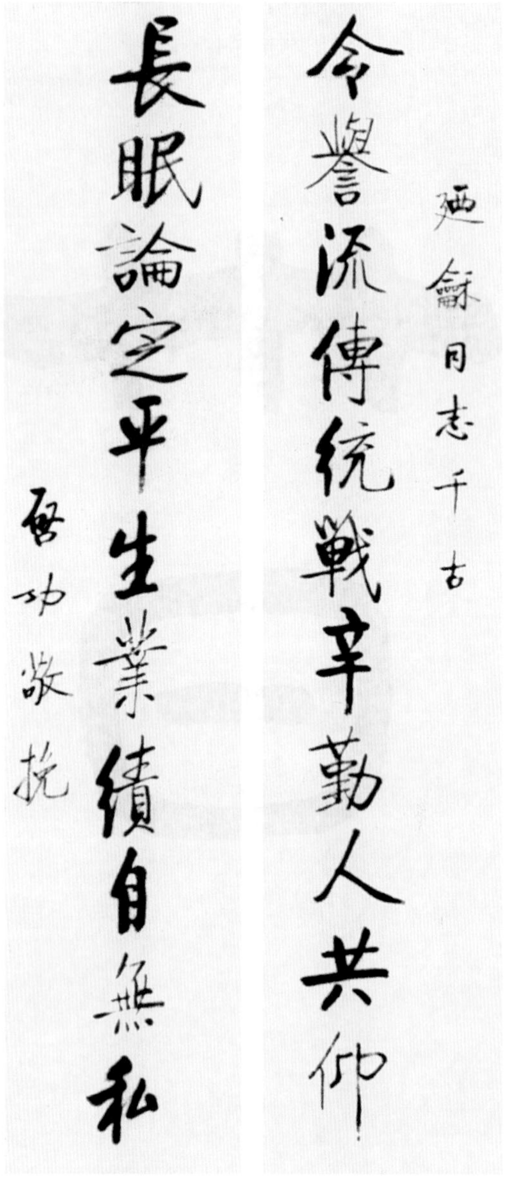
令譽流傳統戰辛勤人共仰
廼龢同志千古
長眠論定平生業績自無私
啓功敬挽

令誉流传　统战辛勤人共仰

长眠论定　平生业绩自无私

乃和同志千古

启功敬挽

十二月三十一日

星期二
农历甲辰年
腊月初一

2024
December
31
Tuesday

赵孟頫 作品

农历甲辰年

萬象更新